公共空间景观

案例精选及细部图集

度本图书　编译

中国建筑工业出版社

前言

景观设计的过程不外乎这三个阶段：方案设计、扩初设计和施工图设计。其中方案是整个项目的基础和灵魂，体现每个项目的目的、用途和设计者的创意所在。扩初是桥梁，需要对方案设计中的功能、用途和创意等进行进一步的表达，而施工图则是“工厂”，是设计的最终环节，也是所有设计心血的最终展现。

《公共空间景观案例精选及细部图集》这本书展示了12个经典的公共空间景观设计作品，每个案例都囊括了全套的设计方案图、扩初图和详细的施工图，大量表现用材和施工细部的图纸，结合详尽的设计解说和部分实景照片，使本书具有极强的参考性。

目录

泰国 · 邦蓬生态公园

景观设计: 莎玛有限公司（Shma Company Limited）摄影师: 莎玛有限公司（Shma Company Limited） 客户: 曼谷辖区公共管理机构

项目简介
Information

邦蓬生态公园坐落于曼谷东部郊区一处被人忽视的农田上。“邦蓬”二字的字面意思为“长满了类似于大象耳朵形状的植物的地区”，暗示该处为一原始湿地。这意味着该地区易发生洪灾。设计师建议在该公园中心地带建造一处深且大的蓄水池以增强该地区洪涝时节的水量调控能力。挖掘土壤并以此堆砌成一系列的土堆，可以使该地变为休闲娱乐场所，同时使该地成为位于洪水警戒线以上的一处全新的可持续生态区域。土著抗洪植物成了该地区的主要种植物。

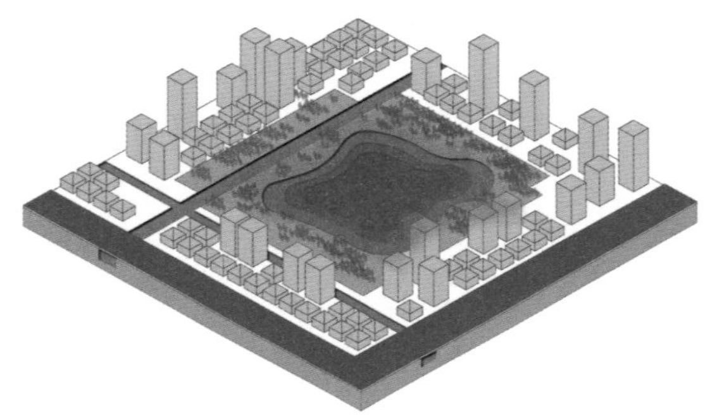

■ 概念图

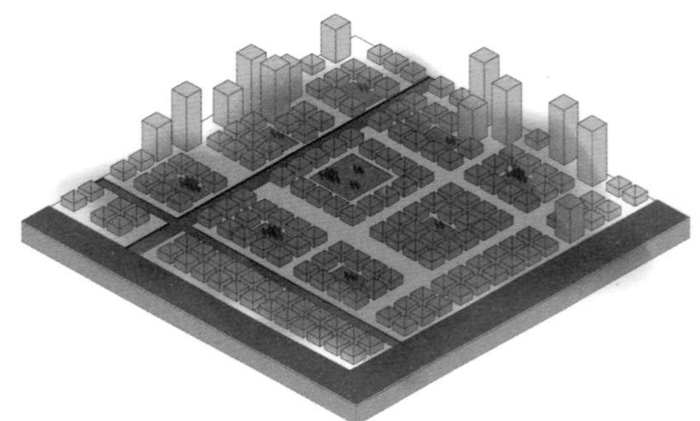

■ 概念图

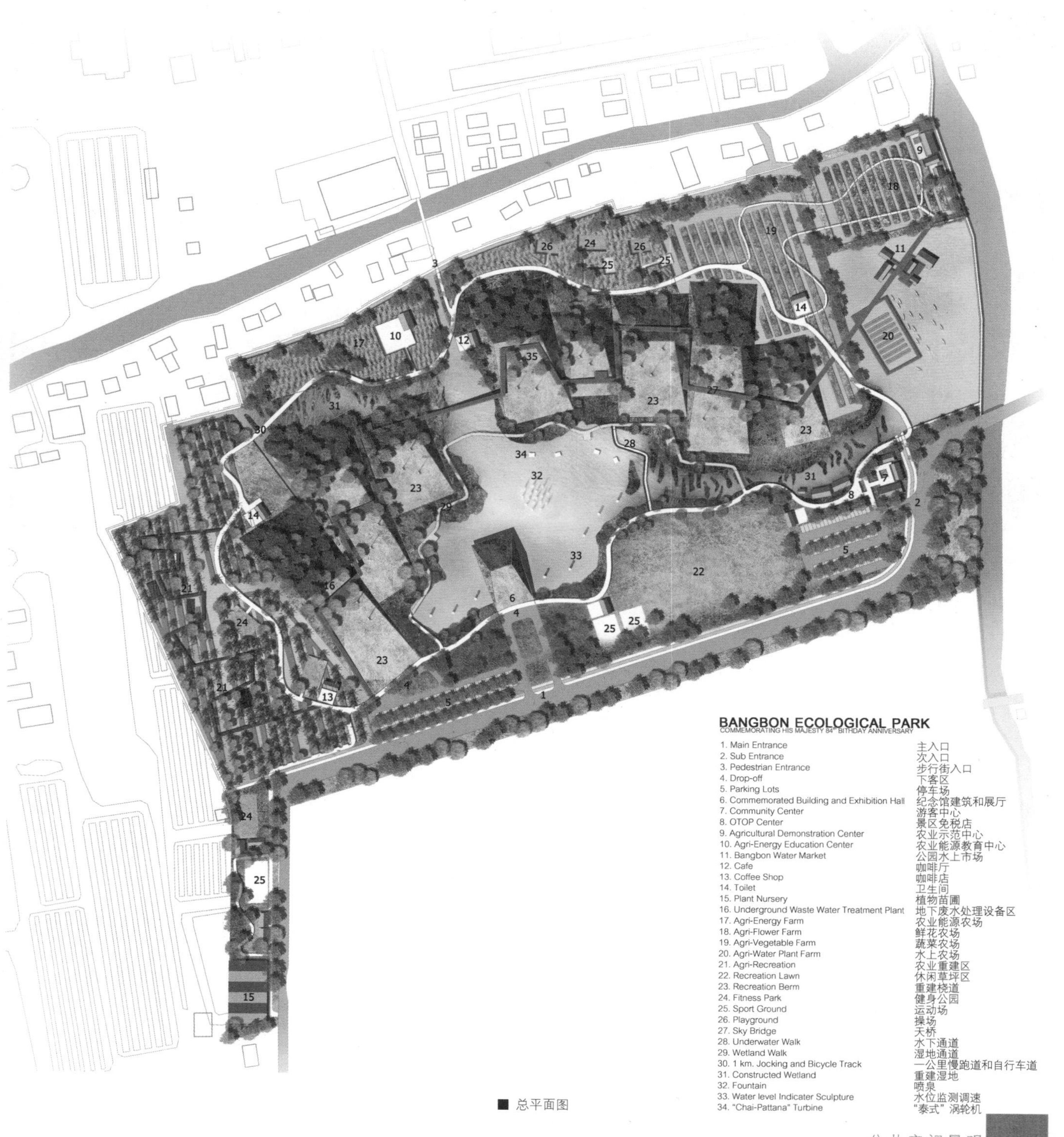
BANGBON ECOLOGICAL PARK
COMMEMORATING HIS MAJESTY 84th BITHDAY ANNIVERSARY
1. Main Entrance 主入口
2. Sub Entrance 次入口
3. Pedestrian Entrance 步行街入口
4. Drop-off 下客区
5. Parking Lots 停车场
6. Commemorated Building and Exhibition Hall 纪念馆建筑和展厅
7. Community Center 游客中心
8. OTOP Center 景区免税店
9. Agricultural Demonstration Center 农业示范中心
10. Agri-Energy Education Center 农业能源教育中心
11. Bangbon Water Market 公园水上市场
12. Cafe 咖啡厅
13. Coffee Shop 咖啡店
14. Toilet 卫生间
15. Plant Nursery 植物苗圃
16. Underground Waste Water Treatment Plant 地下废水处理设备区
17. Agri-Energy Farm 农业能源农场
18. Agri-Flower Farm 鲜花农场
19. Agri-Vegetable Farm 蔬菜农场
20. Agri-Water Plant Farm 水上农场
21. Agri-Recreation 农业重建区
22. Recreation Lawn 休闲草坪区
23. Recreation Berm 重建榜道
24. Fitness Park 健身公园
25. Sport Ground 运动场
26. Playground 操场
27. Sky Bridge 天桥
28. Underwater Walk 水下通道
29. Wetland Walk 湿地通道
30. 1 km. Jocking and Bicycle Track 一公里慢跑道和自行车道
31. Constructed Wetland 重建湿地
32. Fountain 喷泉
33. Water level Indicater Sculpture 水位监测调速
34. "Chai-Pattana" Turbine "泰式"涡轮机

■ 总平面图

原有社区
新开发社区
未来开发
新开发社区
运动综合体和图书馆
水
自然
农业
社会和文化

■ 概念图

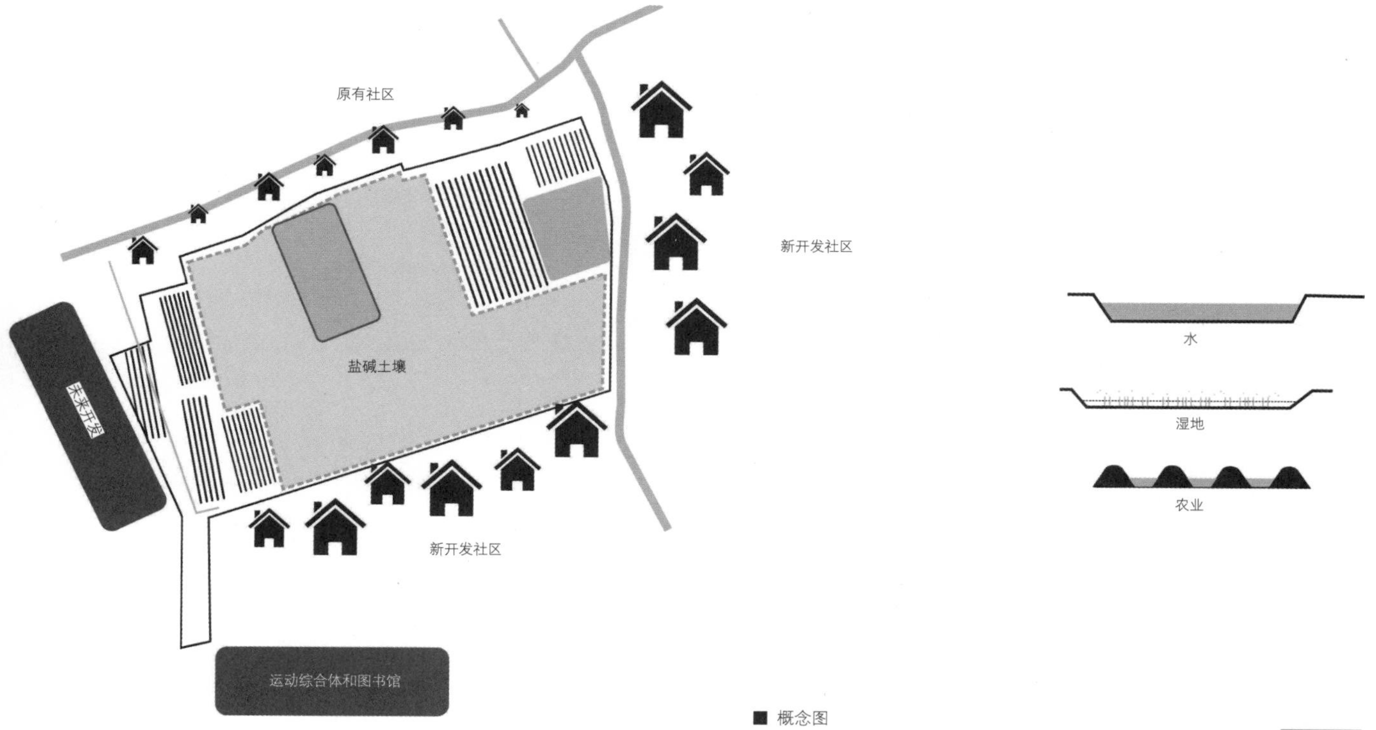
原有社区
新开发社区
盐碱土壤
未来开发
新开发社区
运动综合体和图书馆
水
湿地
农业

■ 概念图

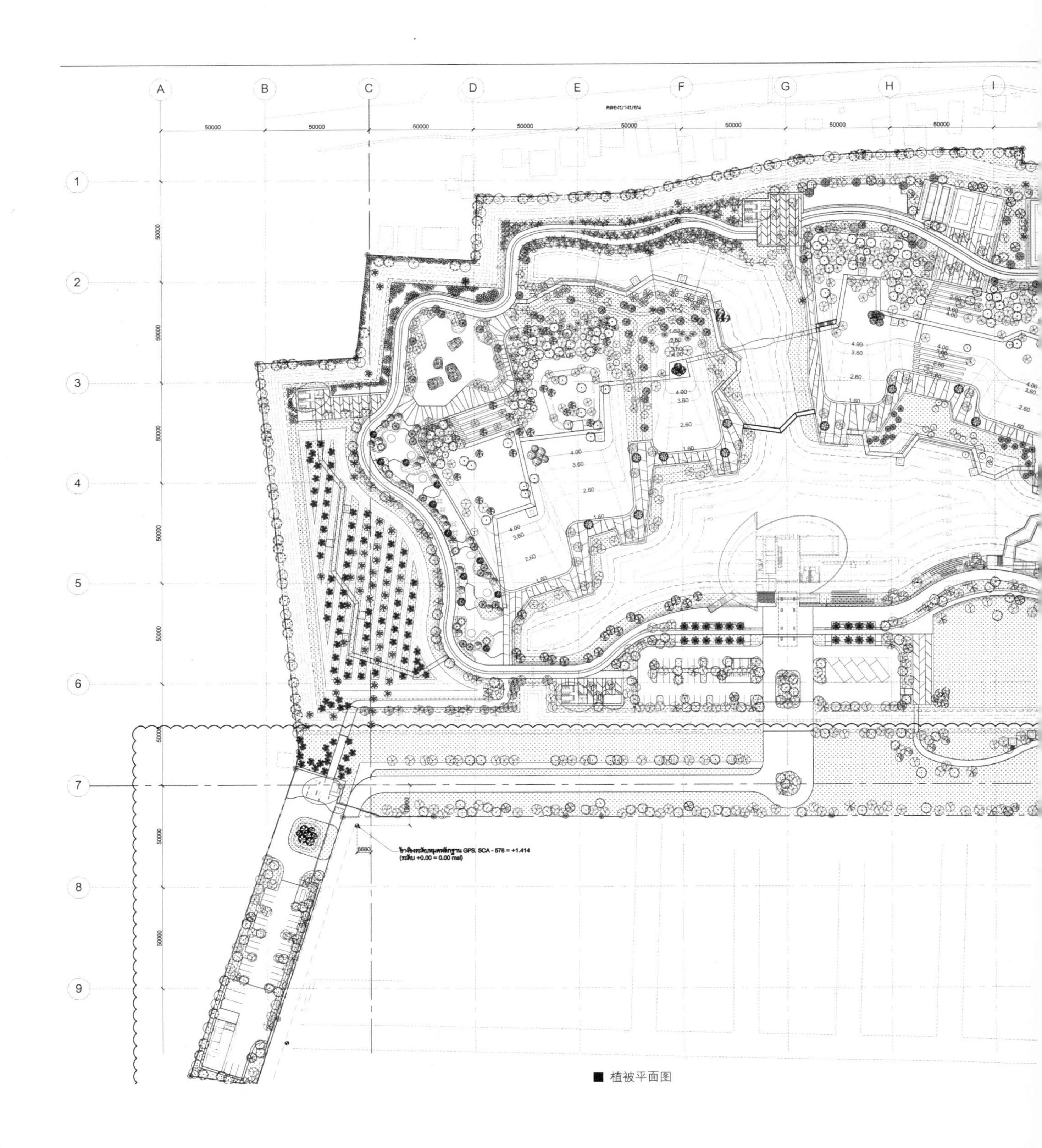
A
B
C
D
E
F
G
H
I
1
2
3
4
5
6
7
8
9
50000
4.00
3.60
2.60
1.60
GPS. SCA - 578 = +1.414
8680

■ 植被平面图

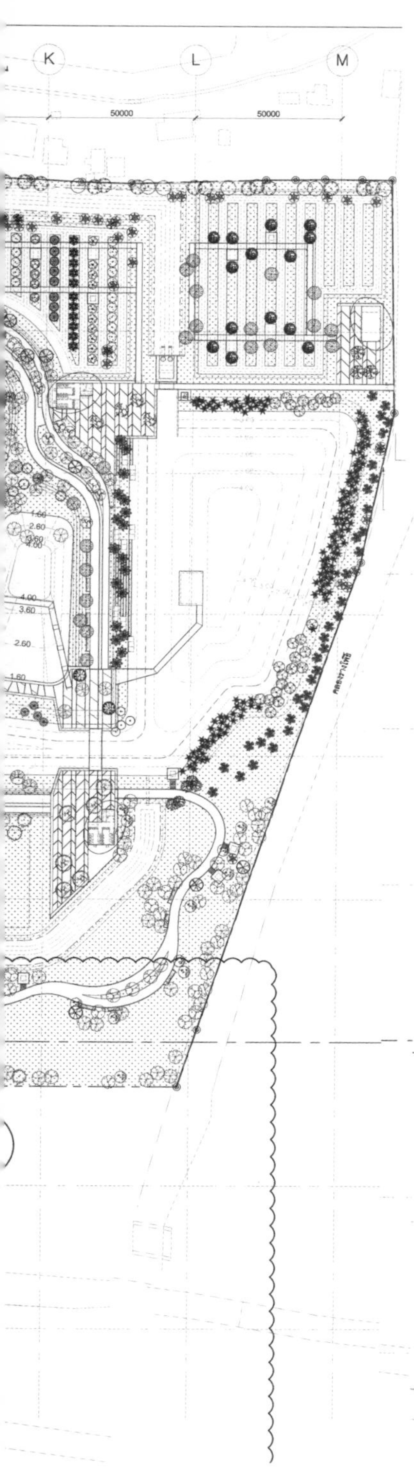

K
L
M
50000
50000

ไม้ยืนต้น และปาล์ม

สัญลักษณ์	คำอธิบาย	จำนวน	สัญลักษณ์	คำอธิบาย	จำนวน
	Calophyllum inophyllum L. สูง 3.00 ม. Ø ลำต้น 0.08 ม.	12		Cephalostachyum pergracile Munro สูง 4.00 ม.	110
	Mitragyna diversifolia (Wall. Ex G.Don) Havil. สูง 4.00 ม. Ø ลำต้น 0.15 ม.	17		Thyrsostachys siamensis Gamble สูง 4.00 ม.	289
	Millettia brandisiana Kurz สูง 1.50 ม. Ø ลำต้น 0.04 ม.	64		Dendrocalamus hamiltonii Nees สูง 4.00 ม.	228
	Fagraea fragrans Roxb. สูง 3.00 ม. Ø ลำต้น 0.08 ม.	93		Shorea roxburghii G. Don. สูง 3.00 ม. Ø ลำต้น 0.08 m.	42
	Crataeva magna (Lour.) DC. สูง 4.00 ม. Ø ลำต้น 0.15 ม.	24		Ficus religiosa L. สูง 5.00-6.00 ม. Ø ลำต้น 0.15-0.20 ม.	5
	Murraya paniculata (L.) Jack. สูง 3.50 ม. Ø ลำต้น 0.08 ม.	14		Citrus hystrix DC. สูง 1.00 ม. Ø ลำต้น 0.03 ม.	10
	Ficus concinna Miq. สูง 5.00-6.00 ม. Ø ลำต้น 0.15-0.20 ม.	4		Adenanthera pavonina L. สูง 5.00-6.00 ม. Ø ลำต้น 0.15-0.20 ม.	5
	Artocarpus heterophyllus Lam. สูง 1.00 ม. Ø ลำต้น 0.03 ม.	5		Elaeocarpus hygrophilus Kurz สูง 2.00 ม. Ø ลำต้น 0.04 ม.	28
	Cenna siamea (Lam.)Irwin & Barneby สูง 1.00 ม. Ø ลำต้น 0.03 ม.	66		Limonia acidissima L. สูง 4.00 ม. Ø ลำต้น 0.10 ม.	17
	Glycosmis pentaphylla (Retz.) DC. สูง 1.00 ม. Ø ลำต้น 0.03 ม.	10		Tamarindus indica L. สูง 5.00 ม. Ø ลำต้น 0.20 ม.	10
	Sesbania grandiflora Desv. สูง 1.00 ม. Ø ลำต้น 0.03 ม.	22		Dillenia indica L. สูง 4.00 ม. Ø ลำต้น 0.15 ม.	13
	Elaeocarpus grandiflorus Sm. สูง 2.00 ม. Ø ลำต้น 0.04 ม.	28		Cocos nucifera L. สูง 4.00 ม. Ø ลำต้น 0.20 ม.	127
	Diospyros decandra Lour. สูง 5.00-6.00 ม. Ø ลำต้น 0.15-0.20 ม.	7		Cocos nucifera L.	104
	Nypa fruticans Wurmb. สูง 1.50 ม.	138		Cocos nucifera L. สูง 1.00 ม. Ø ลำต้น 0.15 ม.	11
	Michelia champaca L. สูง 1.50 ม. Ø ลำต้น 0.04 ม.	26		Diospyros malabarica (Desr.) Kostel สูง 2.00 ม. Ø ลำต้น 0.04 ม.	9
	Michelia alba DC. สูง 4.00 ม. Ø ลำต้น 0.04 ม.	43		Garcinia dulcis Kurz. สูง 1.00 ม. Ø ลำต้น 0.03 ม.	11
	Barringtonia acutangula Gaertn. สูง 4.00 ม. Ø ลำต้น 0.20 ม.	29		Averrhoa carambola L. สูง 1.00 ม. Ø ลำต้น 0.03 ม.	49
	Barringtonia racemosa Roxb. สูง 1.50 ม. Ø ลำต้น 0.04 ม.	51		Mangifera indica Linn. สูง 1.00 ม. Ø ลำต้น 0.03 ม.	8
	Syzygium samarangense (Blume) สูง 1.00 ม. Ø ลำต้น 0.03 ม.	15		Garcinia mangostana Linn. สูง 1.00 ม. Ø ลำต้น 0.03 ม.	5
	Syzygium lambos (L.) สูง 1.00 ม. Ø ลำต้น 0.03 ม.	12		Dipterocarpus alatus สูง 3.00 ม. Ø ลำต้น 0.06 ม.	217
	Flacourtia rukam Zoll.& Moritzi สูง 1.00 ม. Ø ลำต้น 0.03 ม.	52		Ficus elastica Roxb. สูง 4.00-5.00 ม. Ø ลำต้น 0.15-0.20 ม.	5
	Hopea odorata Roxb. สูง 1.50 ม. Ø ลำต้น 0.04 ม.	189		Manilkara kauki (L.) Dubard สูง 1.00 ม. Ø ลำต้น 0.03 ม.	16
	Borassus flabellifer Linn. สูง 5.00-6.00 ม. Ø ลำต้น 0.25-0.27 ม.	38		Melodorum fruticosum Lour. สูง 1.50 ม. Ø ลำต้น 0.04 ม.	33
	Cerbera odollam Gaertn. สูง 1.50 ม. Ø ลำต้น 0.04 ม.	65		Sonneratia caseolaris สูง 1.00 ม. Ø ลำต้น 0.03 ม.	26
	Dyera costulata (Miq) สูง 1.00 ม. Ø ลำต้น 0.03 ม.	24		Melia azederach L. สูง 3.00 ม. Ø ลำต้น 0.06 ม.	42
	Caryota mitis Lour. สูง 1.00 ม. Ø ลำต้น 0.03 ม.	39		Citrus maxima Merr. สูง 1.00 ม. Ø ลำต้น 0.03 ม.	6
	Erythrina orientalis L. Murr. Pusca. สูง 1.50 ม. Ø ลำต้น 0.04 ม.	45		Artocarpus altilis Forsberg สูง 5.00 ม. Ø ลำต้น 0.20 ม.	26
	Ficus sp.	1		Melaleuca leucadendra L. สูง 5.00 ม. Ø ลำต้น 0.20 ม.	18
	Ficus benjamina L. สูง 5.00-6.00 ม. Ø ลำต้น 0.15-0.20 ม.	3		Syzygium gratum (Wight) S.N.Mitra สูง 5.00 ม. Ø ลำต้น 0.20 ม.	8
	Mesua ferrea Linn. สูง 1.50 ม. Ø ลำต้น 0.04 ม.	5		Saraca indica L. สูง 3.00 ม. Ø ลำต้น 0.08 ม.	18
	Pterocarpus indicus Willd. สูง 3.00 ม. Ø ลำต้น 0.08 ม.	34		Areca catechu L. สูง 4.00-5.00 ม. Ø ลำต้น 0.12-0.14 ม.	157
	Phyllocarpus septentrionalis Donn. Smith สูง 5.00 ม. Ø ลำต้น 0.18 ม.	6		Eugenia cumini Druce สูง 5.00-6.00 ม. Ø ลำต้น 0.15-0.20 ม.	3
	Millingtonia hortensis L.f. สูง 5.00 ม. Ø ลำต้น 0.15 ม.	34		Lagerstroemia speciosa (L.) Pers. สูง 1.50 ม. Ø ลำต้น 0.04 ม.	43

หมายเหตุ : [illegible] 0050-0052

农业
水
森林
社交 / 文化
农业

■ 示意图

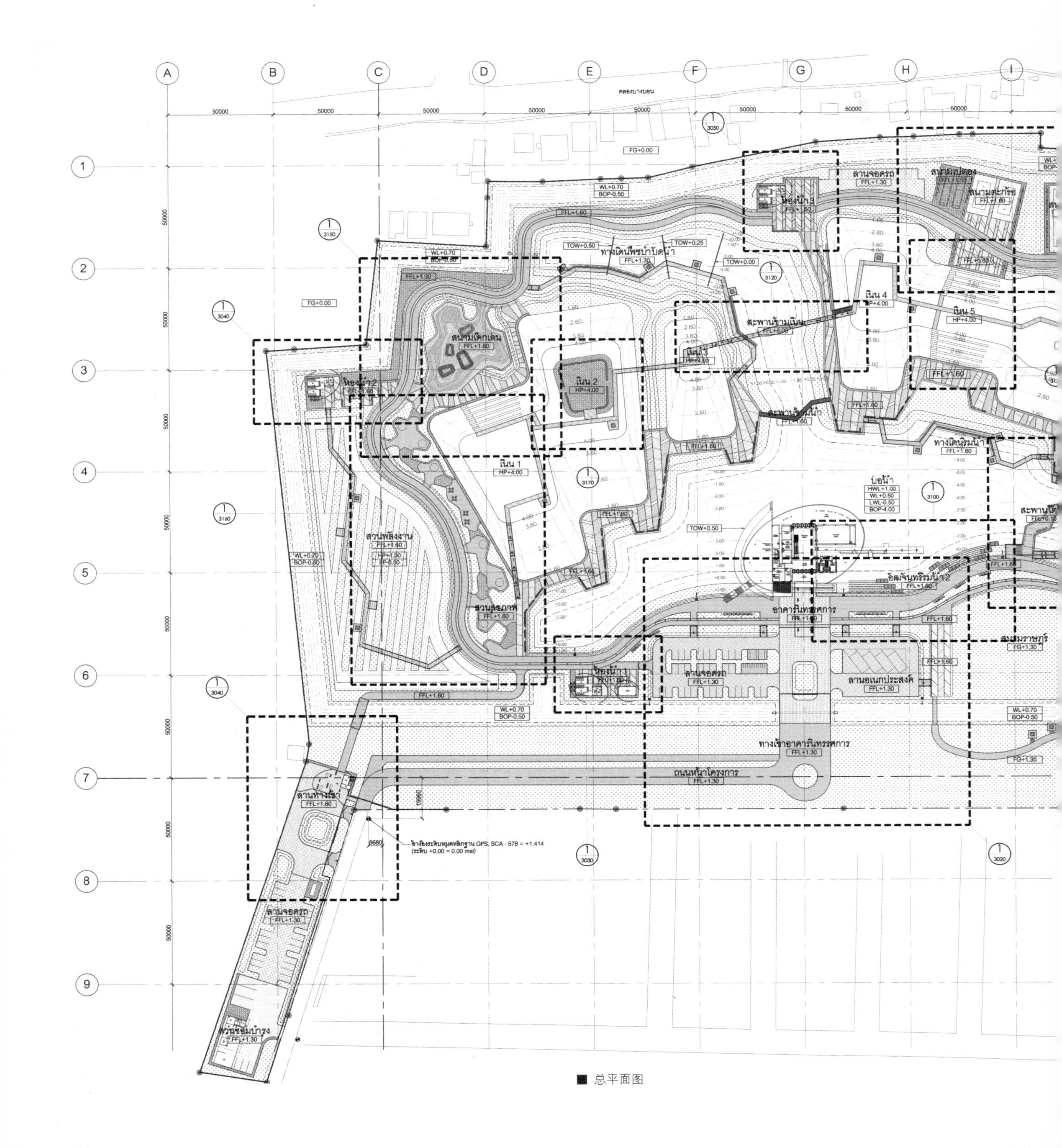

A
B
C
D
E
F
G
H
I
1
2
3
4
5
6
7
8
9
50000
FG+0.00
WL+0.70
BOP-0.50
FFL+1.60
FFL+1.30
HP+4.00
TOW+0.50
TOW+0.25
TOW+0.00
สนามเด็กเล่น
ห้องน้ำ 1
ห้องน้ำ 2
ห้องน้ำ 3
เนิน 1
เนิน 2
เนิน 3
เนิน 4
เนิน 5
สะพานข้ามเนิน
ทางเดินริมน้ำ
บ่อน้ำ
HWL+1.00
WL+0.50
LWL-0.50
BOP-4.00
สวนพลังงาน
สวนสุขภาพ
ลานจอดรถ
ลานอเนกประสงค์
อาคารนิทรรศการ
ทางเข้าอาคารนิทรรศการ
ถนนหน้าโครงการ
ลานทางเข้า
สวนซ่อมบำรุง
สนามตะกร้อ

■ 总平面图

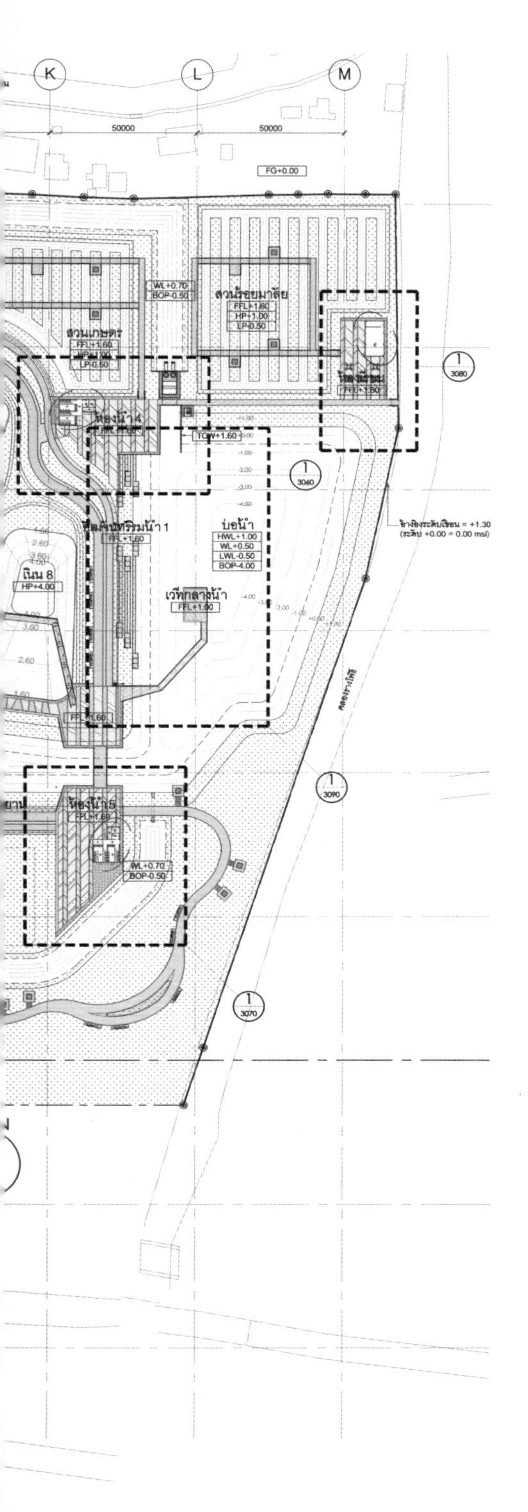
K
L
M
50000
50000
FG+0.00
WL+0.70
BOP-0.50
TOW+1.60
HWL+1.00
WL+0.50
LWL-0.50
BOP-4.00
HP+4.00
3080
3060
3090
3070

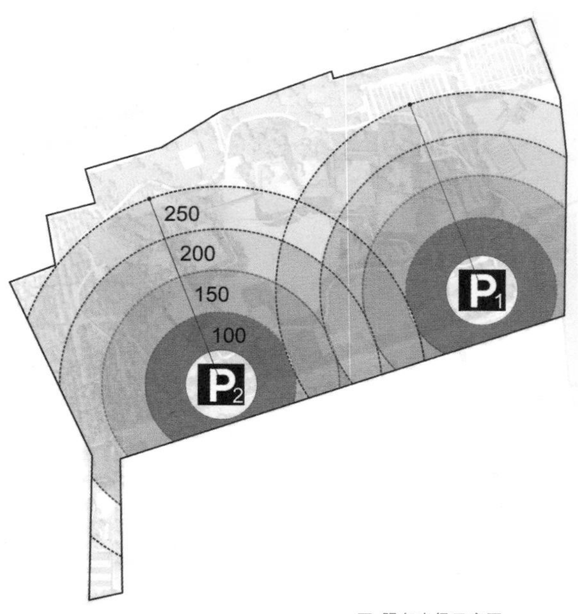
250
200
150
100
可容纳90辆车
可容纳72辆车
服务半径

■ 服务半径示意图

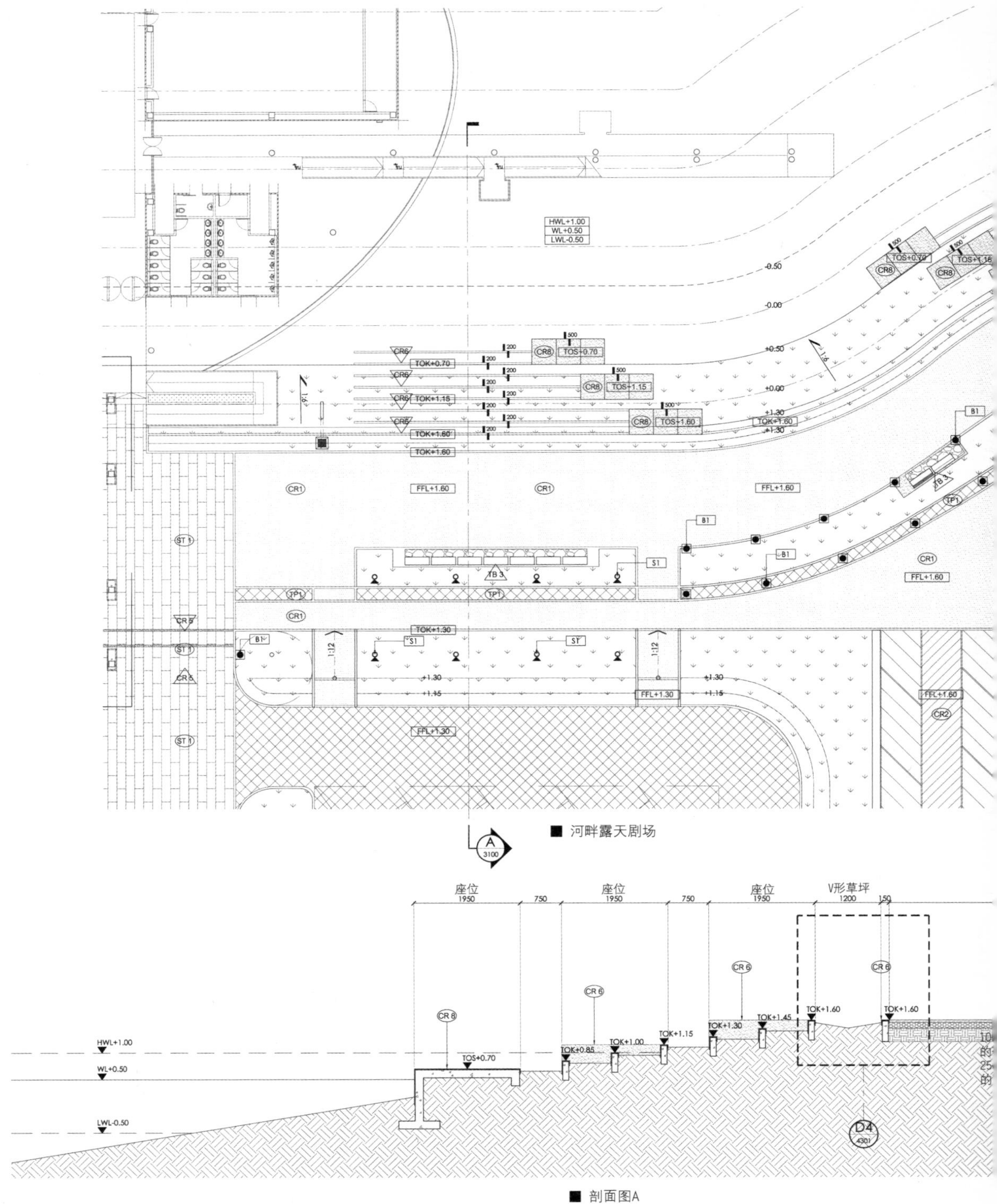
HWL+1.00
WL+0.50
LWL-0.50
TOS+0.70
TOS+1.15
TOS+1.60
TOK+0.70
TOK+1.15
TOK+1.60
TOK+1.30
FFL+1.60
FFL+1.30
CR1
CR2
CR6
CR8
ST1
TP1
TB3
B1
S1
A
3100
座位
1950
750
V形草坪
1200
150
TOK+0.85
TOK+1.00
TOK+1.15
TOK+1.30
TOK+1.45
D4
4301

■ 河畔露天剧场

■ 剖面图A

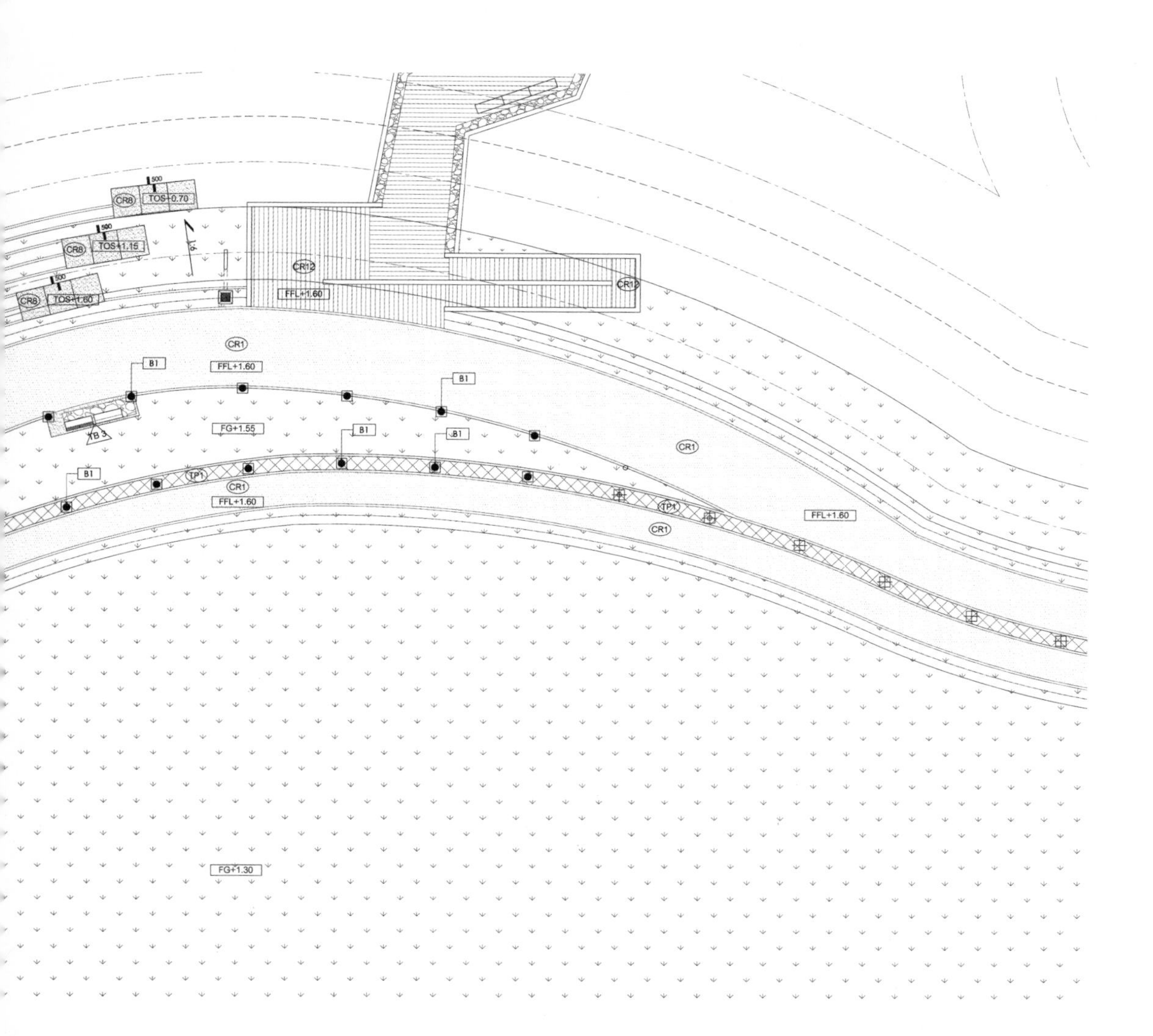
CR8
TOS+0.70
CR8
TOS+1.15
CR8
TOS+1.60
CR12
FFL+1.60
CR12
CR1
FFL+1.60
B1
B1
FG+1.55
B1
JB1
B1
TP1
CR1
FFL+1.60
CR1
TP1
CR1
FFL+1.60
FG+1.30

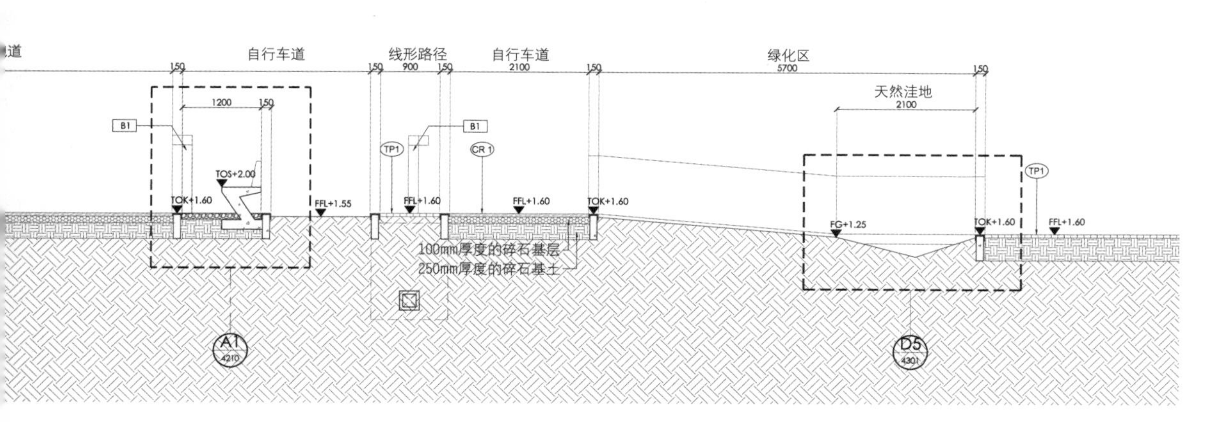
道
自行车道
线形路径
自行车道
绿化区
天然洼地
B1
B1
TP1
CR1
TP1
TOS+2.00
TOK+1.60
FFL+1.55
FFL+1.60
FFL+1.60
TOK+1.60
FG+1.25
TOK+1.60
FFL+1.60
100mm厚度的碎石基层
250mm厚度的碎石基土
A1
4210
D5
4301

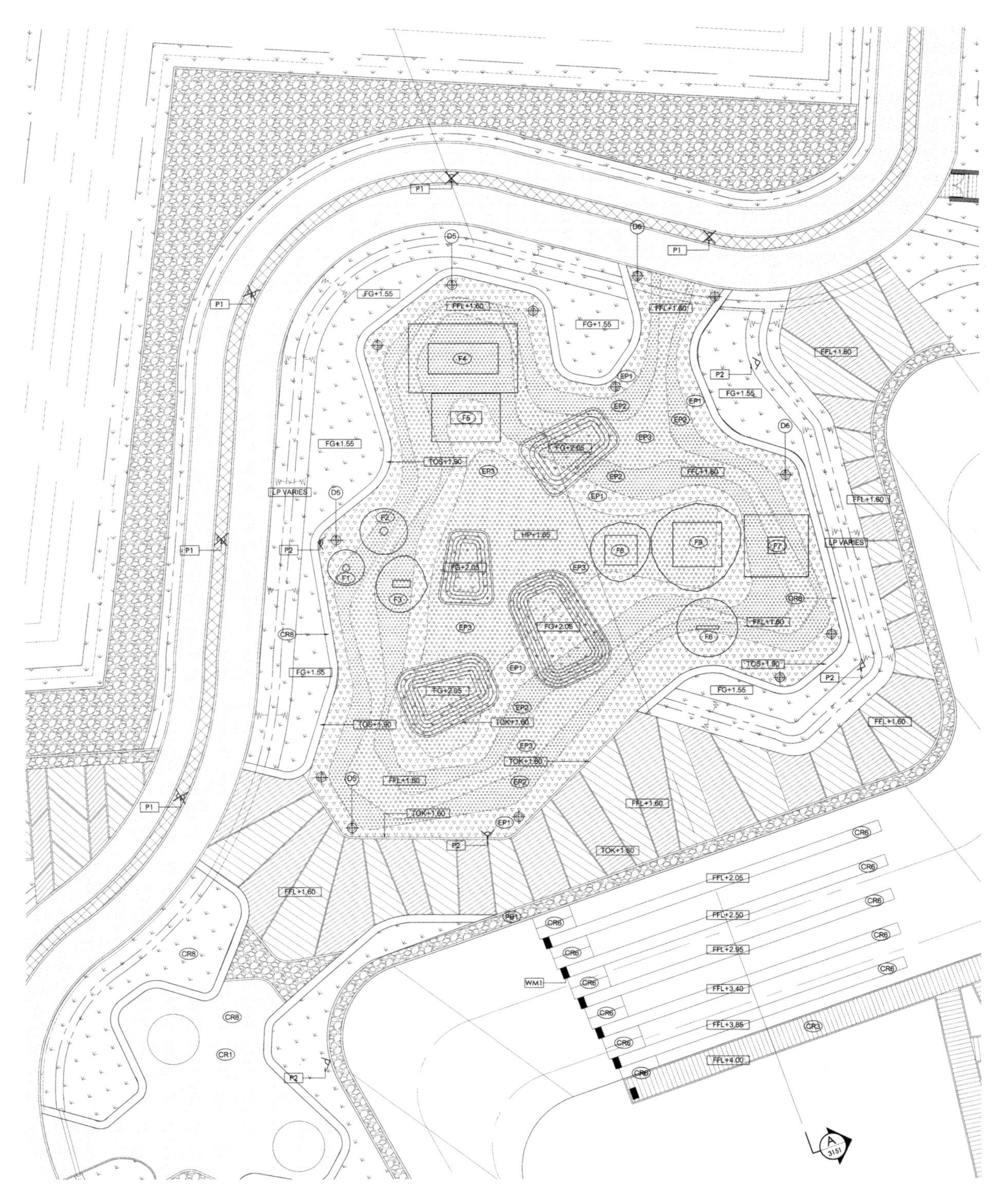
P1
P2
D5
FG+1.55
FFL+1.60
FG+2.05
TOS+1.90
TOK+1.60
HP+1.65
LP VARIES
EP1
EP2
EP3
F1
F2
F3
F4
F5
F6
F7
F8
F9
CR1
CR3
CR6
CR8
WM1
FFL+2.05
FFL+2.50
FFL+2.95
FFL+3.40
FFL+3.85
FFL+4.00
A
3151

■ 游乐场平面图

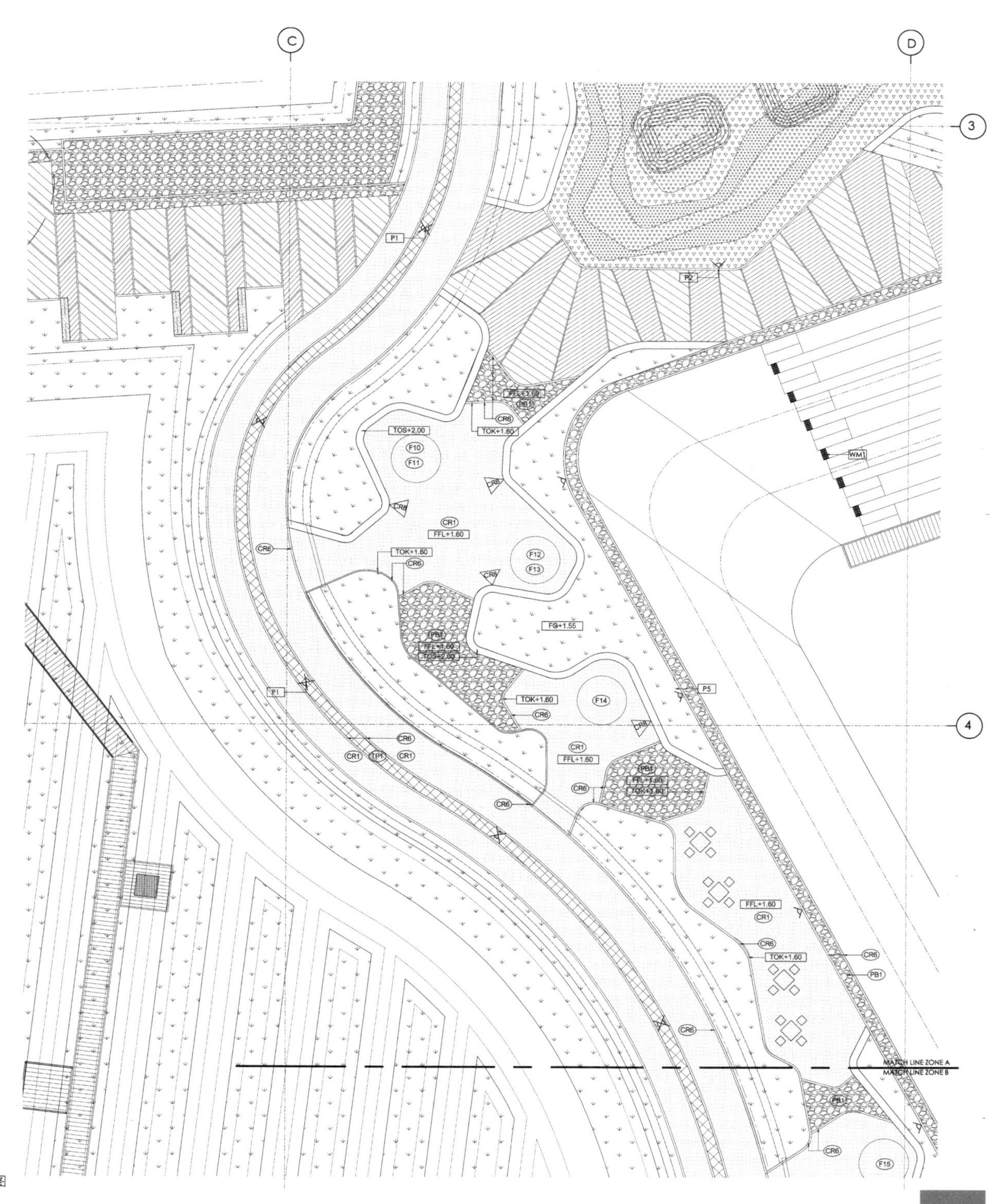
C
D
3
4
P1
P2
FFL+1.60
PB1
CR6
TOK+1.60
TOS+2.00
F10
F11
CR8
CR1
FFL+1.60
TOK+1.60
CR6
F12
F13
WM1
FG+1.55
PB1
FFL+1.60
TOS+2.00
TOK+1.60
CR6
F14
P5
P1
CR6
CR1
TP1
CR1
CR1
FFL+1.60
CR6
PB1
FFL+1.60
TOK+1.60
CR6
FFL+1.60
CR1
CR6
TOK+1.60
CR6
PB1
CR6
MATCH LINE ZONE A
MATCH LINE ZONE B
PB1
CR6
F15

■ 健身庭院平面图

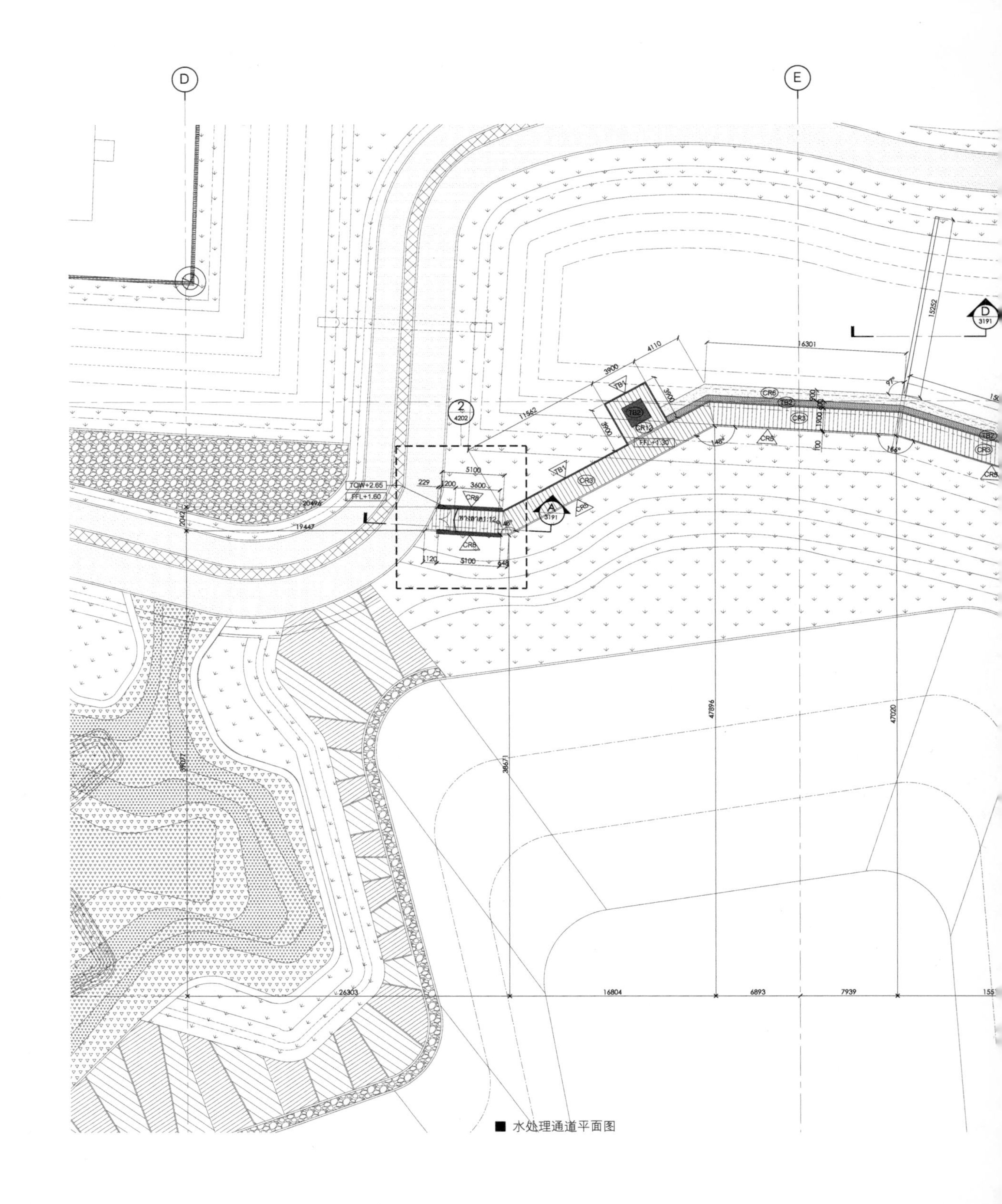
D
E
TOW+2.65
FFL+1.60
FFL+1.30
5100
3600
1200
229
1120
4110
3900
16301
15252
11562
20496
19447
47896
47020
38671
26303
16804
6893
7939
CR8
CR6
CR3
CR5
CR12
TB1
TB2
3191
4202
■ 水处理通道平面图

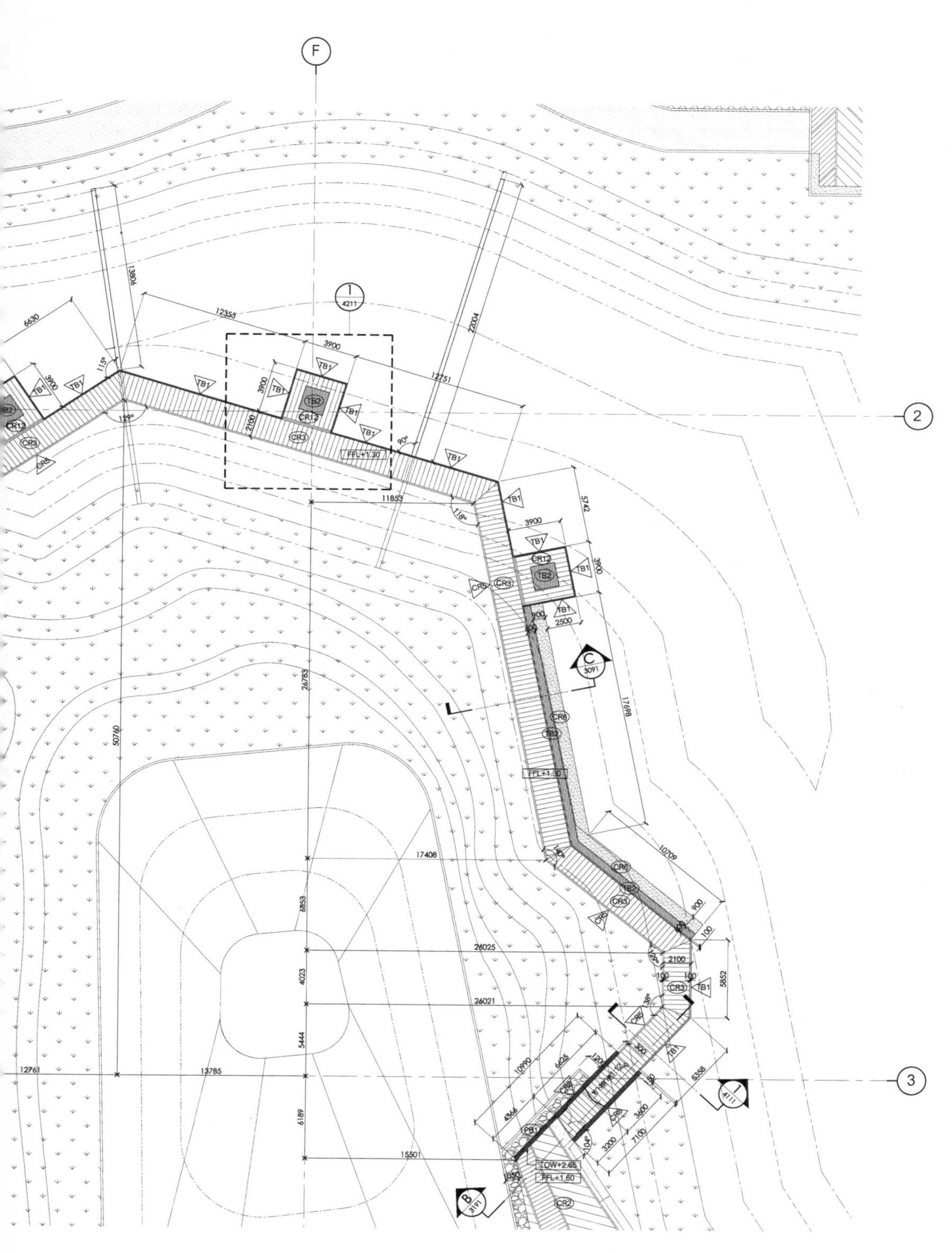
F
2
3
13806
22004
12355
6630
3900
12751
11853
5742
17498
10709
50760
26783
17408
26025
26021
12761
13785
15501
6853
4023
5444
6189
5852
5358
10990
6625
7100
3600
3200
2100
2500
900
TB1
TB2
CR3
CR5
CR6
CR12
CR2
PB1
FFL+1.30
TOW+2.65
FFL+1.60
115°
129°
118°
90°
104°

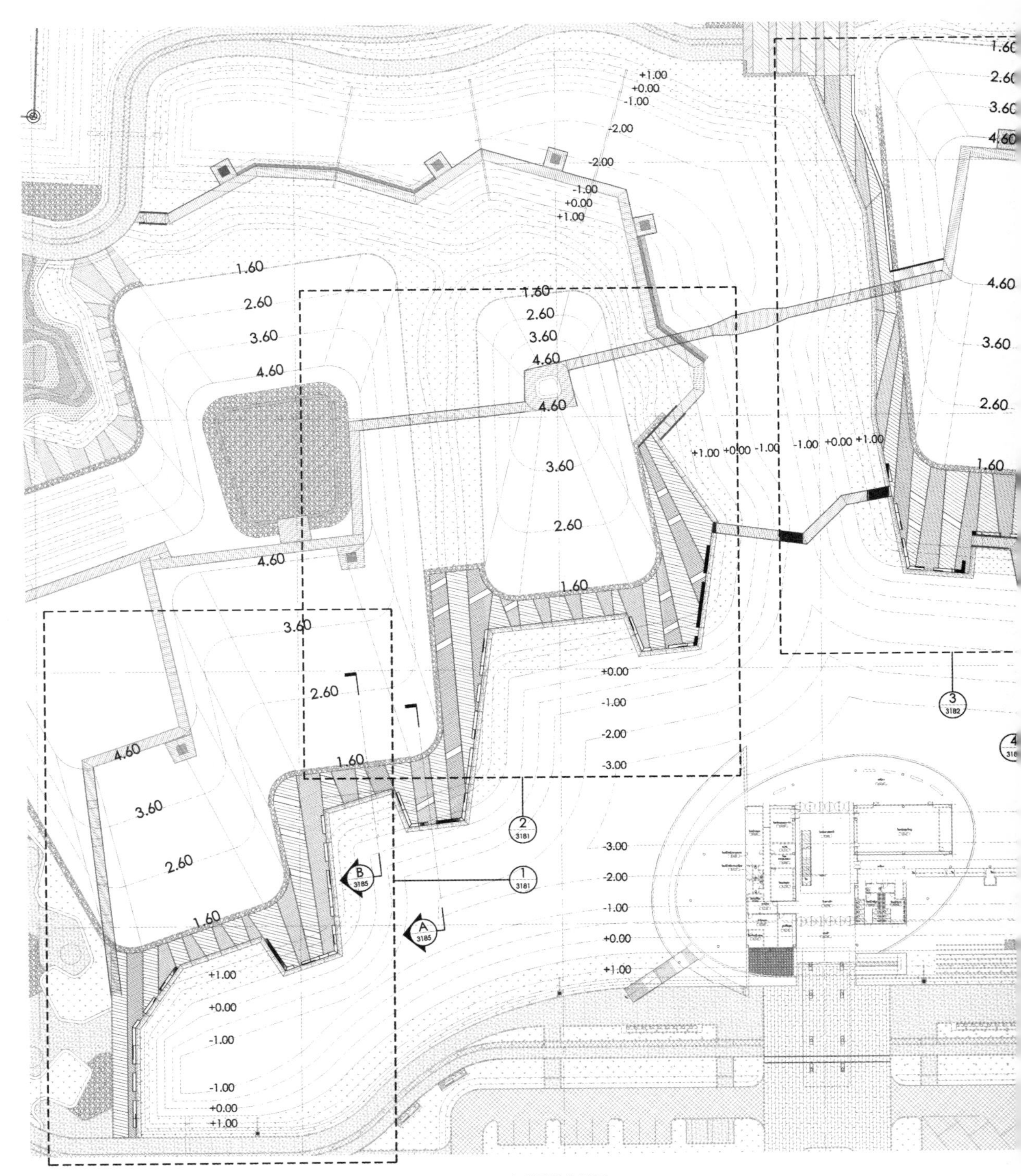

+1.00
+0.00
-1.00
-2.00
-2.00
-1.00
+0.00
+1.00
1.60
2.60
3.60
4.60
4.60
3.60
2.60
1.60
+1.00
+0.00
-1.00
-1.00
+0.00
+1.00
+0.00
-1.00
-2.00
-3.00
-3.00
-2.00
-1.00
+0.00
+1.00

■ 步道沿线地形图

2.60
3.60
4.60
1.60
2.60
3.60
4.60
1.60
2.60
3.60
4.60
4.60
3.60
2.60
1.60
4.60
3.60
2.60
1.60
4.60
3.60
2.60
1.60
1.60
2.60
3.60
4.60
4.60
3.60
2.60
1.60
+0.00
-1.00
-2.00
-3.00
-4.00
-4.00
-3.00
-2.00
-1.00
+0.00
+1.00
+1.00
+0.00
-1.00
-1.00
+0.00
+1.00
5
3182

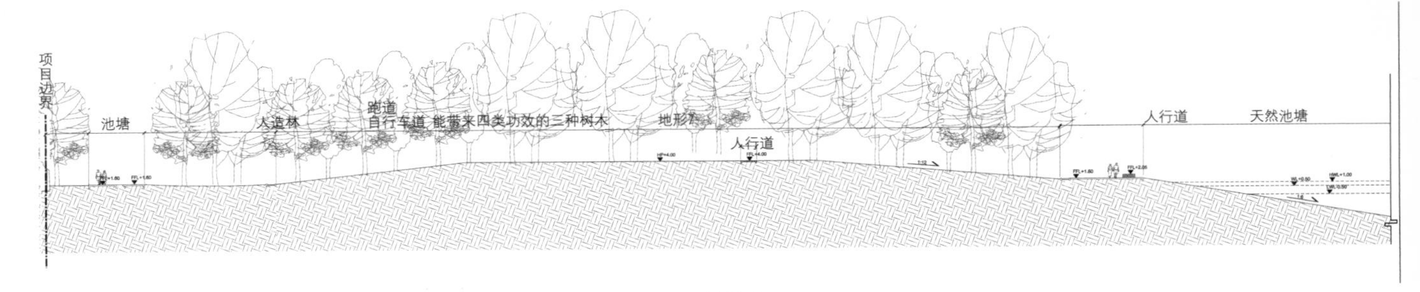
项目边界
池塘
人造林
跑道
自行车道
能带来四类功效的三种树木
地形7
人行道
人行道
天然池塘

■ 剖面图G

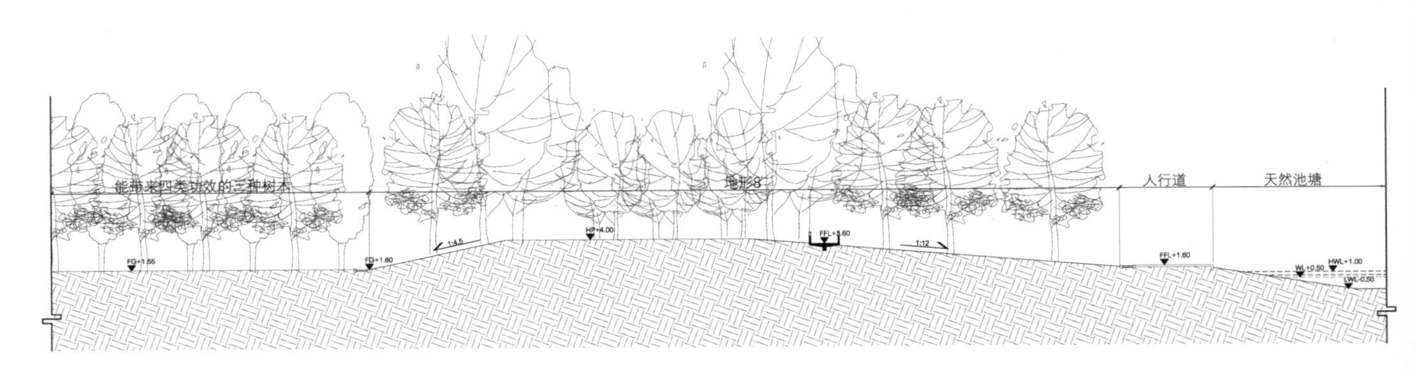
能带来四类功效的三种树木
地形8
人行道
天然池塘
FG+1.55
FG+1.60
1:4.5
HP+4.00
FFL+3.60
1:12
FFL+1.60
WL+0.50
HWL+1.00
LWL-0.50

■ 剖面图H

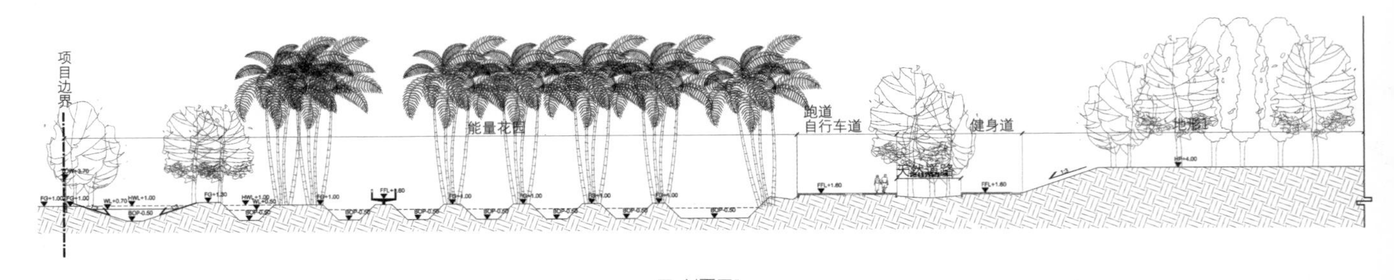
项目边界
能量花园
跑道
自行车道
健身道
地形1

■ 剖面图I

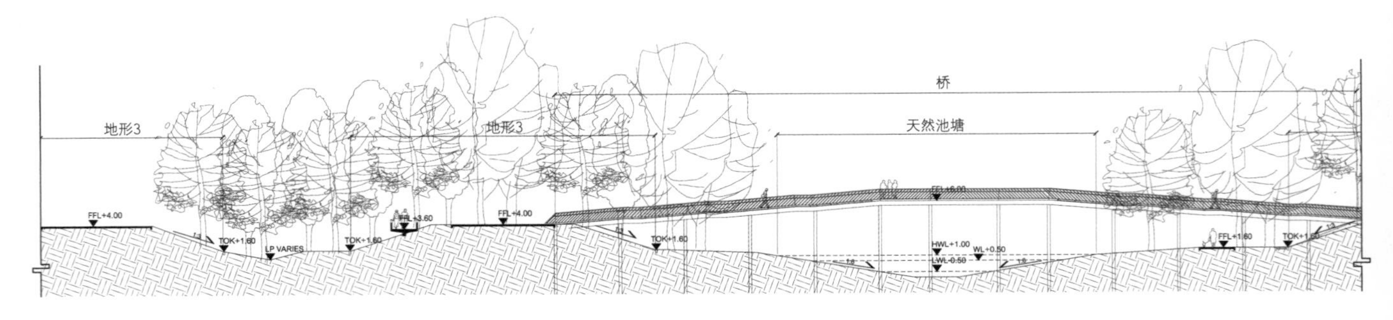
桥
地形3
地形3
天然池塘
FFL+4.00
TOK+1.60
LP VARIES
TOK+1.60
FFL+3.60
FFL+4.00
TOK+1.60
HWL+1.00
WL+0.50
LWL-0.50
FFL+1.60
TOK+1.60

■ 剖面图J

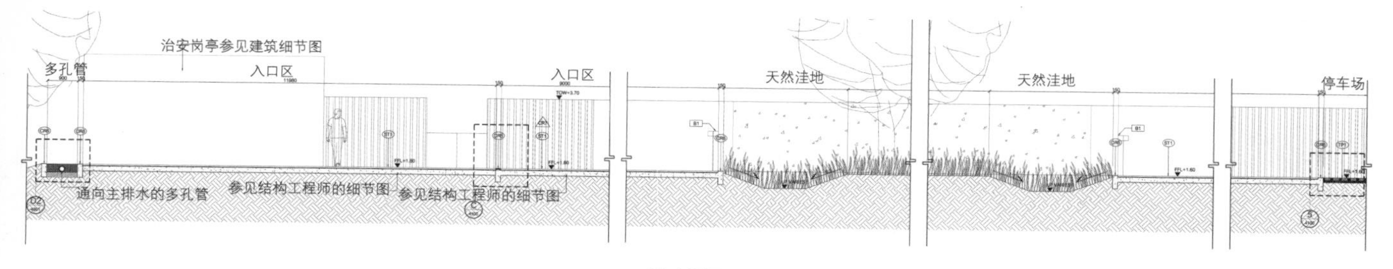

治安岗亭参见建筑细节图
多孔管
入口区
入口区
天然洼地
天然洼地
停车场
通向主排水的多孔管
参见结构工程师的细节图
参见结构工程师的细节图

■ 剖面图A

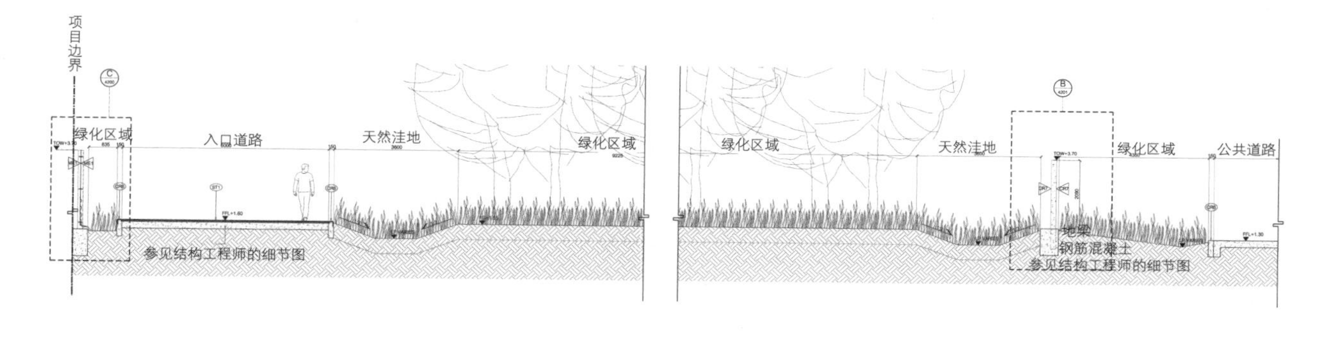

项目边界
绿化区域
入口道路
天然洼地
绿化区域
参见结构工程师的细节图
绿化区域
天然洼地
绿化区域
公共道路
地梁
钢筋混凝土
参见结构工程师的细节图

■ 剖面图B

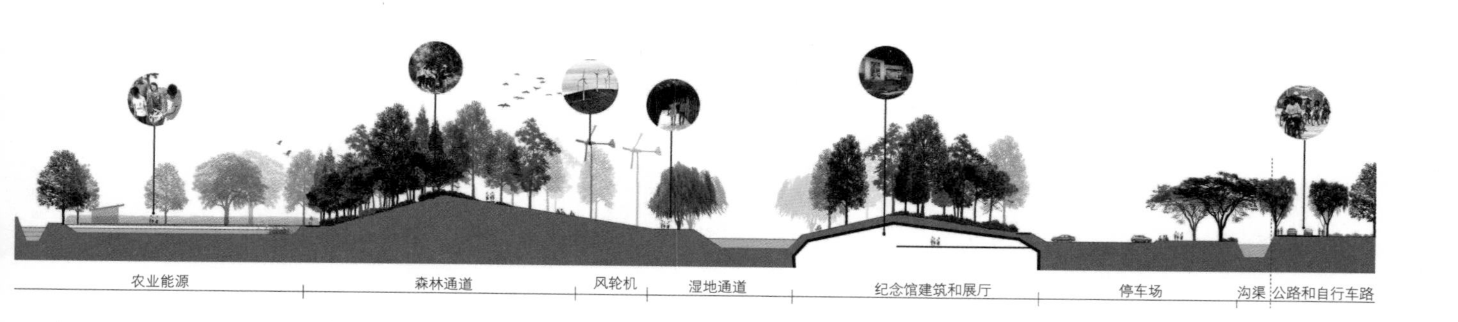

农业能源
森林通道
风轮机
湿地通道
纪念馆建筑和展厅
停车场
沟渠
公路和自行车路

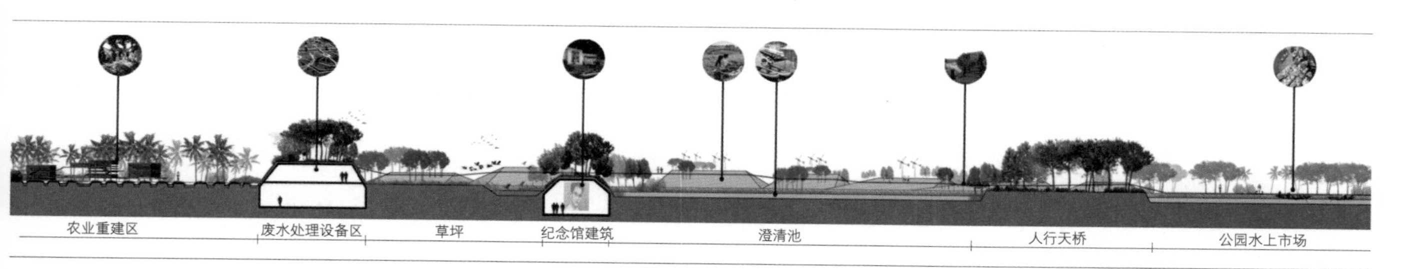

农业重建区
废水处理设备区
草坪
纪念馆建筑
澄清池
人行天桥
公园水上市场

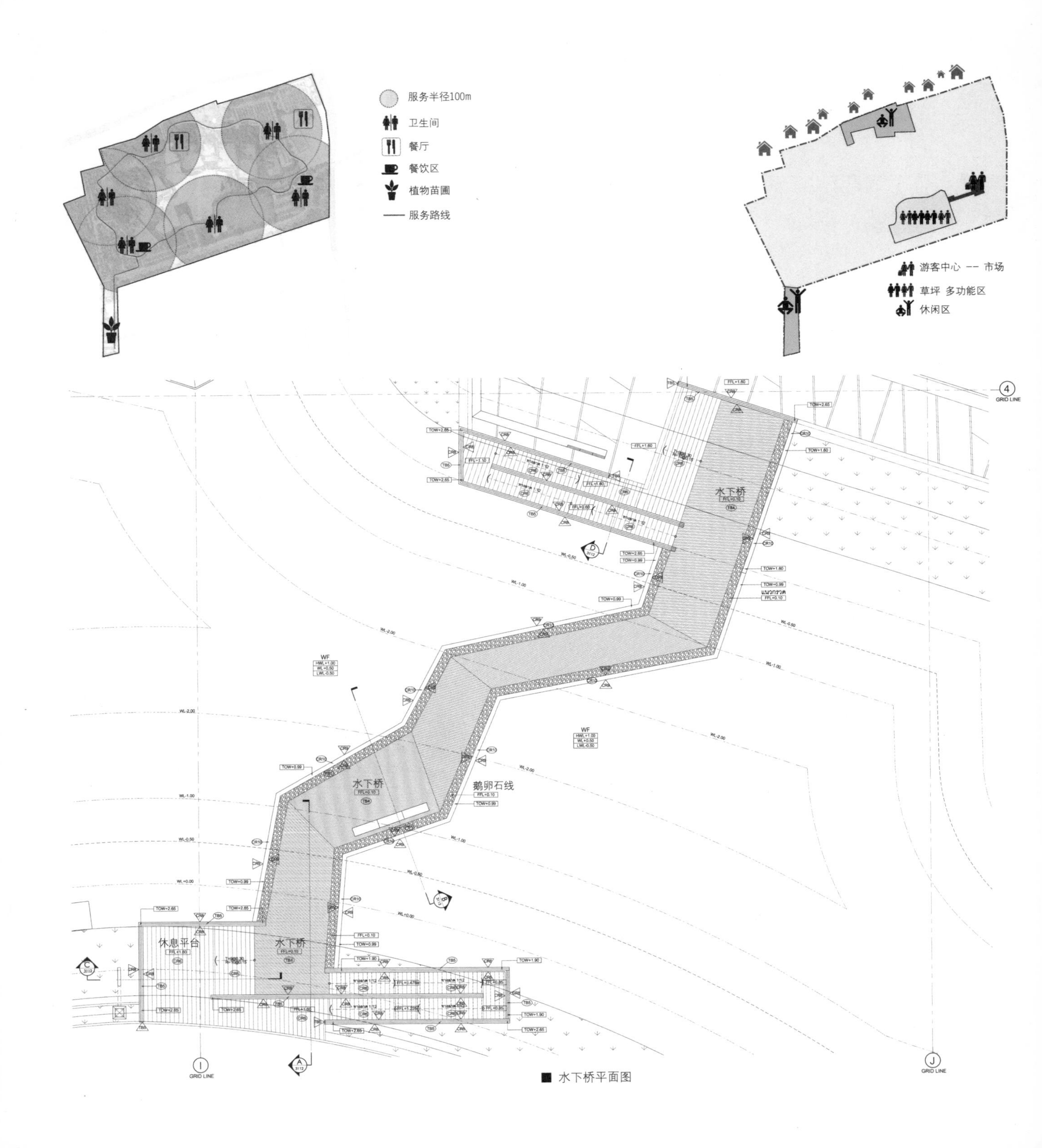
服务半径100m
卫生间
餐厅
餐饮区
植物苗圃
服务路线
游客中心 -- 市场
草坪 多功能区
休闲区
水下桥
FFL+0.10
鹅卵石线
休息平台
FFL+1.80
GRID LINE
WF
HWL+1.00
WL+0.50
LWL-0.50

■ 水下桥平面图

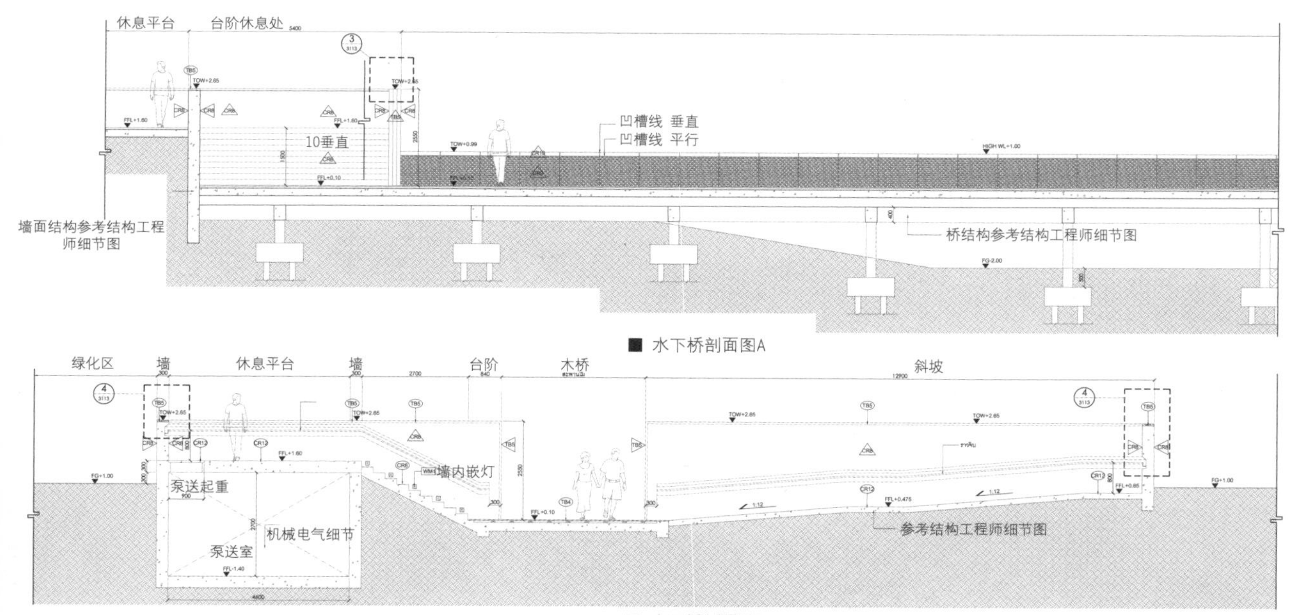

休息平台
台阶休息处
10垂直
凹槽线 垂直
凹槽线 平行
墙面结构参考结构工程师细节图
桥结构参考结构工程师细节图
绿化区
墙
休息平台
墙
台阶
木桥
斜坡
泵送起重
机械电气细节
泵送室
墙内嵌灯
参考结构工程师细节图

■ 水下桥剖面图A

■ 水下桥剖面图C

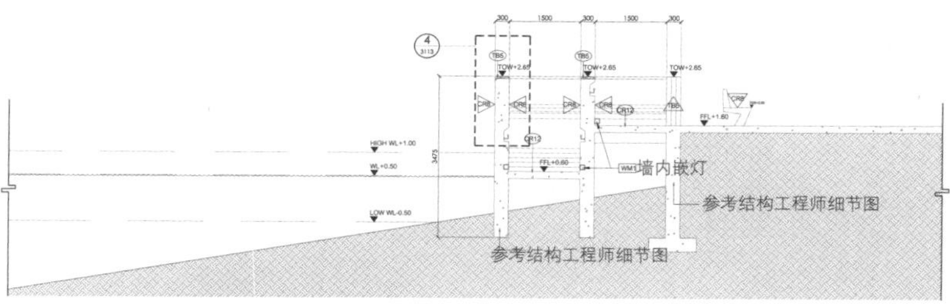

墙内嵌灯
参考结构工程师细节图
参考结构工程师细节图

■ 水下桥剖面图D

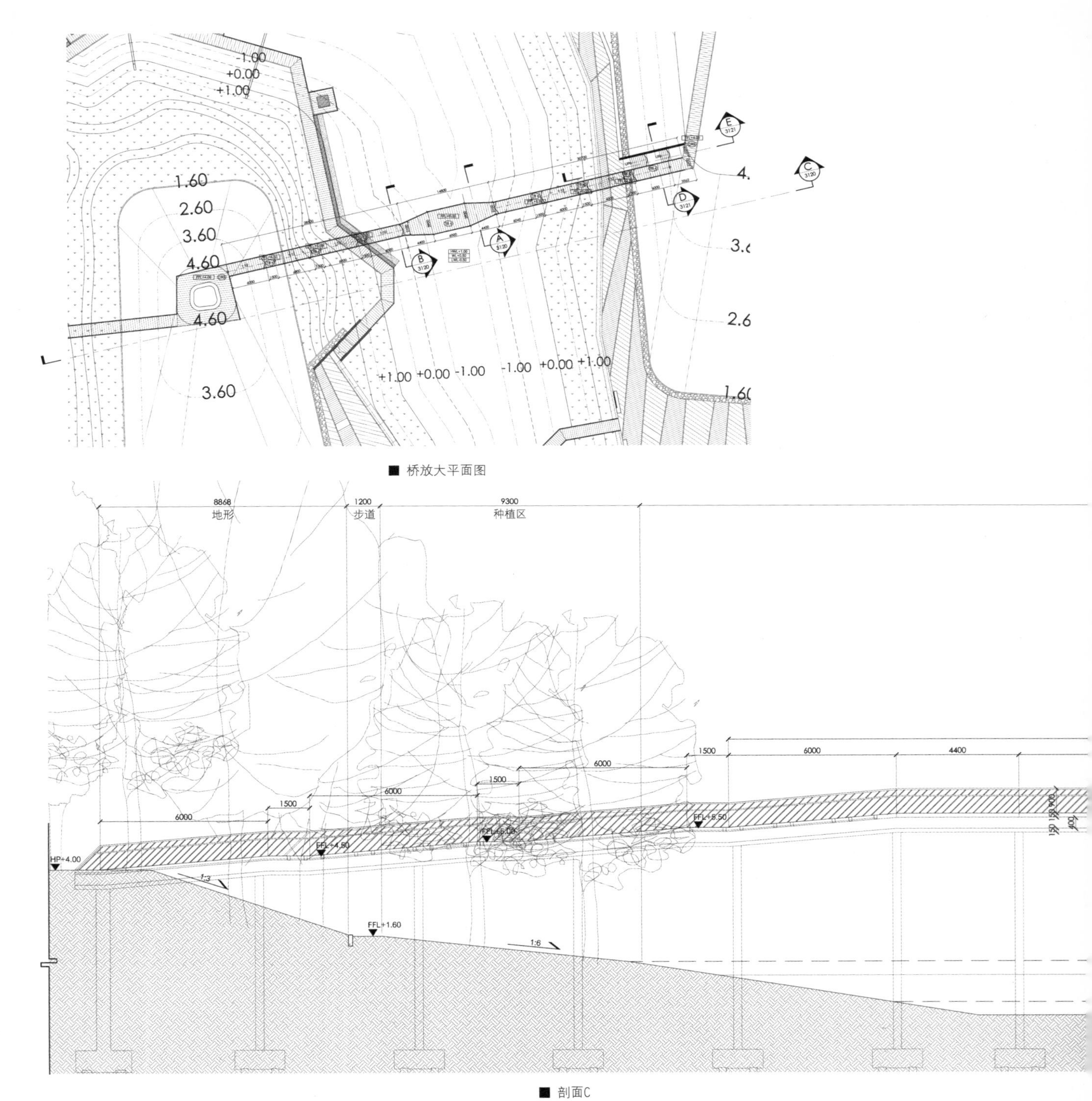
-1.00
+0.00
+1.00
1.60
2.60
3.60
4.60
4.60
3.60
+1.00 +0.00 -1.00
-1.00 +0.00 +1.00
A
3120
B
3120
C
3120
D
3121
E
3121
8868
地形
1200
步道
9300
种植区
6000
1500
6000
1500
6000
1500
6000
4400
HP+4.00
FFL+4.50
FFL+6.00
FFL+8.50
FFL+1.60
1:3
1:6

■ 桥放大平面图

■ 剖面C

本页为桥梁在不同地形处的细节

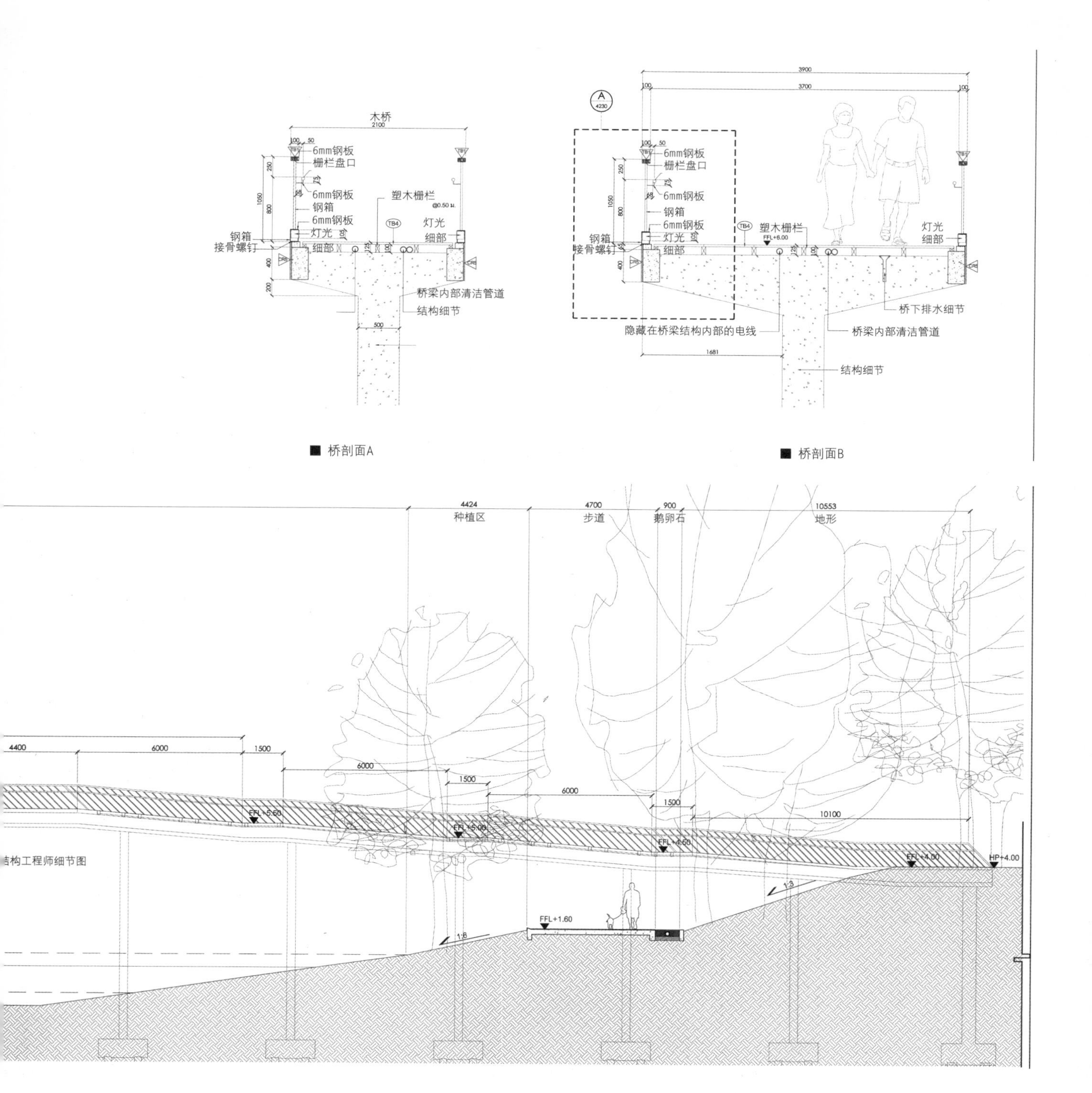
木桥
6mm钢板
栅栏盘口
钢箱
灯光
细部
接骨螺钉
塑木栅栏
桥梁内部清洁管道
结构细节
隐藏在桥梁结构内部的电线
桥下排水细节
种植区
步道
鹅卵石
地形
结构工程师细节图
FFL+5.60
FFL+5.00
FFL+4.60
FFL+4.00
HP+4.00
FFL+1.60

■ 桥剖面A

■ 桥剖面B

澳大利亚·墨尔本动物园–野生动物地面活动带

景观设计: 杰文斯景观建筑公司（Jeavons Landscape Architects） 摄影师: 安德鲁·劳埃德（Andrew Lloyd Photography） 客户: 墨尔本动物园（Melbourne Zoo）

项目简介
Information

墨尔本野生动物园是世界一流的专注于为野生动物提供活动空间与成长条件的展览性区域。野生动物活动区域于2012年9月建造完成，其中包含了一系列的为8岁以下儿童设计的互动体验区域。杰文斯景观建筑公司受雇于维多利亚动物园，参与了该公园的设计工作，设计团队包括克拉克霍普金克拉克建筑公司（CHC）以及阿特瑞公司的设计师们。简洁的设计不仅使具有不同栖息习惯的动物聚集于该野生动物的生存区域，还可邀请孩子们参与到互动中来，以体验从非洲南部的喀拉哈里沙漠到塞舌尔的阿尔达不拉岛环礁再到澳大利亚丛林的风光，最终使得该区域成为一个可以供孩子们融入到自然环境中并且可以近距离观察野生动物的地方。

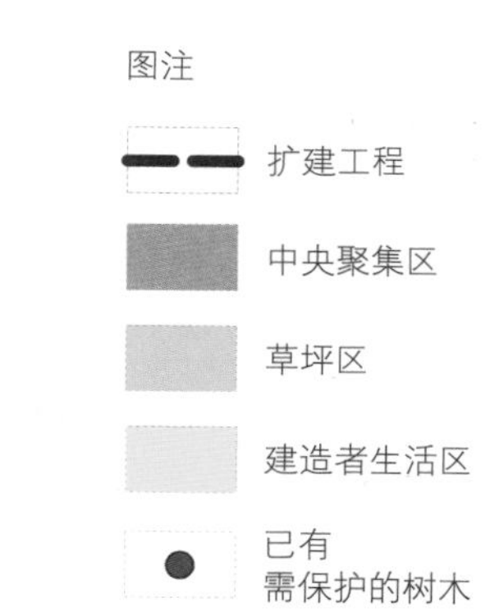

图注
扩建工程
中央聚集区
草坪区
建造者生活区
已有
需保护的树木

ENTRANCE (ROYAL PARK TRAIN STATION)
MELBOURNE ZOO
GROUND ZONE PRECINCT
MAIN ENTRY
位置图
二期工程，合同内
规定的扩建区
一期工程（不在合同范围内）
Existing
Building
象龟展区
象龟冬季住宅
象龟玩耍区
火鸡舍
建造者
娱乐区
建造者
生活区
断口
象龟
参观区
草坪区
中央
聚集区
象龟玩耍区
建造者
娱乐区
主路
袋鼠屋
INTERNAL ROAD
室外
探索区
学习
中心
狐獴屋
自动售货亭

技术图纸列表

图纸编号	图纸名称
1421-WD-101	概念规划图
1421-WD-102	平面图——中央聚集区&草坪区
1421-WD-103	平面图——建造者生活区
1421-WD-104	服务和设施平面图
1421-WD-105	放样图
1421-WD-106	水平平面图
1421-WD-107	地面平面图
1421-WD-108	栅栏&挡土墙平面图
1421-WD-109	软景观平面图
1421-WD-110	剖面图
1421-WD-111	景观剖面图
1421-WD-112	景观剖面图
1421-WD-113	景观剖面图
1421-WD-114	景观施工细节图
1421-WD-115	景观施工细节图
1421-WD-116	景观施工细节图
1421-WD-117	景观施工细节图
1421-WD-118	景观施工细节图

注意：这些图纸与灌溉图、结构图、排水图、电气图和液压图相呼应。
承包人负责协调所有图纸。
根据需要，可提供副本。

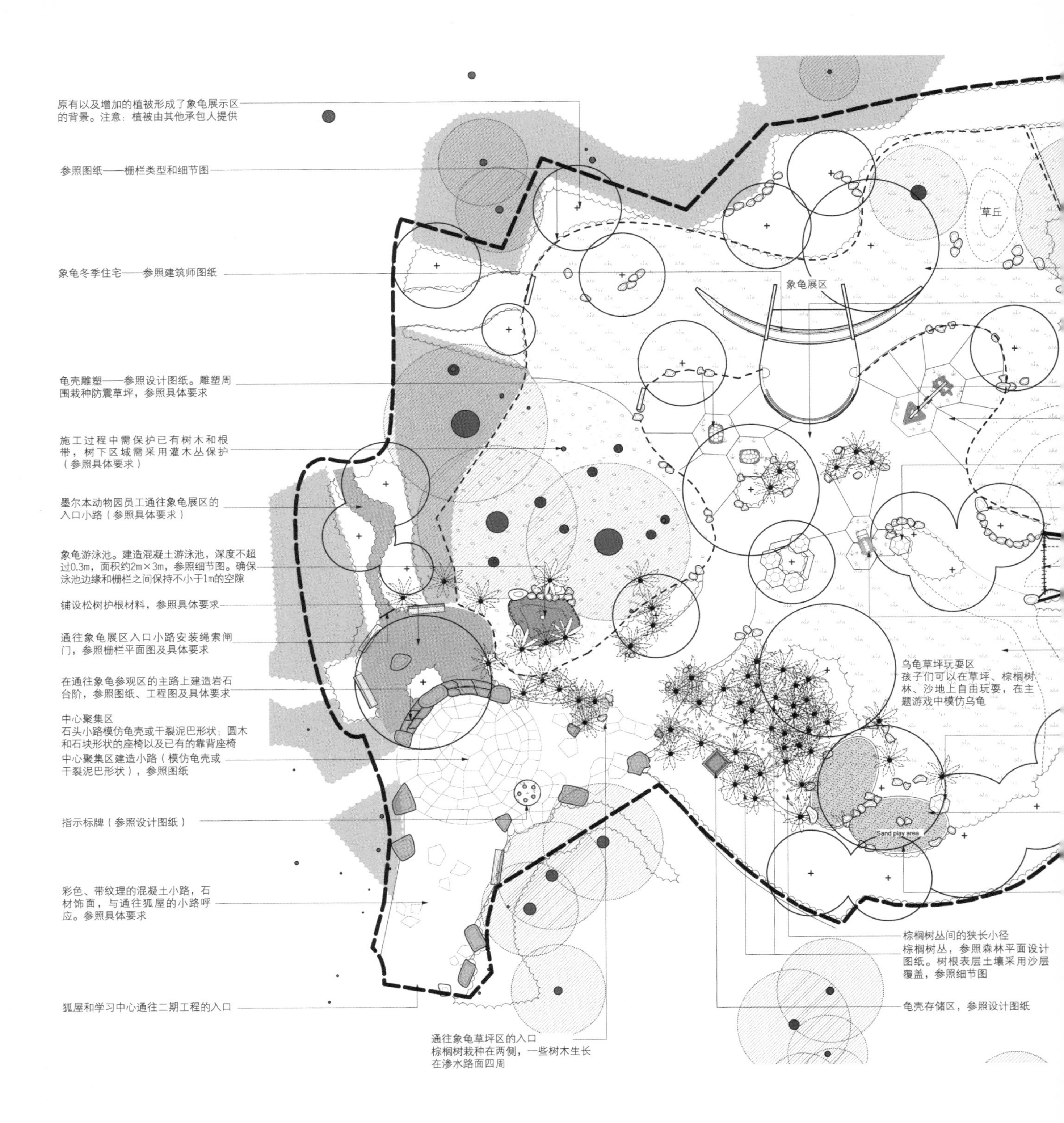
原有以及增加的植被形成了象龟展示区的背景。注意：植被由其他承包人提供
参照图纸——栅栏类型和细节图
象龟冬季住宅——参照建筑师图纸
龟壳雕塑——参照设计图纸。雕塑周围栽种防震草坪，参照具体要求
施工过程中需保护已有树木和根带，树下区域需采用灌木丛保护（参照具体要求）
墨尔本动物园员工通往象龟展区的入口小路（参照具体要求）
象龟游泳池。建造混凝土游泳池，深度不超过0.3m，面积约2m×3m，参照细节图。确保泳池边缘和栅栏之间保持不小于1m的空隙
铺设松树护根材料，参照具体要求
通往象龟展区入口小路安装绳索闸门，参照栅栏平面图及具体要求
在通往象龟参观区的主路上建造岩石台阶，参照图纸、工程图及具体要求
中心聚集区
石头小路模仿龟壳或干裂泥巴形状；圆木和石块形状的座椅以及已有的靠背座椅
中心聚集区建造小路（模仿龟壳或干裂泥巴形状），参照图纸
指示标牌（参照设计图纸）
彩色、带纹理的混凝土小路，石材饰面，与通往狐屋的小路呼应。参照具体要求
狐屋和学习中心通往二期工程的入口
通往象龟草坪区的入口
棕榈树栽种在两侧，一些树木生长在渗水路面四周
草丘
象龟展区
乌龟草坪玩耍区
孩子们可以在草坪、棕榈树林、沙地上自由玩耍，在主题游戏中模仿乌龟
Sand play area
棕榈树丛间的狭长小径
棕榈树丛，参照森林平面设计图纸。树根表层土壤采用沙层覆盖，参照细节图
龟壳存储区，参照设计图纸

草坪四周围合起来，供动物们嬉戏觅食

草坪区动线和展示区
公共区域设有雕塑、游戏区和主题座椅，其设计以阿尔达布拉象龟的栖息地为基础，沙地、草坪、棕榈树、岩石等应有尽有

龟壳区
说明性雕塑，参照设计平面图。底部采用人造草皮装饰

龟壳区建造水泥小路，采用砂浆饰面，参照具体要求

"阿尔达布拉蘑菇石座椅"（小型），参照细节图

象龟草丘。确保最大坡度为1:3，参照水平平面图纸

沿主路安装花岗石座椅，参照细节图

岩洞
引人瞩目的景观特征——象龟的环状珊瑚岛景观到灌木丛景观的转换

气闸栅栏门允许参观者进入灌木丛区，同时避免动物逃跑，参照细节图

灌木丛区入口建造岩洞，参照图纸剖面B和工程图纸

"象龟草坪区除草机"雕塑，参照设计图纸，底部铺设人工草皮

中央草坪区栽种临时草坪，带有排水管和灌溉管，参照工程排水平面图及细节图

草坡供孩子们嬉戏，最大坡线参照图纸

"蘑菇石座椅"（小型），参照细节图

采砂坑，参照细节图。坑边缘采用混凝土和花岗石板打造，形成边线挡边

埋藏在沙土里的乌龟蛋，参照设计图纸

图注

- 需保护的已有树木
- 新树木
- 根带
- 新园圃：铺设300mm表层土壤和50mm厚护根结构
- 已有植被
- 新栽种棕榈树
- 阿尔达布拉蘑菇石座椅
- 可渗透路面
- 石头路面
- 防震人工橡胶表面
- 草坪
- 人造草坪
- 石头路面
- 砂石
- 松树护根带小径
- 象龟展区内已有树木护根（参照具体要求）
- 山丘
- 圆石座椅——草坪区内的花岗石
- 圆石座椅——中心聚集区内的砂岩
- 圆石
- 安装现成的靠背扶手座椅（由墨尔本动物园提供）
- 圆木座椅
- 象龟展区栅栏

■ 平面施工图

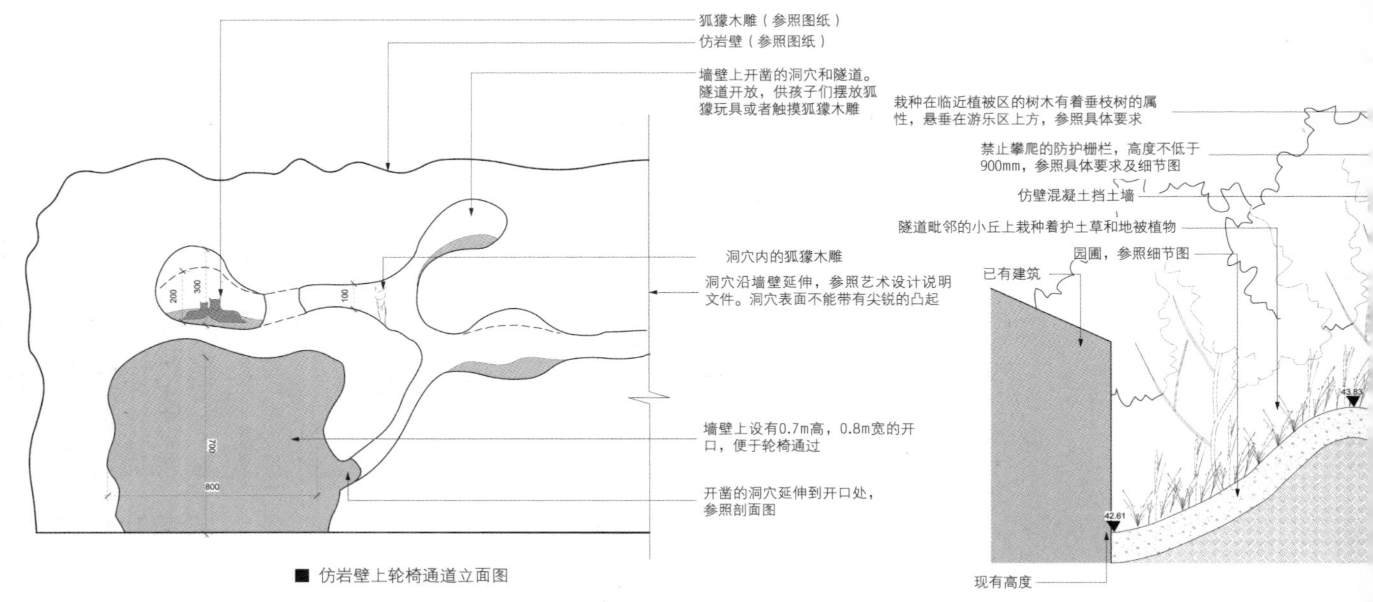

狐獴木雕（参照图纸）
仿岩壁（参照图纸）
墙壁上开凿的洞穴和隧道。隧道开放，供孩子们摆放狐獴玩具或者触摸狐獴木雕
洞穴内的狐獴木雕
洞穴沿墙壁延伸，参照艺术设计说明文件。洞穴表面不能带有尖锐的凸起
墙壁上设有0.7m高，0.8m宽的开口，便于轮椅通过
开凿的洞穴延伸到开口处，参照剖面图
栽种在临近植被区的树木有着垂枝树的属性，悬垂在游乐区上方，参照具体要求
禁止攀爬的防护栅栏，高度不低于900mm，参照具体要求及细节图
仿壁混凝土挡土墙
隧道毗邻的小丘上栽种着护土草和地被植物
园圃，参照细节图
已有建筑
现有高度

■ 仿岩壁上轮椅通道立面图

■ 隧道娱乐区剖面图

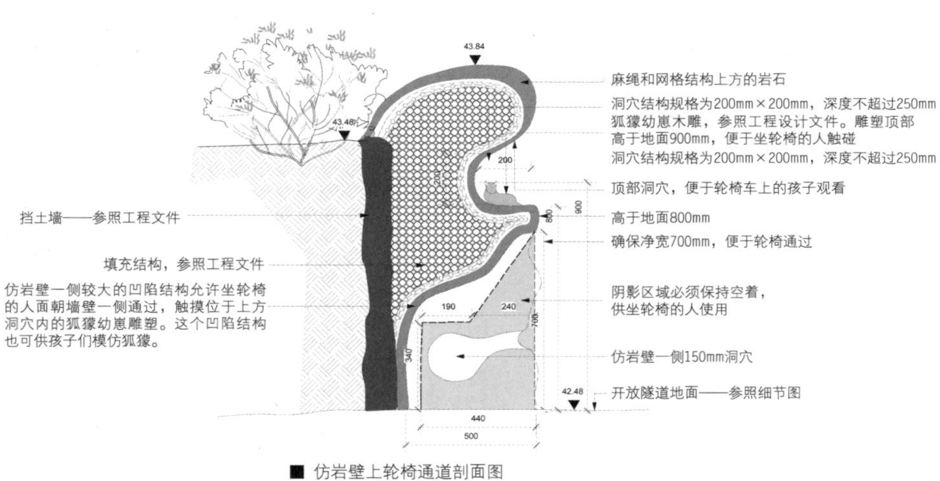

麻绳和网格结构上方的岩石
洞穴结构规格为200mm×200mm，深度不超过250mm
狐獴幼崽木雕，参照工程设计文件。雕塑顶部高于地面900mm，便于坐轮椅的人触碰
洞穴结构规格为200mm×200mm，深度不超过250mm
顶部洞穴，便于轮椅车上的孩子观看
高于地面800mm
确保净宽700mm，便于轮椅通过
阴影区域必须保持空着，供坐轮椅的人使用
仿岩壁一侧150mm洞穴
开放隧道地面——参照细节图
挡土墙——参照工程文件
填充结构，参照工程文件
仿岩壁一侧较大的凹陷结构允许坐轮椅的人面朝墙壁一侧通过，触摸位于上方洞穴内的狐獴幼崽雕塑。这个凹陷结构也可供孩子们模仿狐獴。

■ 仿岩壁上轮椅通道剖面图

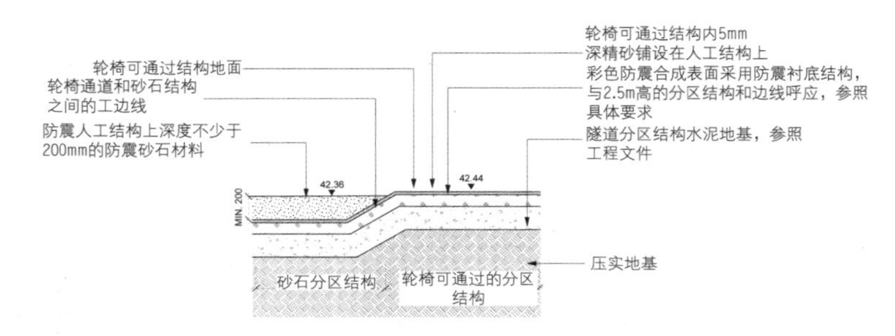

轮椅可通过结构地面
轮椅通道和砂石结构之间的工边线
防震人工结构上深度不少于200mm的防震砂石材料
轮椅可通过结构内5mm深精砂铺设在人工结构上
彩色防震合成表面采用防震衬底结构，与2.5m高的分区结构和边线呼应，参照具体要求
隧道分区结构水泥地基，参照工程文件
压实地基
砂石分区结构
轮椅可通过的分区结构

■ 隧道分区结构地面剖面图

43.76
1400
42.36
墙壁和地基，参照工程文件
树木根部裸露在岩壁一侧，
参照图片和具体要求
混凝土地基，深度参照厂商具体要求
防震合成表面采用砂石饰面
仿岩壁上的圆角结构用于放置狐
獴幼崽雕塑

保留的花园

仿壁墙（艺术家打造）的不同样式

悬臂墙

仿壁墙上开凿洞穴

仿壁墙上不同样式的结构

护土墙，参照工程文件

开放隧道分区结构地面，
参照细节图

■ 隧道墙壁不同区域的样式

位置图

未来工程
已有粉红凤头鹦鹉区
已有鸟园区
已有小路
未来工程
熊猫展区
二期工程（不在合同之内）
已有摩顿湾
已有树木袋鼠展区
一期工程扩建部分包含在合同内
扩建工程
一期工程
扩建工程
中心聚集区
一期扩建工程
未来工程
工作区
觅食区
室外探索区
探险区
学习中心
学习中心
已有建筑
狐獴区
隧道区
危险区
四周砖墙
卫生间
自动售后亭
临时入口
一期工程扩建部分
已有建筑
商店
主入口

■ 墨尔本动物园——野生区域

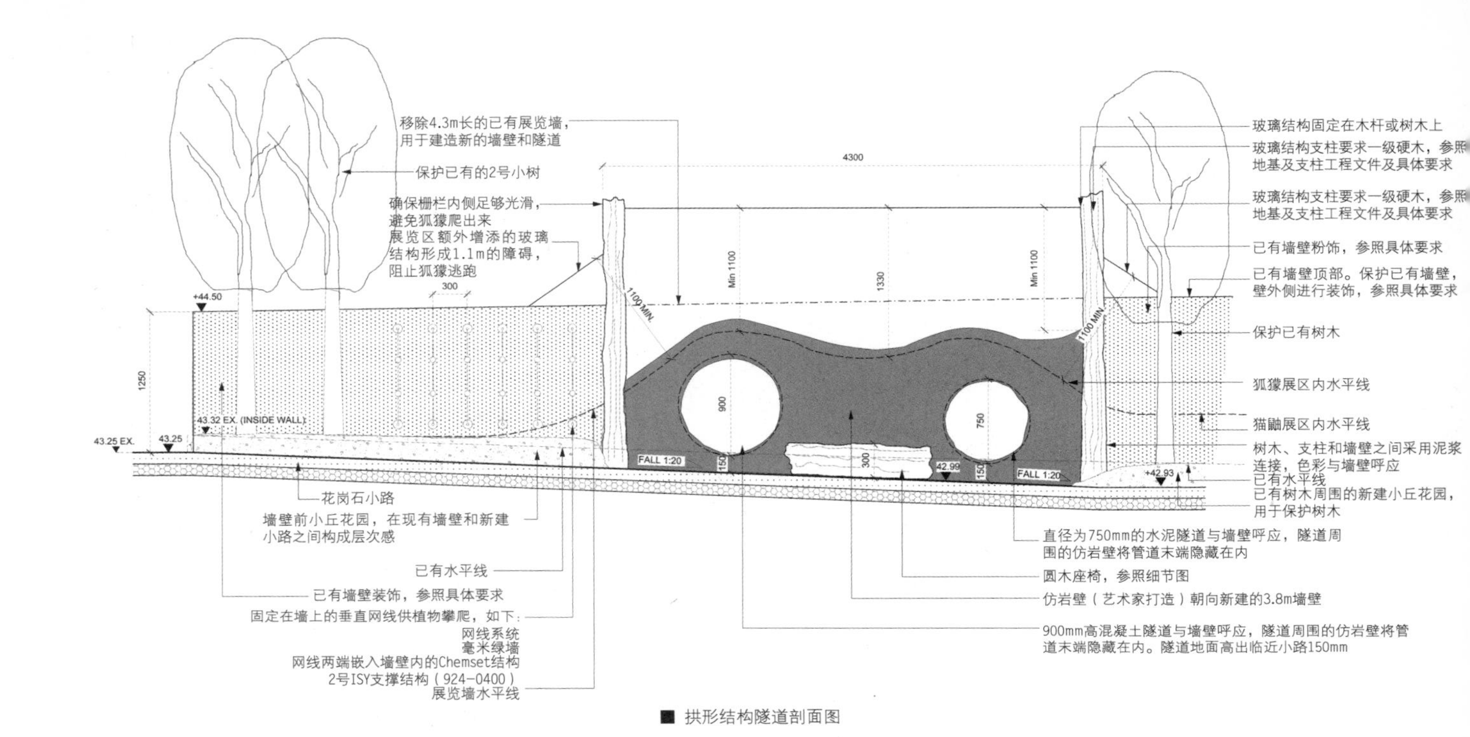
移除4.3m长的已有展览墙，
用于建造新的墙壁和隧道
保护已有的2号小树
确保栅栏内侧足够光滑，
避免狐獴爬出来
展览区额外增添的玻璃
结构形成1.1m的障碍，
阻止狐獴逃跑
4300
300
1100 MIN.
Min 1100
1330
+44.50
1250
43.32 EX. (INSIDE WALL)
43.25 EX.
43.25
900
750
300
150
FALL 1:20
42.99
+42.93
玻璃结构固定在木杆或树木上
玻璃结构支柱要求一级硬木，参照
地基及支柱工程文件及具体要求
已有墙壁粉饰，参照具体要求
已有墙壁顶部。保护已有墙壁，
壁外侧进行装饰，参照具体要求
保护已有树木
狐獴展区内水平线
猫鼬展区内水平线
树木、支柱和墙壁之间采用泥浆
连接，色彩与墙壁呼应
已有水平线
已有树木周围的新建小丘花园，
用于保护树木
花岗石小路
墙壁前小丘花园，在现有墙壁和新建
小路之间构成层次感
已有水平线
已有墙壁装饰，参照具体要求
固定在墙上的垂直网线供植物攀爬，如下：
网线系统
毫米绿墙
网线两端嵌入墙壁内的Chemset结构
2号ISY支撑结构（924-0400）
展览墙水平线
直径为750mm的水泥隧道与墙壁呼应，隧道周
围的仿岩壁将管道末端隐藏在内
圆木座椅，参照细节图
仿岩壁（艺术家打造）朝向新建的3.8m墙壁
900mm高混凝土隧道与墙壁呼应，隧道周围的仿岩壁将管
道末端隐藏在内。隧道地面高出临近小路150mm

■ 拱形结构隧道剖面图

注意：
1.仿岩壁由不同的承包人打造，土木工程和混凝土结构作为景观建设的一部分
2.加热层由动物园安装
3.狐獴隧道由承包人建造，用于隐藏隧道的圆木由动物园工作人员安装
4.有机玻璃圆顶上的编织结构由动物园工作人员安装

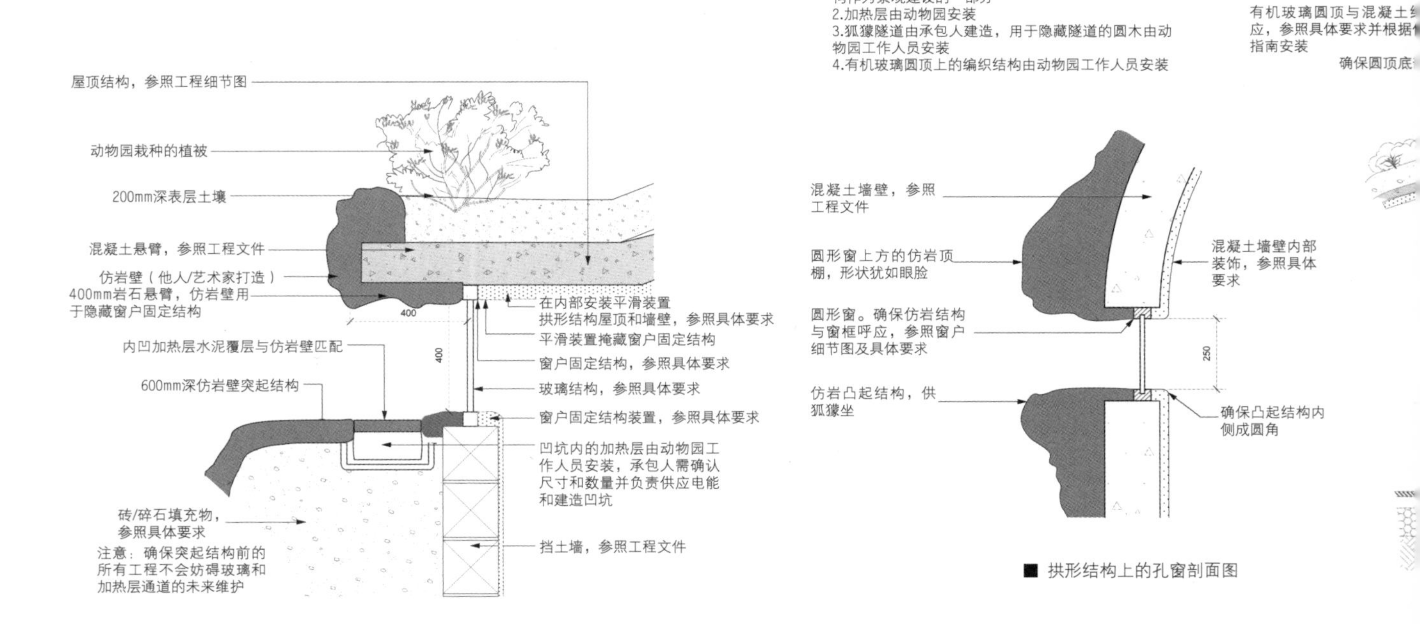
屋顶结构，参照工程细节图
动物园栽种的植被
200mm深表层土壤
混凝土悬臂，参照工程文件
仿岩壁（他人/艺术家打造）
400mm岩石悬臂，仿岩壁用
于隐藏窗户固定结构
400
内凹加热层水泥覆层与仿岩壁匹配
600mm深仿岩壁突起结构
砖/碎石填充物，
参照具体要求
注意：确保突起结构前的
所有工程不会妨碍玻璃和
加热层通道的未来维护
在内部安装平滑装置
拱形结构屋顶和墙壁，参照具体要求
平滑装置掩藏窗户固定结构
窗户固定结构，参照具体要求
玻璃结构，参照具体要求
窗户固定结构装置，参照具体要求
凹坑内的加热层由动物园工
作人员安装，承包人需确认
尺寸和数量并负责供应电能
和建造凹坑
挡土墙，参照工程文件
有机玻璃圆顶与混凝土
应，参照具体要求并根据
指南安装
确保圆顶底
混凝土墙壁，参照
工程文件
圆形窗上方的仿岩顶
棚，形状犹如眼睑
圆形窗。确保仿岩结构
与窗框呼应，参照窗户
细节图及具体要求
仿岩凸起结构，供
狐獴坐
混凝土墙壁内部
装饰，参照具体
要求
250
确保凸起结构内
侧成圆角

■ 拱形结构上的孔窗剖面图

■ 拱形结构突起岩石

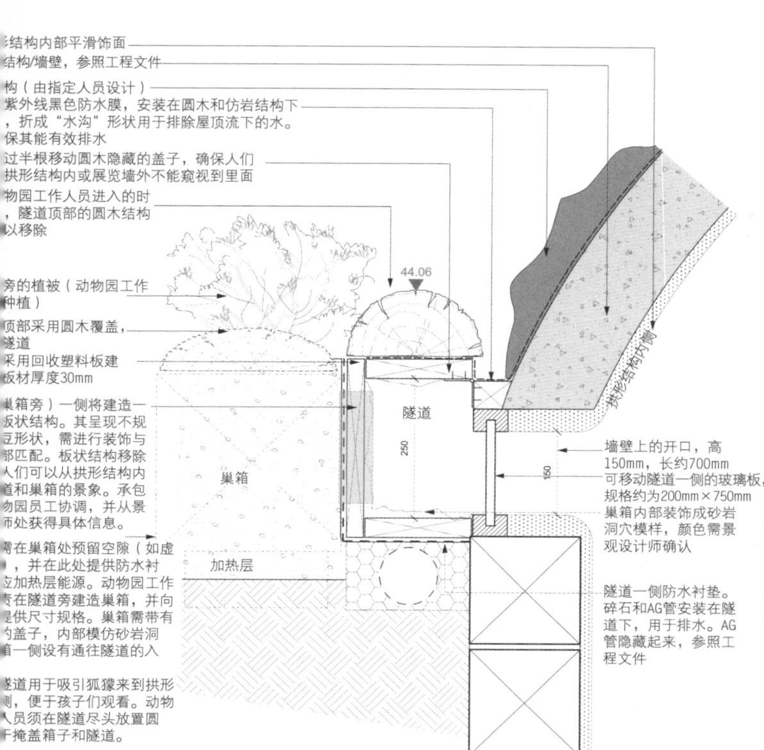

结构内部平滑饰面
结构/墙壁，参照工程文件
构（由指定人员设计）
紫外线黑色防水膜，安装在圆木和仿岩结构下
，折成"水沟"形状用于排除屋顶流下的水。
保其能有效排水
过半根移动圆木隐藏的盖子，确保人们
拱形结构内或展览墙外不能窥视到里面
物园工作人员进入的时
，隧道顶部的圆木结构
以移除
44.06
旁的植被（动物园工作
种植）
顶部采用圆木覆盖，
隧道
采用回收塑料板建
板材厚度30mm
巢箱旁）一侧将建造一
板状结构。其呈现不规
豆形状，需进行装饰与
部匹配。板状结构移除
人们可以从拱形结构内
道和巢箱的景象。承包
物园员工协调，并从景
师处获得具体信息。
隧道
250
150
巢箱
拱形结构内表面
墙壁上的开口，高
150mm，长约700mm
可移动隧道一侧的玻璃板，
规格约为200mm×750mm
巢箱内部装饰成砂岩
洞穴模样，颜色需景
观设计师确认
需在巢箱处预留空隙（如虚
，并在此处提供防水衬
立加热层能源。动物园工作
责在隧道旁建造巢箱，并向
提供尺寸规格。巢箱需带有
的盖子，内部模仿砂岩洞
道一侧设有通往隧道的入
加热层
隧道一侧防水衬垫。
碎石和AG管安装在隧
道下，用于排水。AG
管隐藏起来，参照工
程文件
隧道用于吸引狐獴来到拱形
侧，便于孩子们观看。动物
人员须在隧道尽头放置圆
掩盖箱子和隧道。

■ 狐獴隧道通往拱形结构一侧——剖面图

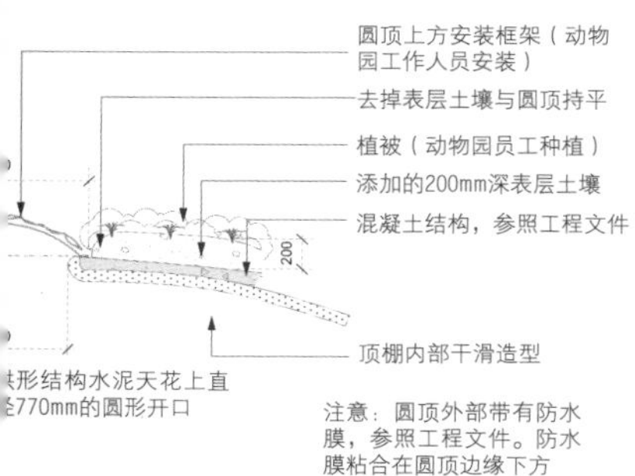

圆顶上方安装框架（动物
园工作人员安装）
去掉表层土壤与圆顶持平
植被（动物园员工种植）
添加的200mm深表层土壤
混凝土结构，参照工程文件
200
顶棚内部干滑造型
拱形结构水泥天花上直
径770mm的圆形开口
注意：圆顶外部带有防水
膜，参照工程文件。防水
膜粘合在圆顶边缘下方

■ 拱形结构天花上的有机玻璃圆顶窗

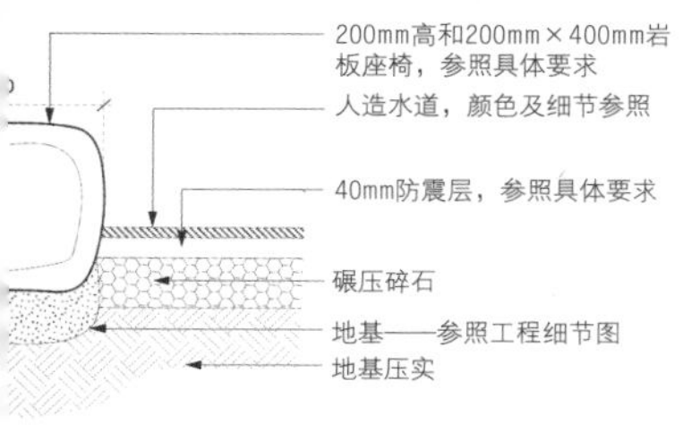

200mm高和200mm×400mm岩
板座椅，参照具体要求
人造水道，颜色及细节参照
40mm防震层，参照具体要求
碾压碎石
地基——参照工程细节图
地基压实

■ 拱形结构内岩板座椅和合成地面

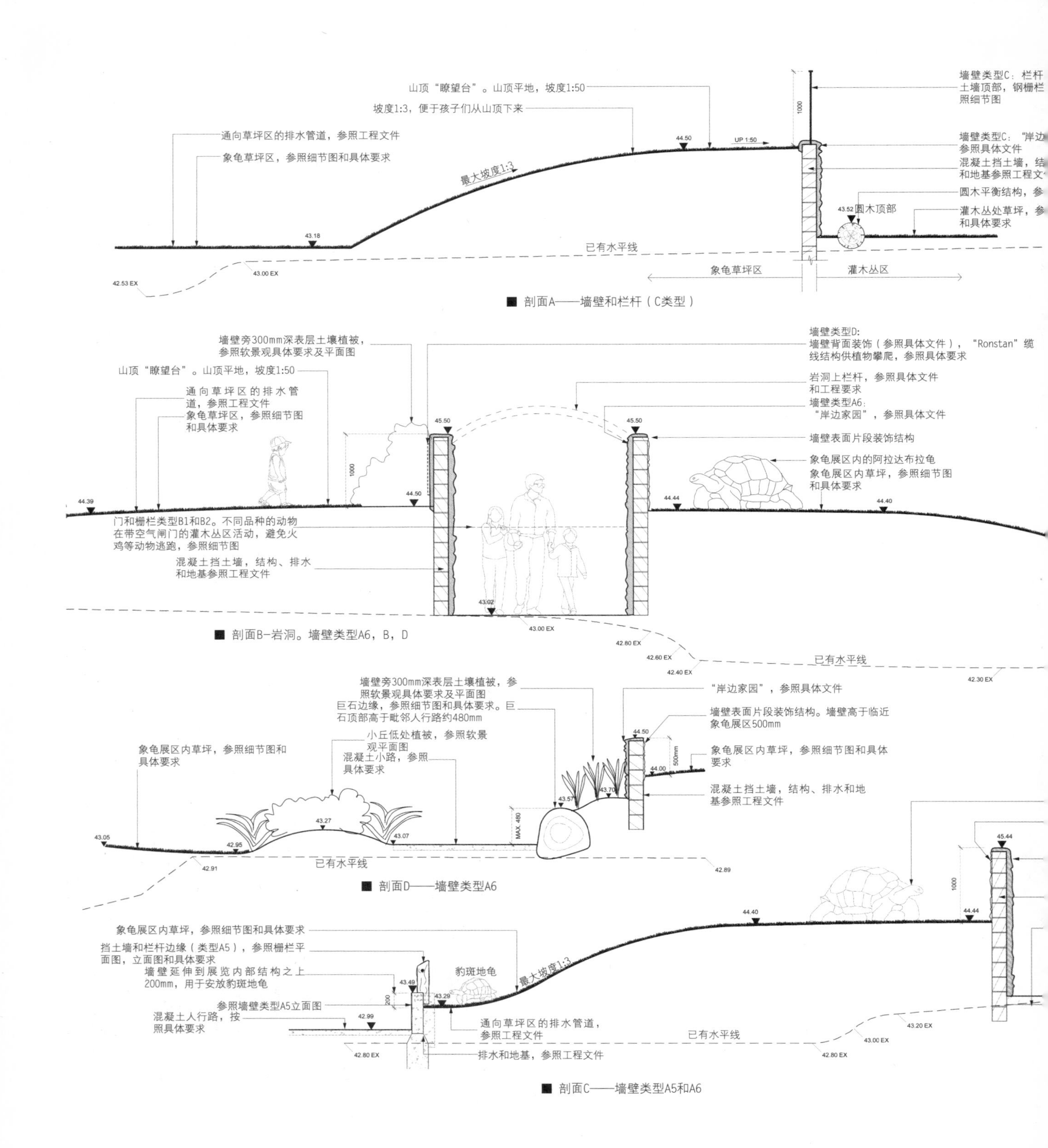

山顶“瞭望台”。山顶平地，坡度1:50
坡度1:3，便于孩子们从山顶下来
通向草坪区的排水管道，参照工程文件
象龟草坪区，参照细节图和具体要求
最大坡度1:3
44.50
UP 1:50
1000
43.18
43.52
圆木顶部
已有水平线
42.53 EX
43.00 EX
象龟草坪区
灌木丛区
墙壁类型C：栏杆
土墙顶部，钢栅栏
照细节图
墙壁类型C：“岸边
参照具体文件
混凝土挡土墙，结
和地基参照工程文
圆木平衡结构，参
灌木丛处草坪，参
和具体要求
墙壁旁300mm深表层土壤植被，
参照软景观具体要求及平面图
山顶“瞭望台”。山顶平地，坡度1:50
通向草坪区的排水管道，参照工程文件
象龟草坪区，参照细节图和具体要求
墙壁类型D:
墙壁背面装饰（参照具体文件），“Ronstan”缆线结构供植物攀爬，参照具体要求
岩洞上栏杆，参照具体文件和工程要求
墙壁类型A6：
“岸边家园”，参照具体文件
墙壁表面片段装饰结构
象龟展区内的阿拉达布拉龟
象龟展区内草坪，参照细节图和具体要求
45.50
45.50
1000
44.39
44.50
44.44
44.40
门和栅栏类型B1和B2。不同品种的动物在带空气闸门的灌木丛区活动，避免火鸡等动物逃跑，参照细节图
混凝土挡土墙，结构、排水和地基参照工程文件
43.02
43.00 EX
42.80 EX
42.60 EX
42.40 EX
42.30 EX
已有水平线
墙壁旁300mm深表层土壤植被，参照软景观具体要求及平面图
巨石边缘，参照细节图和具体要求。巨石顶部高于毗邻人行路约480mm
小丘低处植被，参照软景观平面图
混凝土小路，参照具体要求
象龟展区内草坪，参照细节图和具体要求
“岸边家园”，参照具体文件
墙壁表面片段装饰结构。墙壁高于临近象龟展区500mm
象龟展区内草坪，参照细节图和具体要求
混凝土挡土墙，结构、排水和地基参照工程文件
44.50
500mm
44.00
43.70
43.57
MAX 480
43.27
43.05
42.95
43.07
42.91
42.89
已有水平线
象龟展区内草坪，参照细节图和具体要求
挡土墙和栏杆边缘（类型A5），参照栅栏平面图，立面图和具体要求
墙壁延伸到展览内部结构之上200mm，用于安放豹斑地龟
参照墙壁类型A5立面图
混凝土人行路，按照具体要求
豹斑地龟
最大坡度1:3
43.49
200
43.29
42.99
42.80 EX
通向草坪区的排水管道，参照工程文件
排水和地基，参照工程文件
已有水平线
44.40
44.44
45.44
1000
43.20 EX
43.00 EX
42.80 EX

■ 剖面A——墙壁和栏杆（C类型）

■ 剖面B-岩洞。墙壁类型A6，B，D

■ 剖面D——墙壁类型A6

■ 剖面C——墙壁类型A5和A6

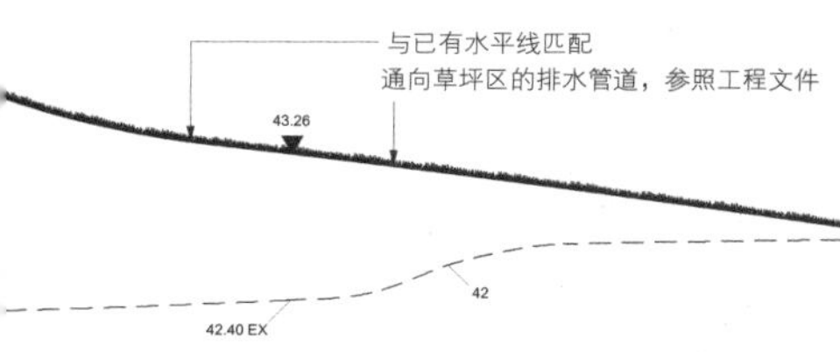
与已有水平线匹配
通向草坪区的排水管道，参照工程文件
43.26
42
42.40 EX

象龟展区内的阿拉达布拉龟

墙壁类型A6：
墙壁表面片段装饰结构

墙壁类型A6：
'岸边家园'，参照具体文件

混凝土挡土墙，结构、排水和地基
参照工程文件

50mm深表面护根结构位于压实土壤
上方，参照具体要求

仿岩结构下方带有固定层，
参照工程图纸
压实的砂土在拱形结构周围形成
小丘或斜坡
展区外侧1.2m高墙壁采用石
块装饰，内侧采用仿岩结构
装饰——参照具体要求
植被（他人栽种）
园圃内铺设300mm表层土
壤，参照图纸
树冠水平延伸
山丘和树冠/树枝之间的距离不少
仿岩结构下方带有固定层，参照工程
压实的砂土在拱形结构周围形成小丘或斜坡
山丘两侧的岩石和植被。植被
袋直径600mm，整齐排列，参
照植被袋位置平面图
玻璃栅栏
岩石嵌入水泥砂浆内
金属网向山丘下边缘
延伸150mm
43.42
植被和护根结构，由动物园负
仿岩结构（由艺术家设计
为植被袋灌溉，参照灌溉文

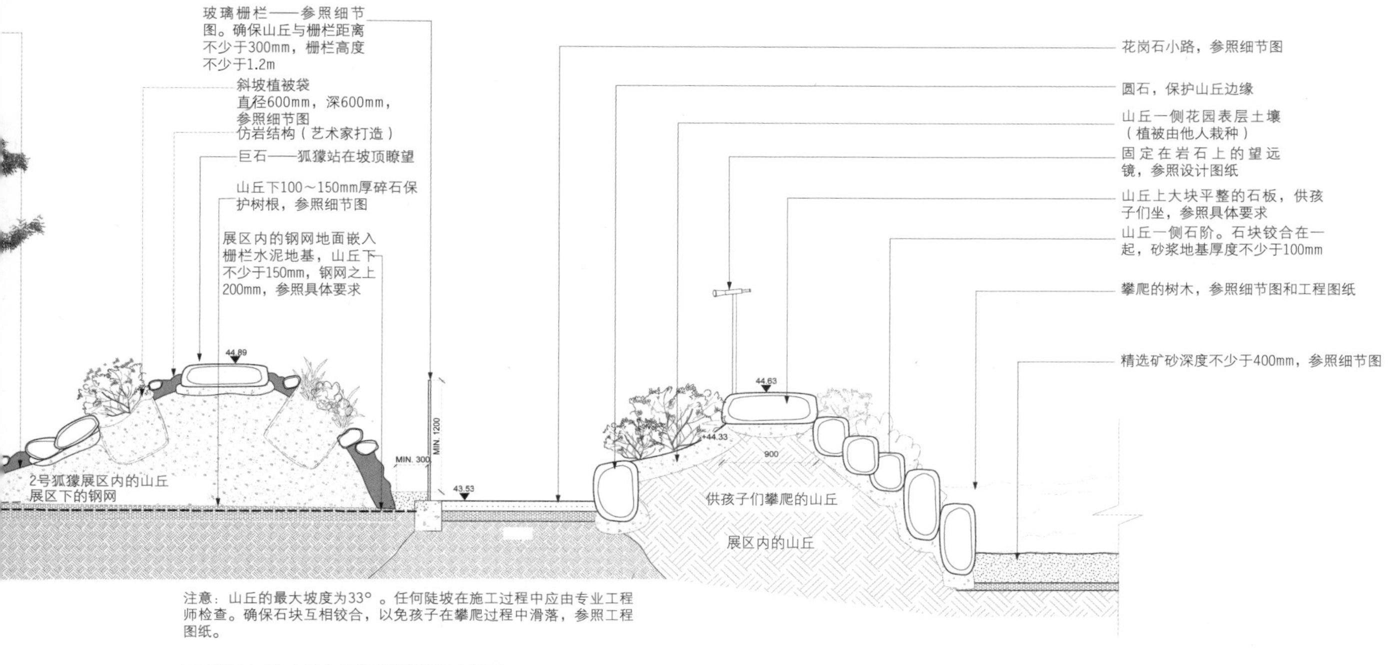

玻璃栅栏——参照细节图。确保山丘与栅栏距离不少于300mm，栅栏高度不少于1.2m
斜坡植被袋直径600mm，深600mm，参照细节图
仿岩结构（艺术家打造）
巨石——狐獴站在坡顶瞭望
山丘下100～150mm厚碎石保护树根，参照细节图
展区内的钢网地面嵌入栅栏水泥地基，山丘下不少于150mm，钢网之上200mm，参照具体要求
2号狐獴展区内的山丘
展区下的钢网
44.89
MIN. 300
MIN 1200
43.53
44.63
+44.33
900
供孩子们攀爬的山丘
展区内的山丘
花岗石小路，参照细节图
圆石，保护山丘边缘
山丘一侧花园表层土壤（植被由他人栽种）
固定在岩石上的望远镜，参照设计图纸
山丘上大块平整的石板，供孩子们坐，参照具体要求
山丘一侧石阶。石块铰合在一起，砂浆地基厚度不少于100mm
攀爬的树木，参照细节图和工程图纸
精选矿砂深度不少于400mm，参照细节图
注意：山丘的最大坡度为33°。任何陡坡在施工过程中应由专业工程师检查。确保石块互相铰合，以免孩子在攀爬过程中滑落，参照工程图纸。

■ 岩石山丘&山丘上的2号狐獴展区立面图

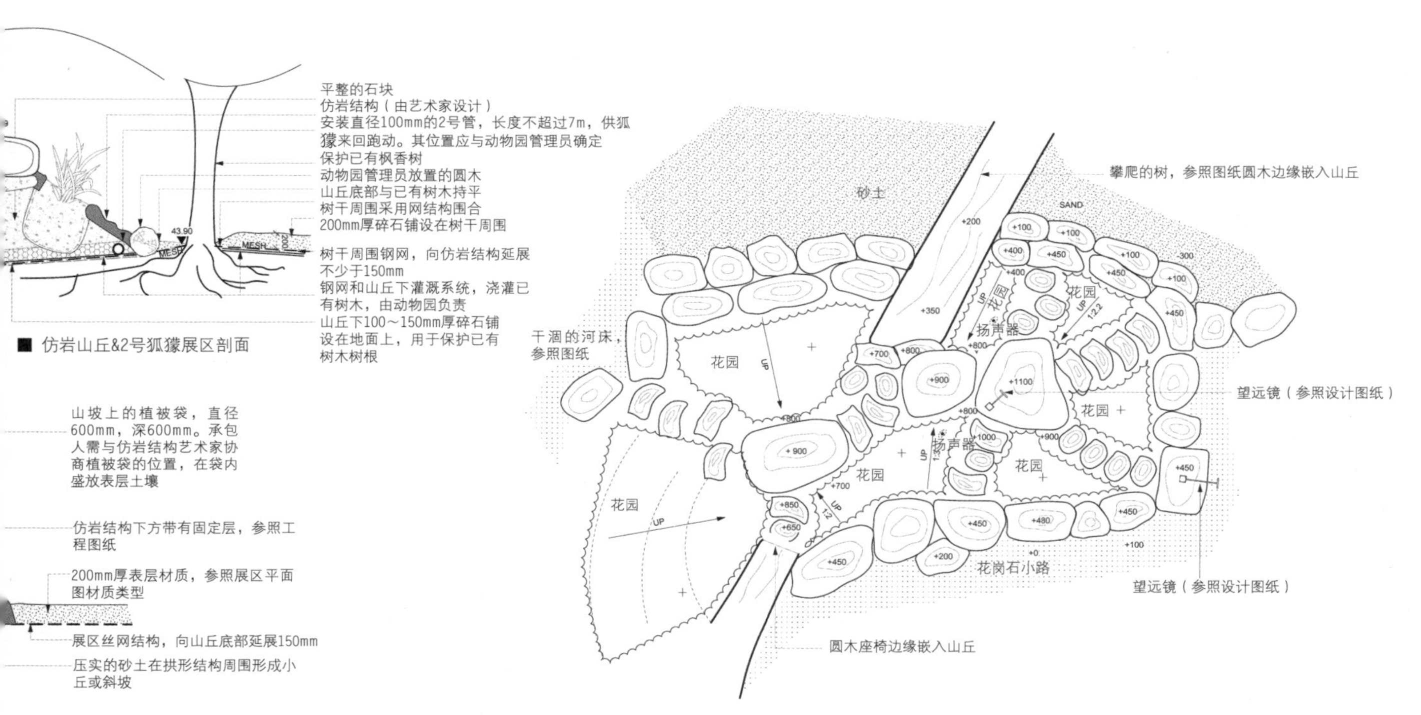

平整的石块
仿岩结构（由艺术家设计）
安装直径100mm的2号管，长度不超过7m，供狐獴来回跑动。其位置应与动物园管理员确定
保护已有枫香树
动物园管理员放置的圆木
山丘底部与已有树木持平
树干周围采用网结构围合
200mm厚碎石铺设在树干周围
43.90
MESH
200
树干周围钢网，向仿岩结构延展不少于150mm
钢网和山丘下灌溉系统，浇灌已有树木，由动物园负责
山丘下100～150mm厚碎石铺设在地面上，用于保护已有树木树根
■ 仿岩山丘&2号狐獴展区剖面
山坡上的植被袋，直径600mm，深600mm。承包人需与仿岩结构艺术家协商植被袋的位置，在袋内盛放表层土壤
仿岩结构下方带有固定层，参照工程图纸
200mm厚表层材质，参照展区平面图材质类型
展区丝网结构，向山丘底部延展150mm
压实的砂土在拱形结构周围形成小丘或斜坡
砂土
SAND
+200
+100
+400
+450
-300
+350
花园
UP
1:2.2
扬声器
+700
+800
+900
+1100
+1000
干涸的河床，参照图纸
攀爬的树，参照图纸圆木边缘嵌入山丘
望远镜（参照设计图纸）
+ 900
+850
+650
+480
+0
花岗石小路
望远镜（参照设计图纸）
圆木座椅边缘嵌入山丘

■ 山坡上的仿岩结构剖面

■ 石区平面图

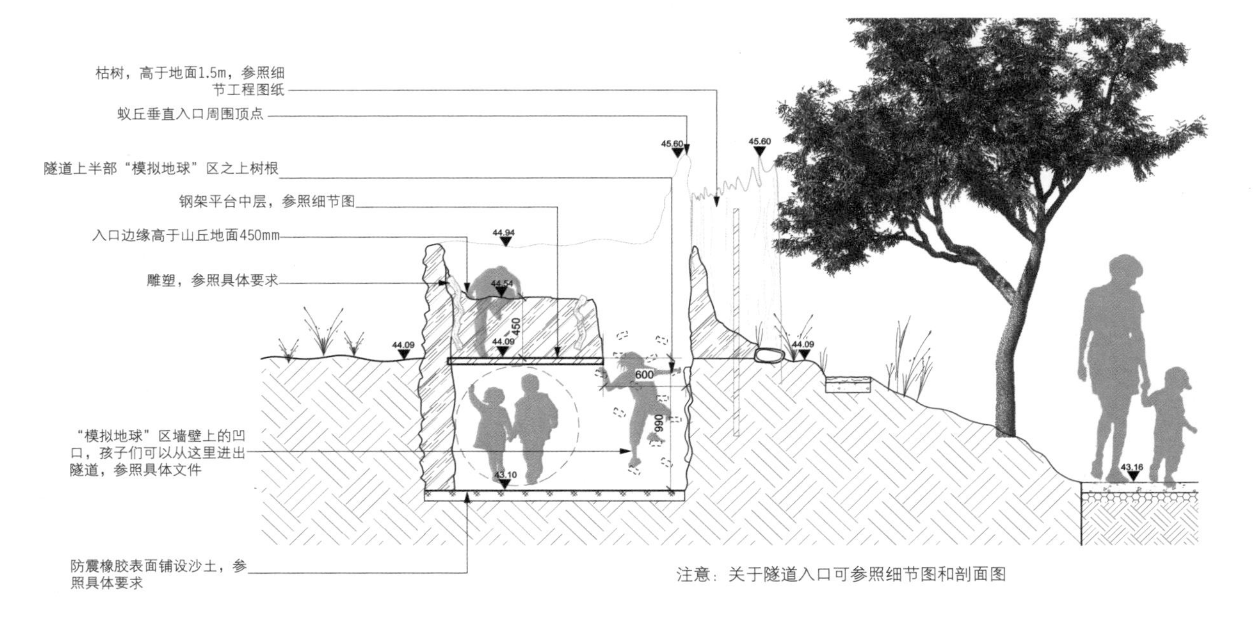
枯树，高于地面1.5m，参照细节工程图纸
蚁丘垂直入口周围顶点
隧道上半部“模拟地球”区之上树根
钢架平台中层，参照细节图
入口边缘高于山丘地面450mm
雕塑，参照具体要求
“模拟地球”区墙壁上的凹口，孩子们可以从这里进出隧道，参照具体文件
防震橡胶表面铺设沙土，参照具体要求
注意：关于隧道入口可参照细节图和剖面图
45.60
45.60
44.94
44.54
450
44.09
44.09
44.09
600
990
43.10
43.16

■ 隧道“蚁丘”入口剖视图

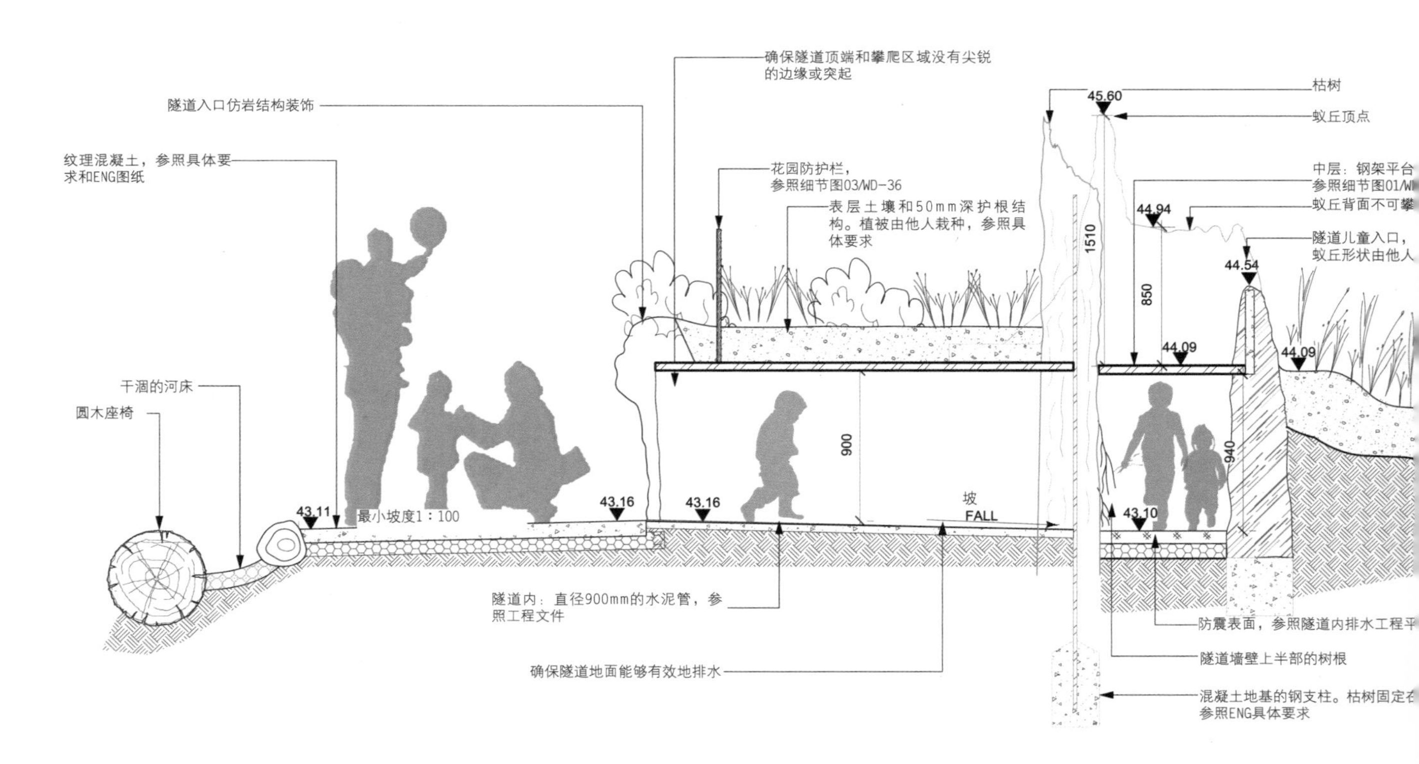
确保隧道顶端和攀爬区域没有尖锐的边缘或突起
隧道入口仿岩结构装饰
纹理混凝土，参照具体要求和ENG图纸
花园防护栏，参照细节图03/WD-36
表层土壤和50mm深护根结构。植被由他人栽种，参照具体要求
干涸的河床
圆木座椅
枯树
蚁丘顶点
中层：钢架平台
蚁丘背面不可攀
隧道儿童入口，蚁丘形状由他人
最小坡度1：100
坡
FALL
隧道内：直径900mm的水泥管，参照工程文件
确保隧道地面能够有效地排水
防震表面，参照隧道内排水工程平
隧道墙壁上半部的树根
混凝土地基的钢支柱。枯树固定在参照ENG具体要求
45.60
44.94
44.54
44.09
44.09
1510
850
900
940
43.11
43.16
43.16
43.10

■ 隧道“蚁丘”——带石阶的园圃——隧道剖视图

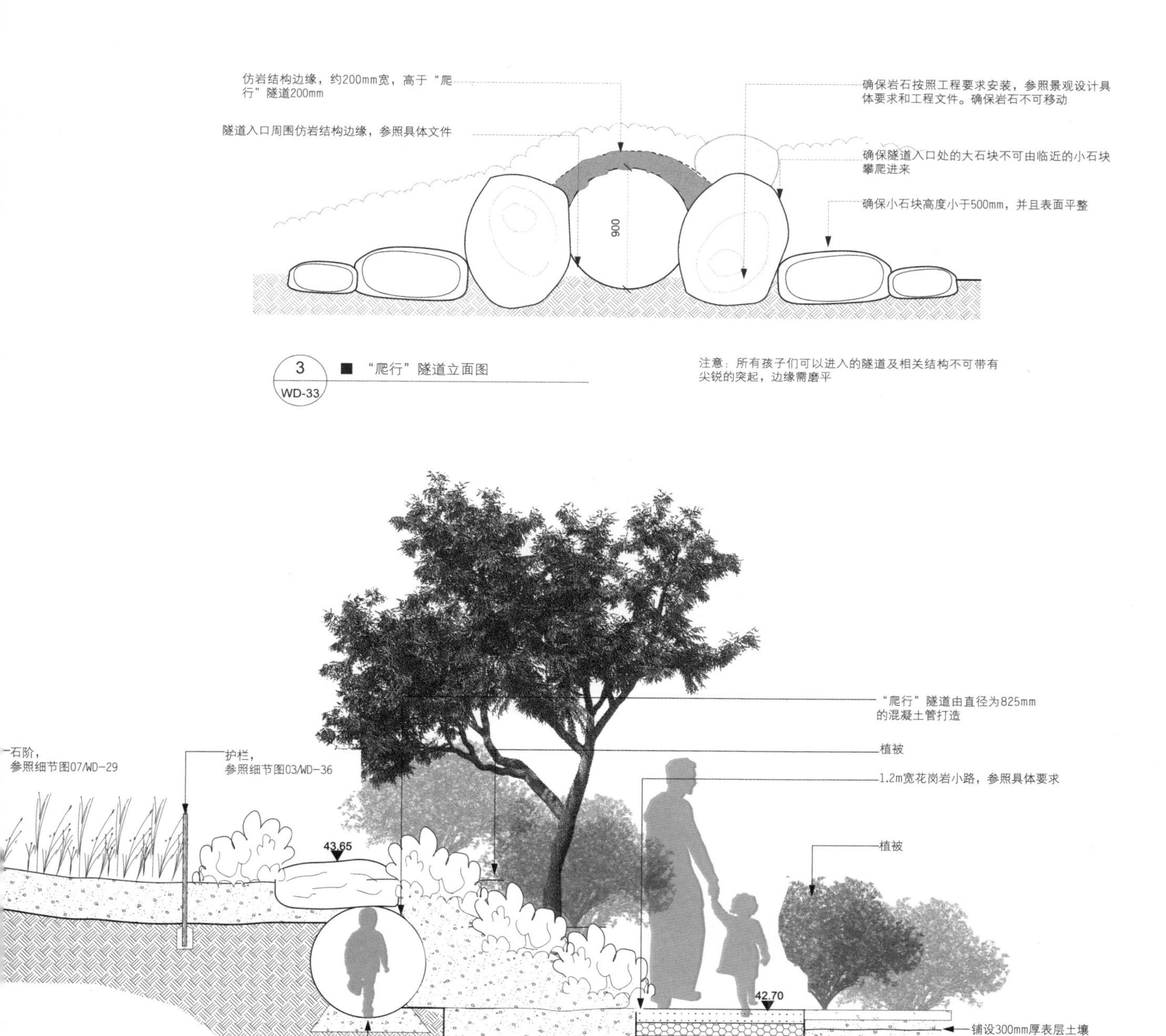
仿岩结构边缘，约200mm宽，高于“爬行”隧道200mm
确保岩石按照工程要求安装，参照景观设计具体要求和工程文件。确保岩石不可移动
隧道入口周围仿岩结构边缘，参照具体文件
确保隧道入口处的大石块不可由临近的小石块攀爬进来
确保小石块高度小于500mm，并且表面平整
900
3
WD-33
■ “爬行”隧道立面图
注意：所有孩子们可以进入的隧道及相关结构不可带有尖锐的突起，边缘需磨平
“爬行”隧道由直径为825mm的混凝土管打造
植被
石阶，参照细节图07/WD-29
护栏，参照细节图03/WD-36
1.2m宽花岗岩小路，参照具体要求
植被
43.65
42.70
铺设300mm厚表层土壤
隧道混凝土地基，参照工程图纸文件和具体要求

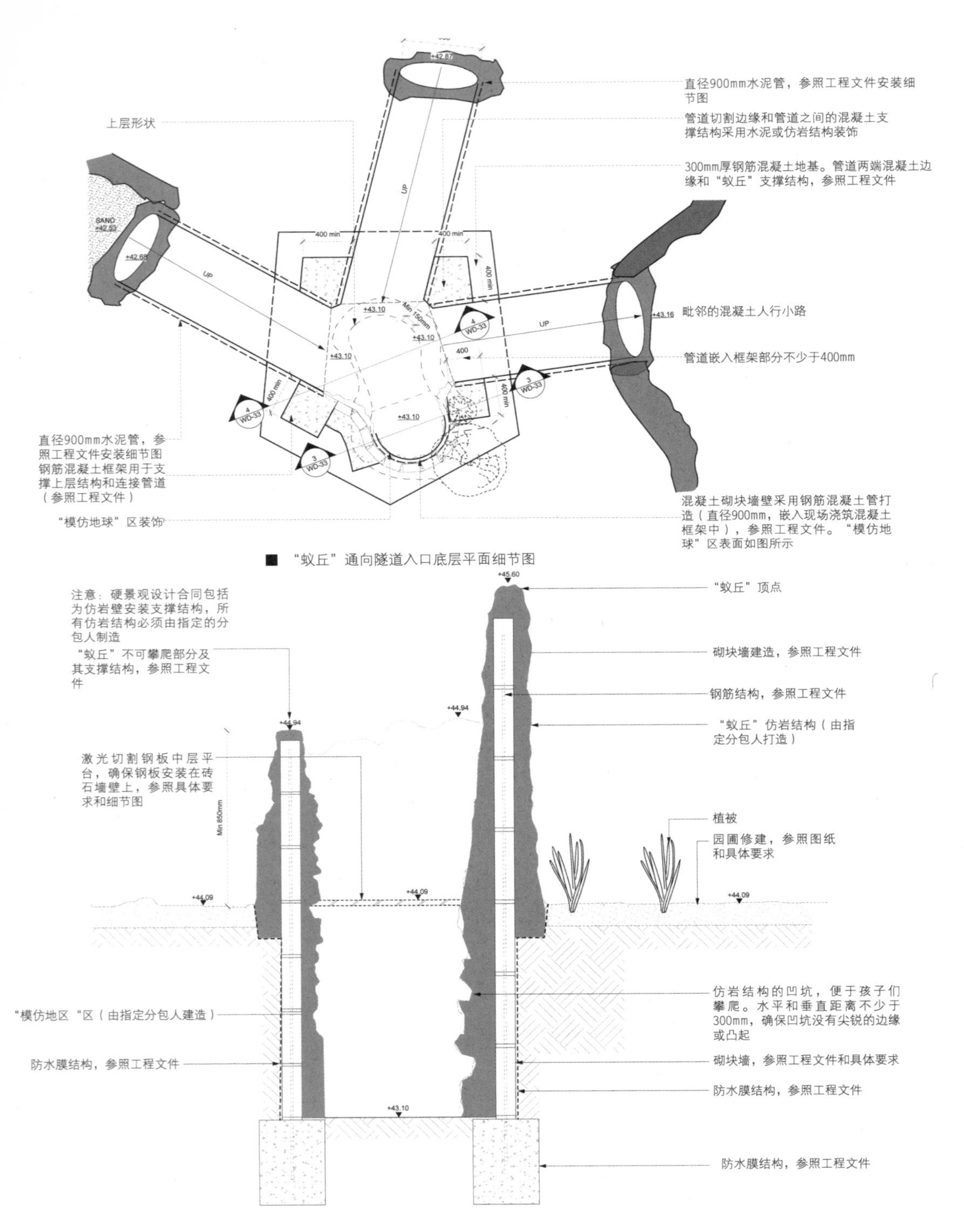
直径900mm水泥管，参照工程文件安装细节图
管道切割边缘和管道之间的混凝土支撑结构采用水泥或仿岩结构装饰
300mm厚钢筋混凝土地基。管道两端混凝土边缘和“蚁丘”支撑结构，参照工程文件
上层形状
毗邻的混凝土人行小路
管道嵌入框架部分不少于400mm
直径900mm水泥管，参照工程文件安装细节图
钢筋混凝土框架用于支撑上层结构和连接管道（参照工程文件）
“模仿地球”区装饰
混凝土砌块墙壁采用钢筋混凝土管打造（直径900mm，嵌入现场浇筑混凝土框架中），参照工程文件。“模仿地球”区表面如图所示
SAND
+42.53
+42.68
+42.87
+43.10
+43.16
400 min
Min 150mm
400
UP
WD-33

■ “蚁丘”通向隧道入口底层平面细节图

注意：硬景观设计合同包括为仿岩壁安装支撑结构，所有仿岩结构必须由指定的分包人制造
“蚁丘”不可攀爬部分及其支撑结构，参照工程文件
激光切割钢板中层平台，确保钢板安装在砖石墙壁上，参照具体要求和细节图
“模仿地区“区（由指定分包人建造）
防水膜结构，参照工程文件
“蚁丘”顶点
砌块墙建造，参照工程文件
钢筋结构，参照工程文件
“蚁丘”仿岩结构（由指定分包人打造）
植被
园圃修建，参照图纸和具体要求
仿岩结构的凹坑，便于孩子们攀爬。水平和垂直距离不少于300mm，确保凹坑没有尖锐的边缘或凸起
砌块墙，参照工程文件和具体要求
防水膜结构，参照工程文件
防水膜结构，参照工程文件
+45.60
+44.94
+44.09
+43.10
Min 850mm

■ 通过“蚁丘”通往隧道入口剖面细节图

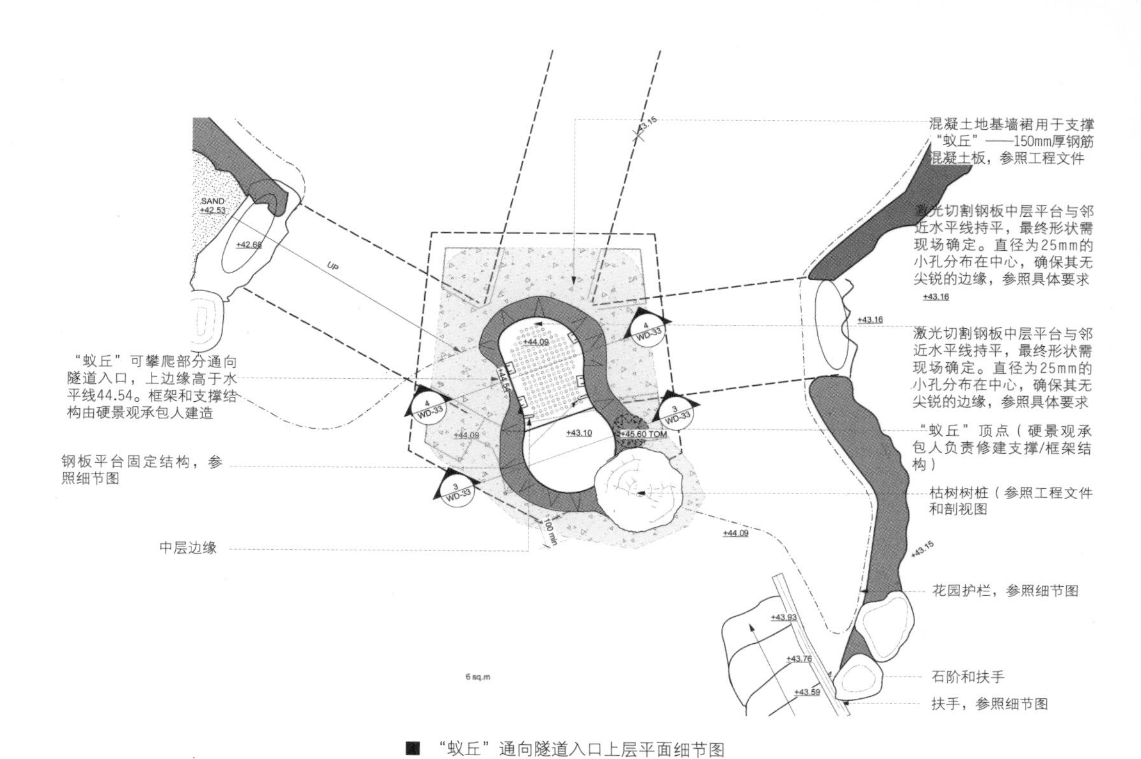
混凝土地基墙裙用于支撑“蚁丘”——150mm厚钢筋混凝土板，参照工程文件
激光切割钢板中层平台与邻近水平线持平，最终形状需现场确定。直径为25mm的小孔分布在中心，确保其无尖锐的边缘，参照具体要求
激光切割钢板中层平台与邻近水平线持平，最终形状需现场确定。直径为25mm的小孔分布在中心，确保其无尖锐的边缘，参照具体要求
“蚁丘”可攀爬部分通向隧道入口，上边缘高于水平线44.54。框架和支撑结构由硬景观承包人建造
“蚁丘”顶点（硬景观承包人负责修建支撑/框架结构）
钢板平台固定结构，参照细节图
枯树树桩（参照工程文件和剖视图
中层边缘
花园护栏，参照细节图
石阶和扶手
扶手，参照细节图
SAND
+42.53
+42.68
UP
+43.15
+43.16
+44.09
+43.10
+45.60 TOM
+43.93
+43.76
+43.59
100 mm
6 sq.m

■ “蚁丘”通向隧道入口上层平面细节图

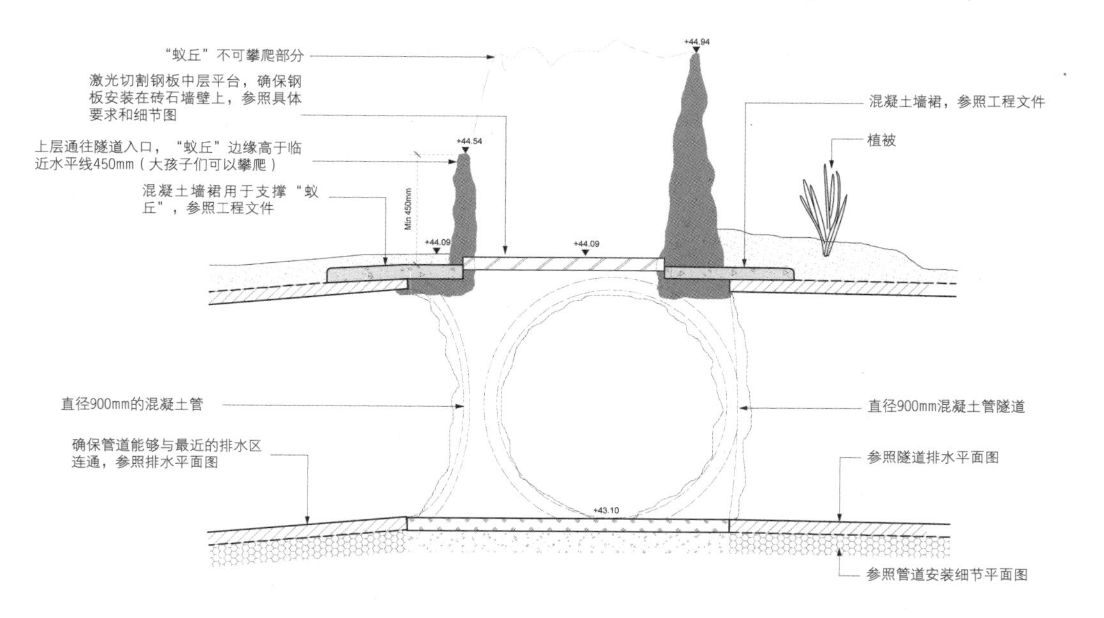
“蚁丘”不可攀爬部分
激光切割钢板中层平台，确保钢板安装在砖石墙壁上，参照具体要求和细节图
上层通往隧道入口，“蚁丘”边缘高于临近水平线450mm（大孩子们可以攀爬）
混凝土墙裙用于支撑“蚁丘”，参照工程文件
混凝土墙裙，参照工程文件
植被
直径900mm的混凝土管
直径900mm混凝土管隧道
确保管道能够与最近的排水区连通，参照排水平面图
参照隧道排水平面图
参照管道安装细节平面图
+44.94
+44.54
Min 450mm
+44.09
+44.09
+43.10

■ “蚁丘”入口通向隧道的中层空间剖视图

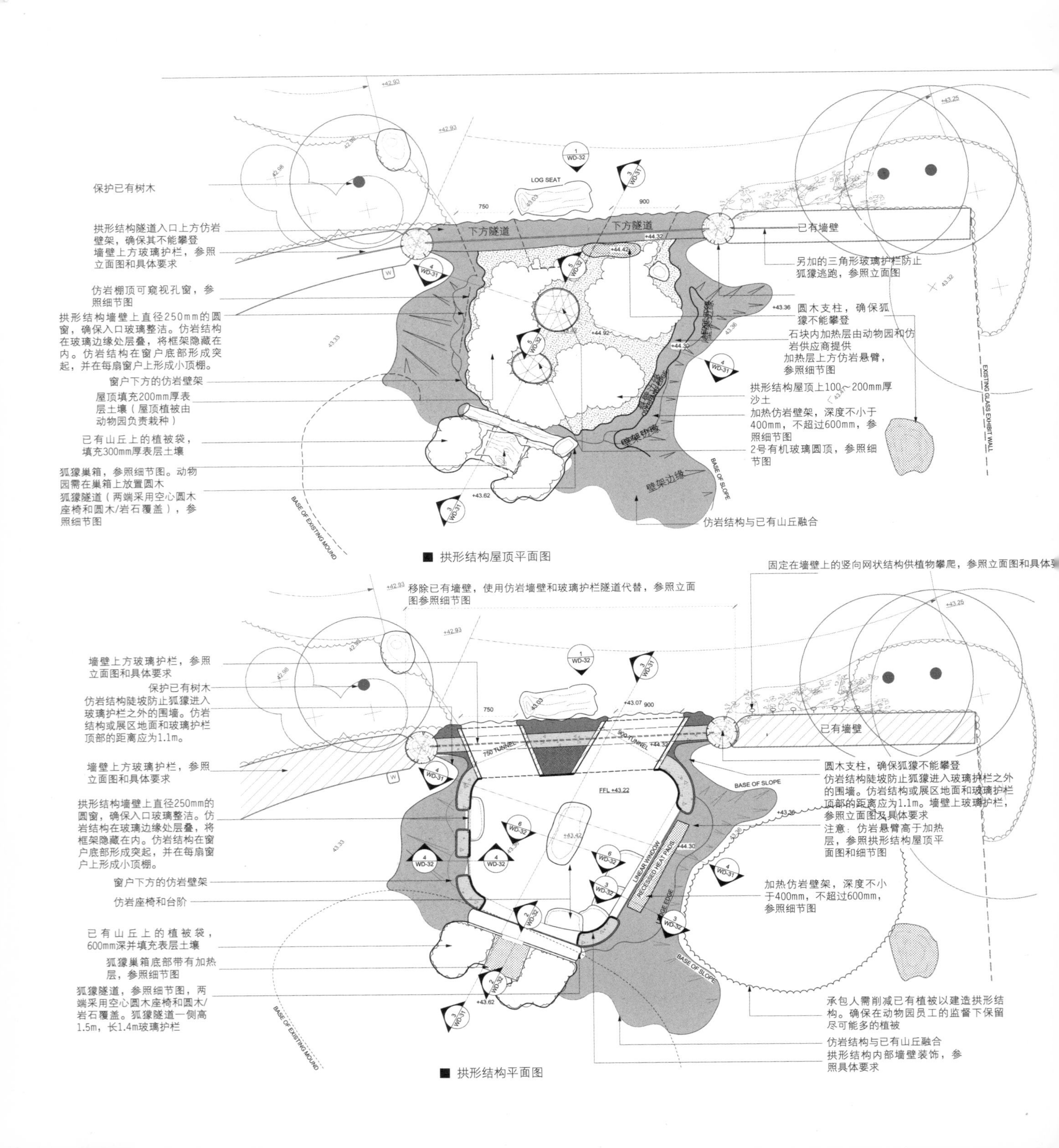

保护已有树木
拱形结构隧道入口上方仿岩壁架，确保其不能攀登
墙壁上方玻璃护栏，参照立面图和具体要求
仿岩棚顶可窥视孔窗，参照细节图
拱形结构墙壁上直径250mm的圆窗，确保入口玻璃整洁。仿岩结构在玻璃边缘处层叠，将框架隐藏在内。仿岩结构在窗户底部形成突起，并在每扇窗户上形成小顶棚。
窗户下方的仿岩壁架
屋顶填充200mm厚表层土壤（屋顶植被由动物园负责栽种）
已有山丘上的植被袋，填充300mm厚表层土壤
狐獴巢箱，参照细节图。动物园需在巢箱上放置圆木
狐獴隧道（两端采用空心圆木座椅和圆木/岩石覆盖），参照细节图
下方隧道
LOG SEAT
已有墙壁
另加的三角形玻璃护栏防止狐獴逃跑，参照立面图
圆木支柱，确保狐獴不能攀登
石块内加热层由动物园和仿岩供应商提供
加热层上方仿岩悬臂，参照细节图
拱形结构屋顶上100～200mm厚沙土
加热仿岩壁架，深度不小于400mm，不超过600mm，参照细节图
2号有机玻璃圆顶，参照细节图
壁架边缘
BASE OF SLOPE
BASE OF EXISTING MOUND
EXISTING GLASS EXHIBIT WALL
仿岩结构与已有山丘融合
■ 拱形结构屋顶平面图
固定在墙壁上的竖向网状结构供植物攀爬，参照立面图和具体要
移除已有墙壁，使用仿岩墙壁和玻璃护栏隧道代替，参照立面图参照细节图
墙壁上方玻璃护栏，参照立面图和具体要求
保护已有树木
仿岩结构陡坡防止狐獴进入玻璃护栏之外的围墙。仿岩结构或展区地面和玻璃护栏顶部的距离应为1.1m。
墙壁上方玻璃护栏，参照立面图和具体要求
拱形结构墙壁上直径250mm的圆窗，确保入口玻璃整洁。仿岩结构在玻璃边缘处层叠，将框架隐藏在内。仿岩结构在窗户底部形成突起，并在每扇窗户上形成小顶棚。
窗户下方的仿岩壁架
仿岩座椅和台阶
已有山丘上的植被袋，600mm深并填充表层土壤
狐獴巢箱底部带有加热层，参照细节图
狐獴隧道，参照细节图，两端采用空心圆木座椅和圆木/岩石覆盖。狐獴隧道一侧高1.5m，长1.4m玻璃护栏
750 TUNNEL
900 TUNNEL
FFL +43.22
LINEAR WINDOW
RECESSED HEAT PADS
LEDGE EDGE
BASE OF SLOPE
已有墙壁
圆木支柱，确保狐獴不能攀登
仿岩结构陡坡防止狐獴进入玻璃护栏之外的围墙。仿岩结构或展区地面和玻璃护栏顶部的距离应为1.1m。墙壁上玻璃护栏，参照立面图及具体要求
注意：仿岩悬臂高于加热层，参照拱形结构屋顶平面图和细节图
加热仿岩壁架，深度不小于400mm，不超过600mm，参照细节图
承包人需削减已有植被以建造拱形结构。确保在动物园员工的监督下保留尽可能多的植被
仿岩结构与已有山丘融合
拱形结构内部墙壁装饰，参照具体要求
■ 拱形结构平面图

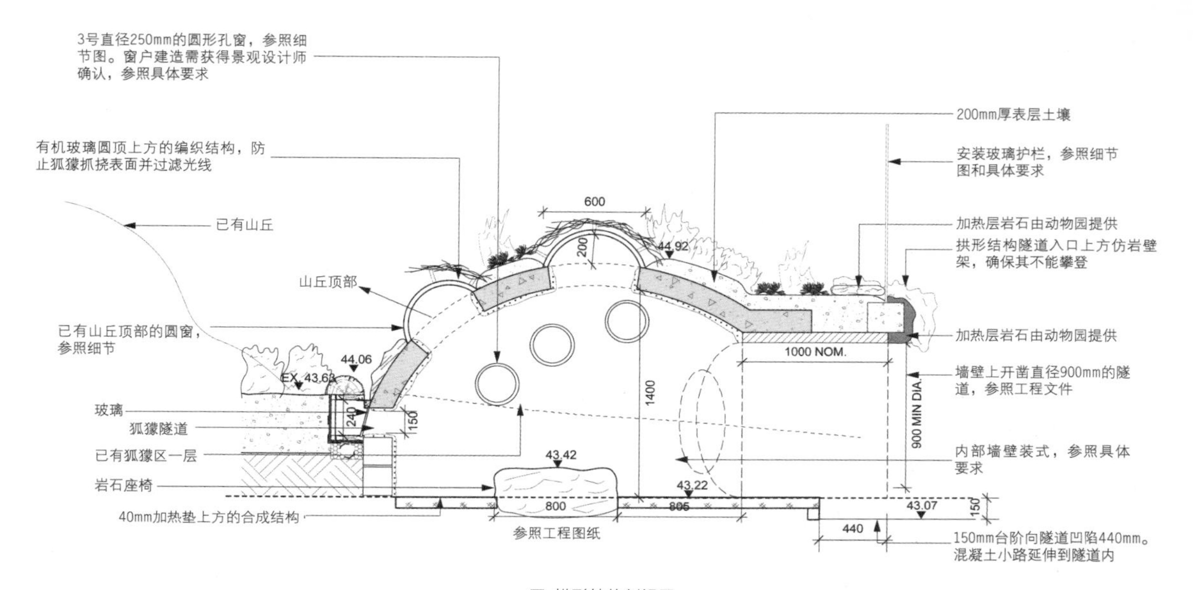
3号直径250mm的圆形孔窗，参照细节图。窗户建造需获得景观设计师确认，参照具体要求
有机玻璃圆顶上方的编织结构，防止狐獴抓挠表面并过滤光线
已有山丘
山丘顶部
已有山丘顶部的圆窗，参照细节
玻璃
狐獴隧道
已有狐獴区一层
岩石座椅
40mm加热垫上方的合成结构
参照工程图纸
200mm厚表层土壤
安装玻璃护栏，参照细节图和具体要求
加热层岩石由动物园提供
拱形结构隧道入口上方仿岩壁架，确保其不能攀登
加热层岩石由动物园提供
墙壁上开凿直径900mm的隧道，参照工程文件
内部墙壁装式，参照具体要求
150mm台阶向隧道凹陷440mm。混凝土小路延伸到隧道内
600
200
44.92
44.06
EX. 43.63
240
150
1400
43.42
43.22
800
805
1000 NOM.
900 MIN DIA.
43.07
150
440

■ 拱形结构剖视图

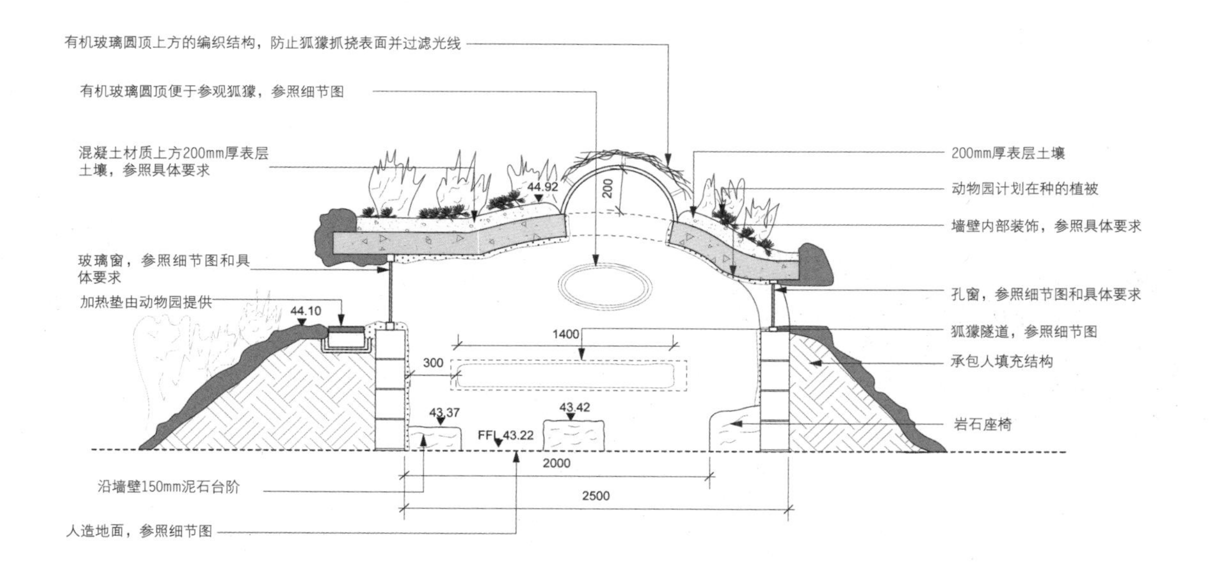
有机玻璃圆顶上方的编织结构，防止狐獴抓挠表面并过滤光线
有机玻璃圆顶便于参观狐獴，参照细节图
混凝土材质上方200mm厚表层土壤，参照具体要求
玻璃窗，参照细节图和具体要求
加热垫由动物园提供
沿墙壁150mm泥石台阶
人造地面，参照细节图
200mm厚表层土壤
动物园计划在种的植被
墙壁内部装饰，参照具体要求
孔窗，参照细节图和具体要求
狐獴隧道，参照细节图
承包人填充结构
岩石座椅
44.92
200
44.10
1400
300
43.37
43.42
FFL 43.22
2000
2500

■ 拱形结构剖视图

注意：
1.仿岩壁由不同的承包人打造，土木工程和混凝土结构作为景观建设的一部分
2.加热层由动物园安装
3.狐獴隧道由承包人建造，用于隐藏隧道的圆木由动物园工作人员安装
4.有机玻璃圆顶上的编织结构由动物园工作人员安装

泰国·清莱中央广场

景观设计：莎玛有限公司（Shma Company Limited） 摄影师：威森·尚丹亚（Mr. Wison Tungthanya） 客户：中央帕坦纳公共有限公司

项目简介
Information

中央广场是清莱首个高档购物中心，为市民提供了开阔的户外空间。事务所为该广场做的设计突出了空间的文化属性，体现了当地文化和特征，又兼具公园的特色，设有多个活动区，能丰富当地市民的户外生活。广场上的景观融合了场地北边山脉的轮廓特征，加入了山脉风景。广场地面图案简单，起伏的地形、错列的台阶、座椅和水景都呼应了山脉的造型特点，用材灵活自如。当地优越的自然条件帮助设计师打造了这样与大自然融合的空间。

ROBINSON

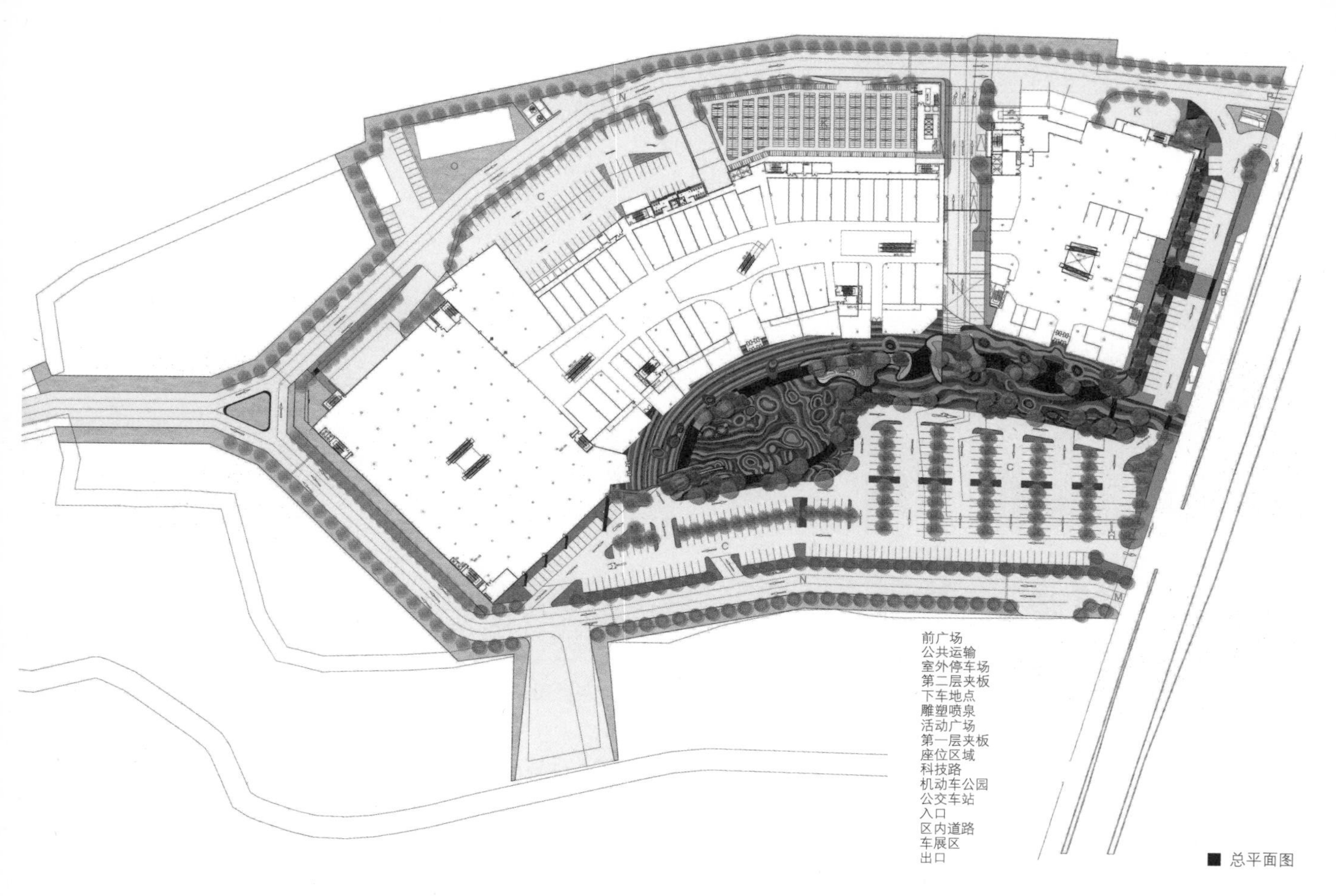
前广场
公共运输
室外停车场
第二层夹板
下车地点
雕塑喷泉
活动广场
第一层夹板
座位区域
科技路
机动车公园
公交车站
入口
区内道路
车展区
出口

■ 总平面图

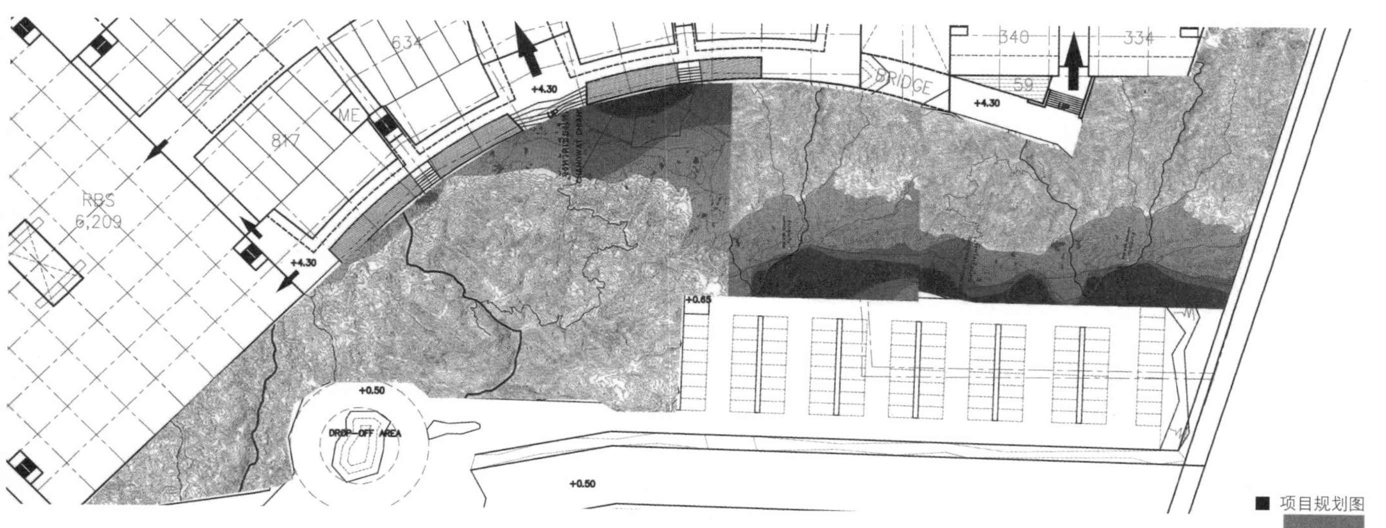
RBS
6,209
817
ME
6.34
340
334
59
BRIDGE
+4.30
+4.30
+4.30
+0.65
+0.50
DROP-OFF AREA
+0.50

■ 项目规划图

centralplaZa
STARBUCKS COFFEE

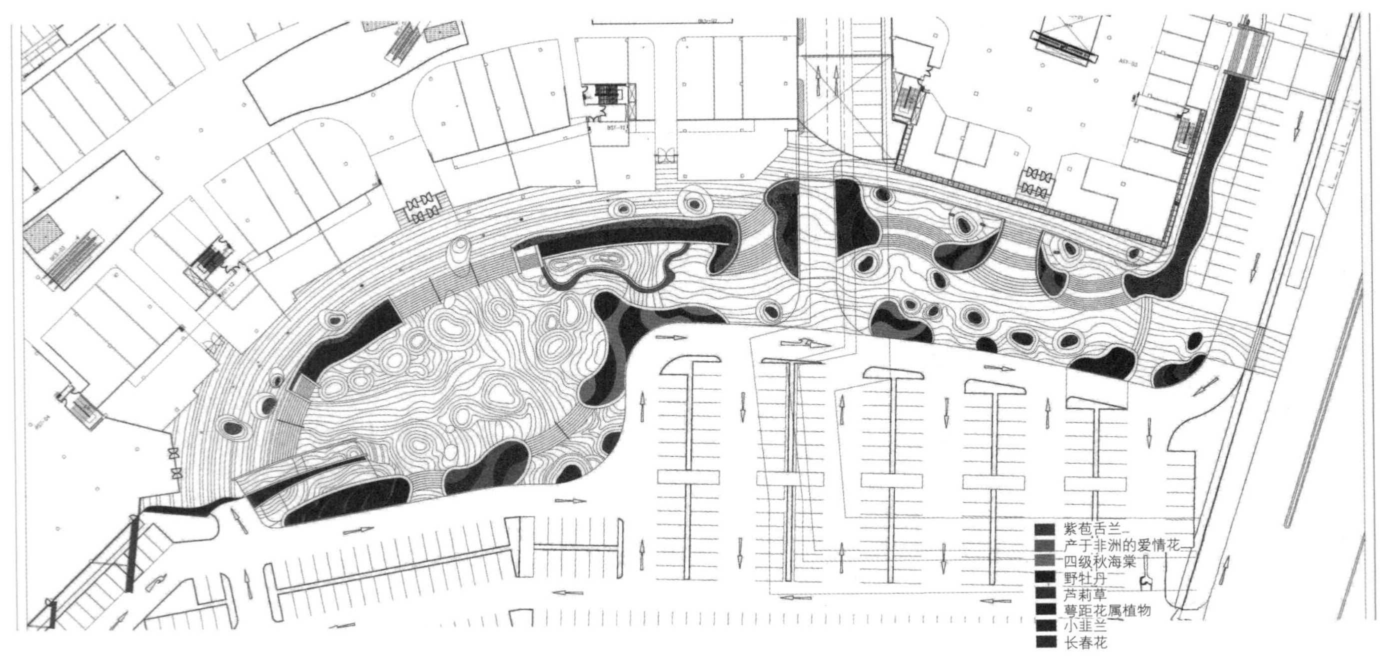
紫苞舌兰
产于非洲的爱情花
四级秋海棠
野牡丹
芦莉草
萼距花属植物
小韭兰
长春花

■ 花卉种植平面规划图

centralplaZa
COFFEE&TEA
NSON

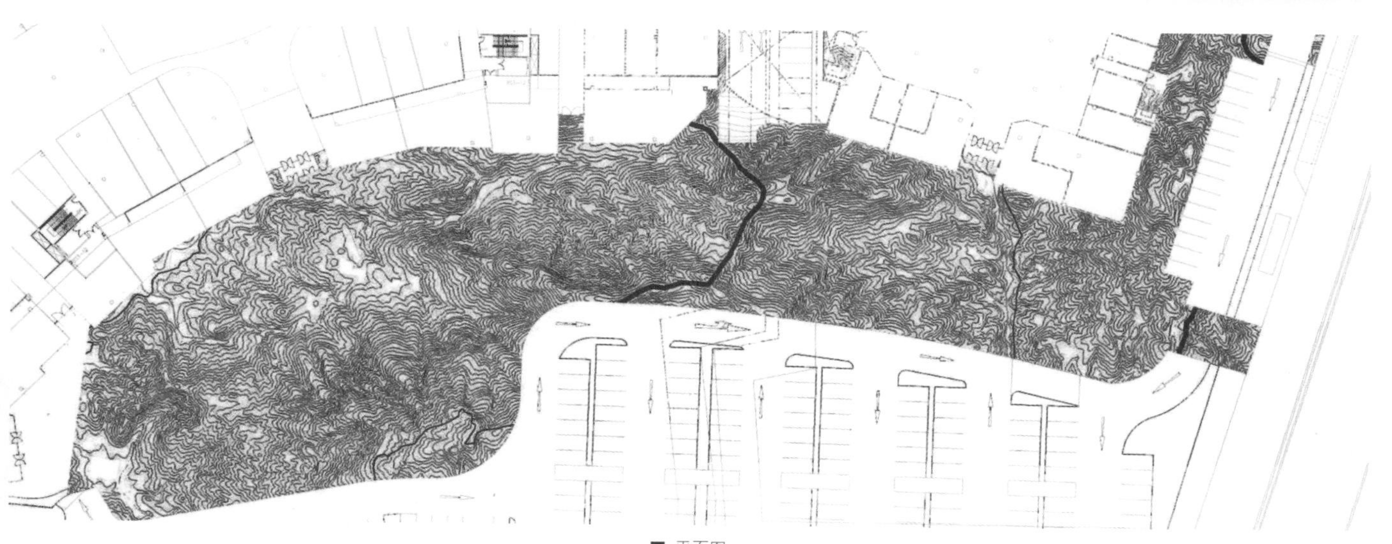

■ 平面图

■ 景观立面图

centralplaza

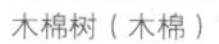
木棉树（木棉）

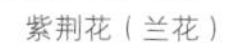
紫荆花（兰花）

猫尾树（红树林）

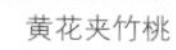
黄花夹竹桃

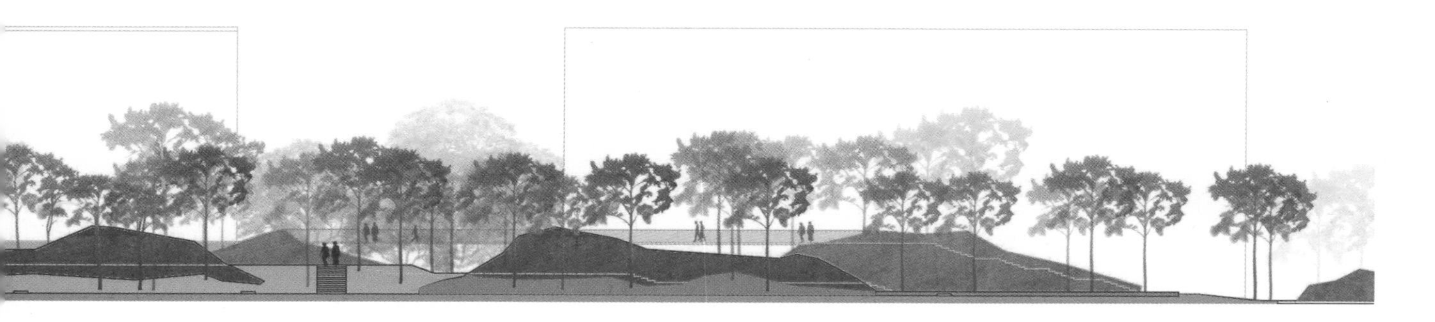

centralplaZa

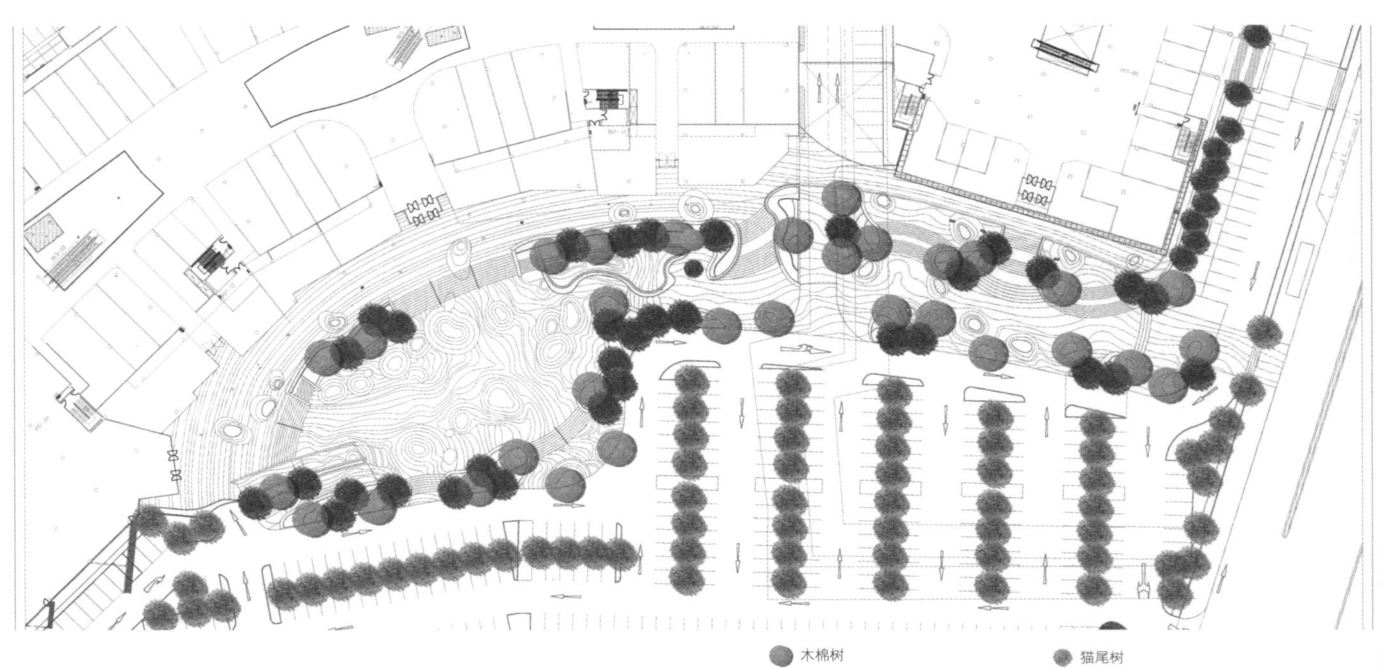
木棉树
猫尾树
紫荆花
黄花夹竹桃

■ 树木种植规划图

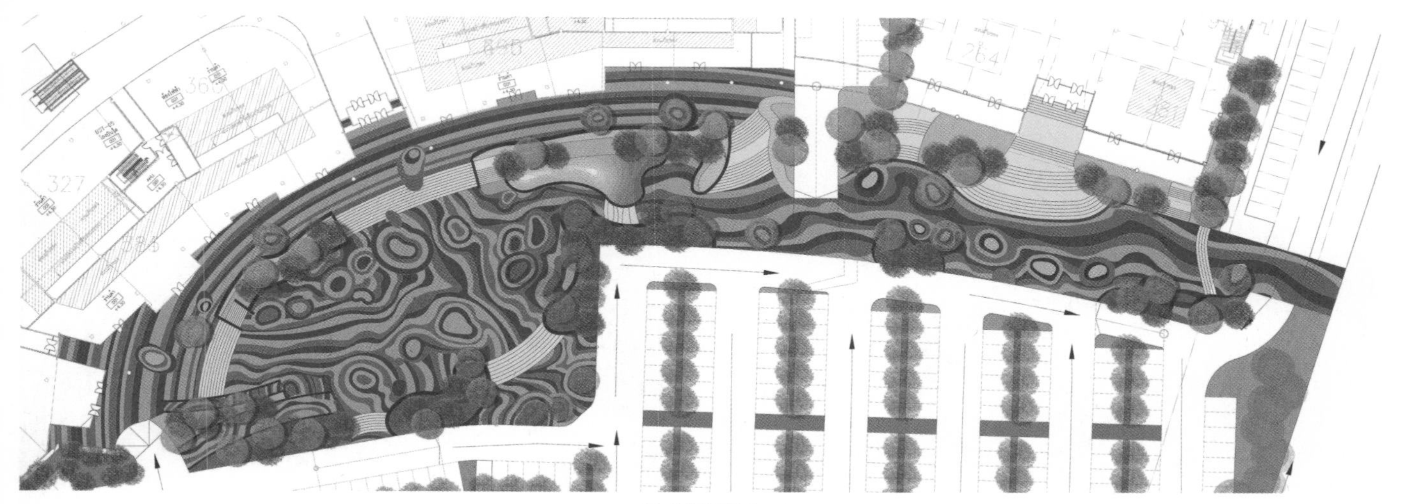
327
264

■ 平面示意图

ROBINSON

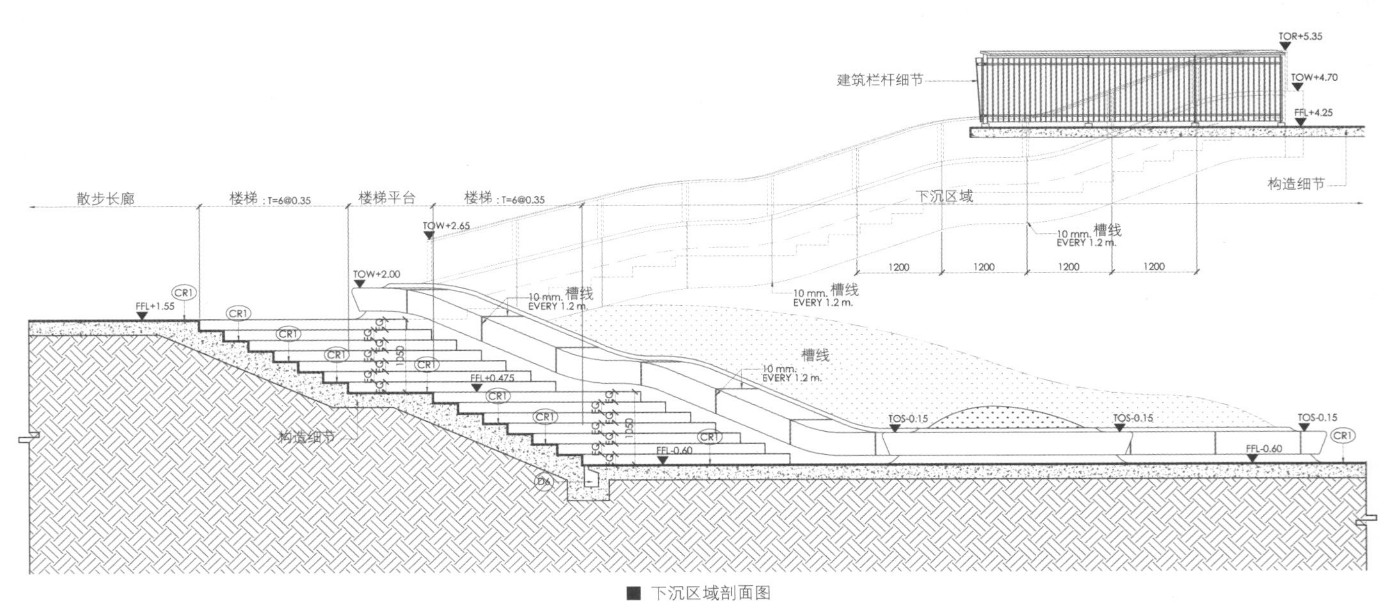

TOR+5.35
建筑栏杆细节
TOW+4.70
FFL+4.25
构造细节
散步长廊
楼梯：T=6@0.35
楼梯平台
楼梯：T=6@0.35
下沉区域
TOW+2.65
10 mm. 槽线
EVERY 1.2 m.
1200
1200
1200
1200
TOW+2.00
FFL+1.55
CR1
槽线
FFL+0.475
TOS-0.15
TOS-0.15
TOS-0.15
FFL-0.60
FFL-0.60
构造细节

■ 下沉区域剖面图

ROBINSON
central pla

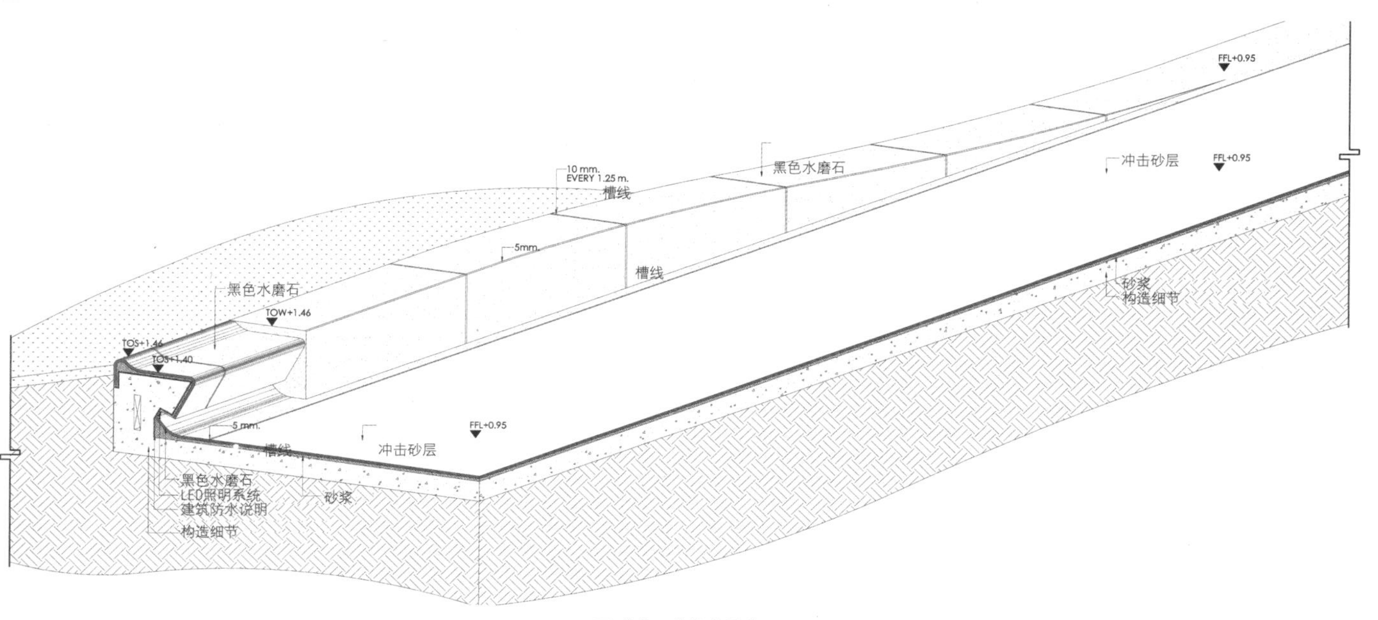
FFL+0.95
黑色水磨石
10 mm.
EVERY 1.25 m.
槽线
冲击砂层
FFL+0.95
5mm.
槽线
砂浆
构造细节
黑色水磨石
TOW+1.46
TOS+1.46
TOS+1.40
5 mm.
槽线
冲击砂层
FFL+0.95
黑色水磨石
LED照明系统
建筑防水说明
构造细节
砂浆

■ 长椅 / 种植边界详图

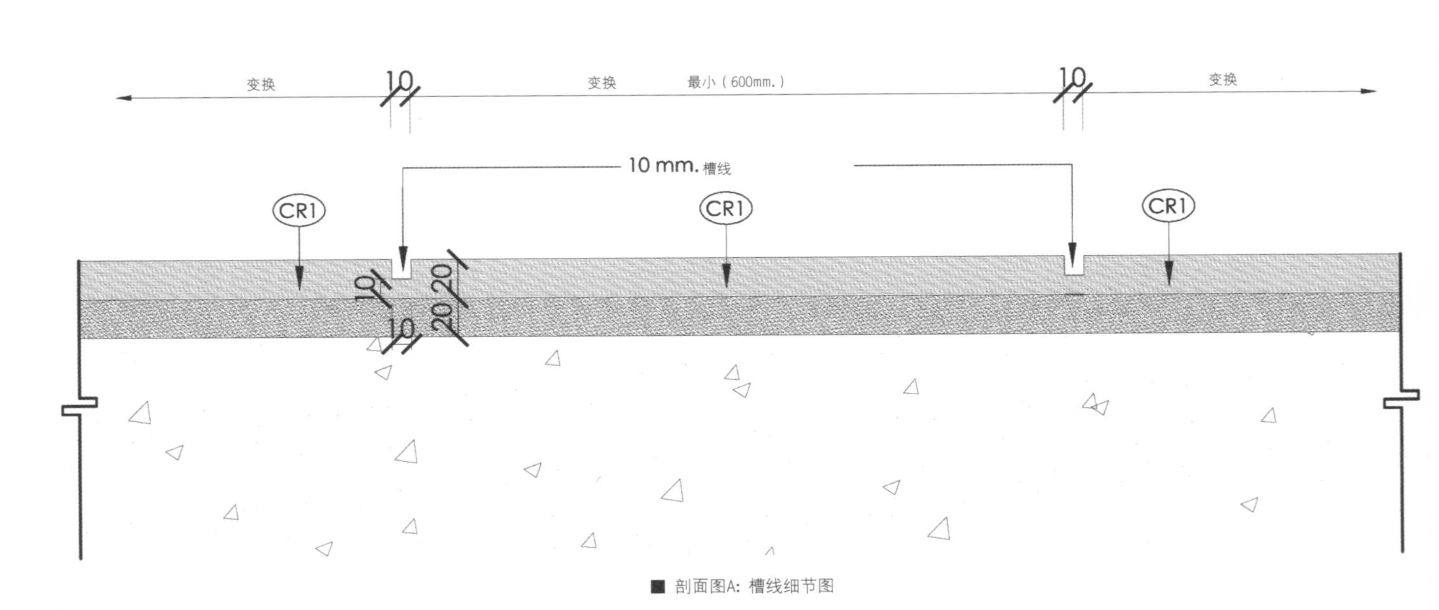
变换
10
变换
最小（600mm.）
10
变换
10 mm. 槽线
CR1
CR1
CR1
10
20
10
20

■ 剖面图A：槽线细节图

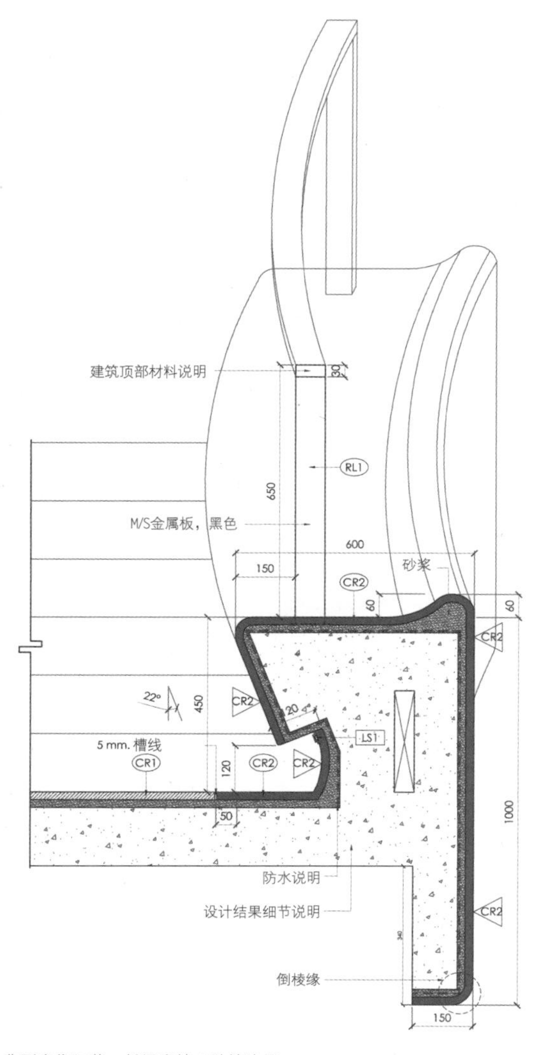

建筑顶部材料说明
RL1
650
M/S金属板，黑色
600
150
砂浆
CR2
60
22°
450
5 mm. 槽线
CR1
LS1
120
50
1000
防水说明
设计结果细节说明
倒棱缘
150

■ 典型座位细节：长堤座椅 / 种植边界

RL1
M/S金属板，黑色
位于黑色水磨石下方
600
150
100
75
CR2
R53
R45
60
20
砂浆
防水说明

■ 典型座位细节：长堤座椅 / 种植边界
座椅顶端

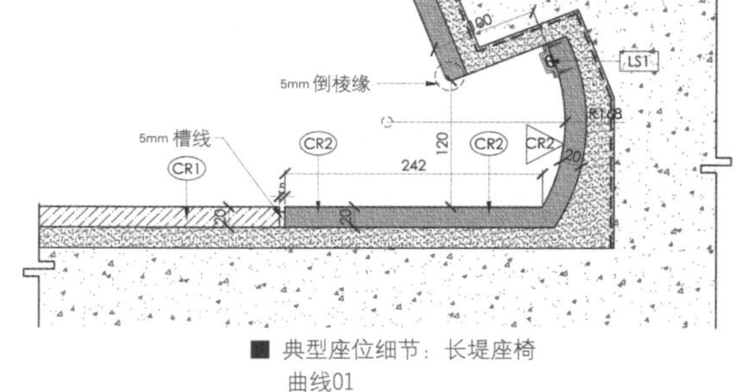

90
LS1
5mm 倒棱缘
R168
5mm 槽线
CR1
CR2
120
242
20

■ 典型座位细节：长堤座椅
曲线01

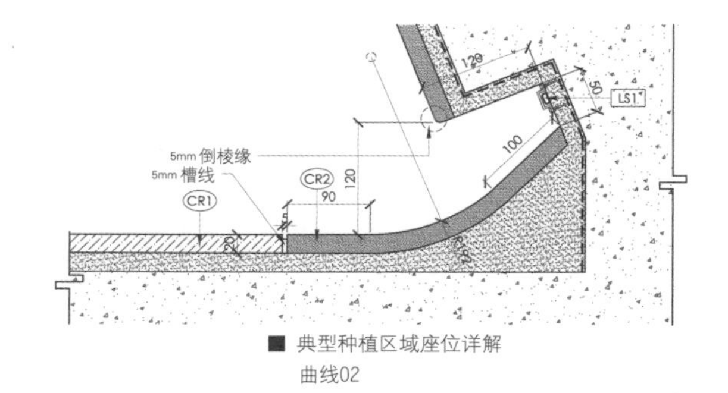

120
50
LS1
5mm 倒棱缘
5mm 槽线
CR1
CR2
90
120
100
20

■ 典型种植区域座位详解
曲线02

西班牙·阿塔拉亚公园

景观设计: G&C建筑公司（G&C Arquitectos） 摄影师: G&C建筑公司（G&C Arquitectos） 客户: 莱莫伊斯市政当局

项目简介
Information

该项目属于城市中心村庄改造的二期工程。通过对该区域进行分析，证实需要解决以下问题：在公共区域与海港及大海之间缺少视觉上的关联。将现有的历史性建筑和文化的重要性整合起来，例如将小教堂和渔民现有的合作社，连同现存的植物进行整合。在辖区内建造一处公共空间以容纳不同的社会活动，从而帮助市民定义他们的身份、角色，强调行人的重要性远大于车辆。为创建未来的市中心广场提供可能，并使公园作为活动场所的功能得到补充。

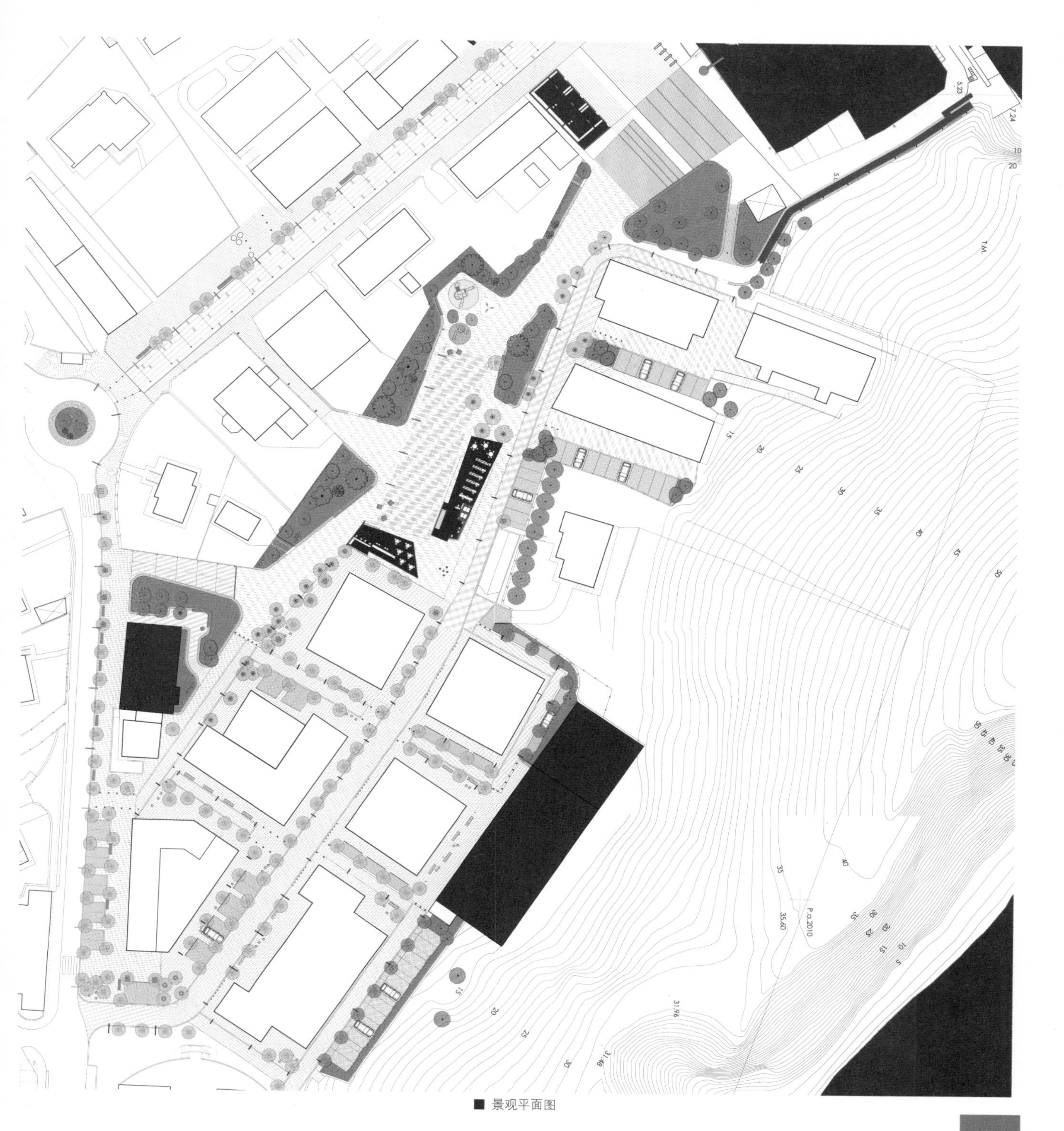

■ 景观平面图

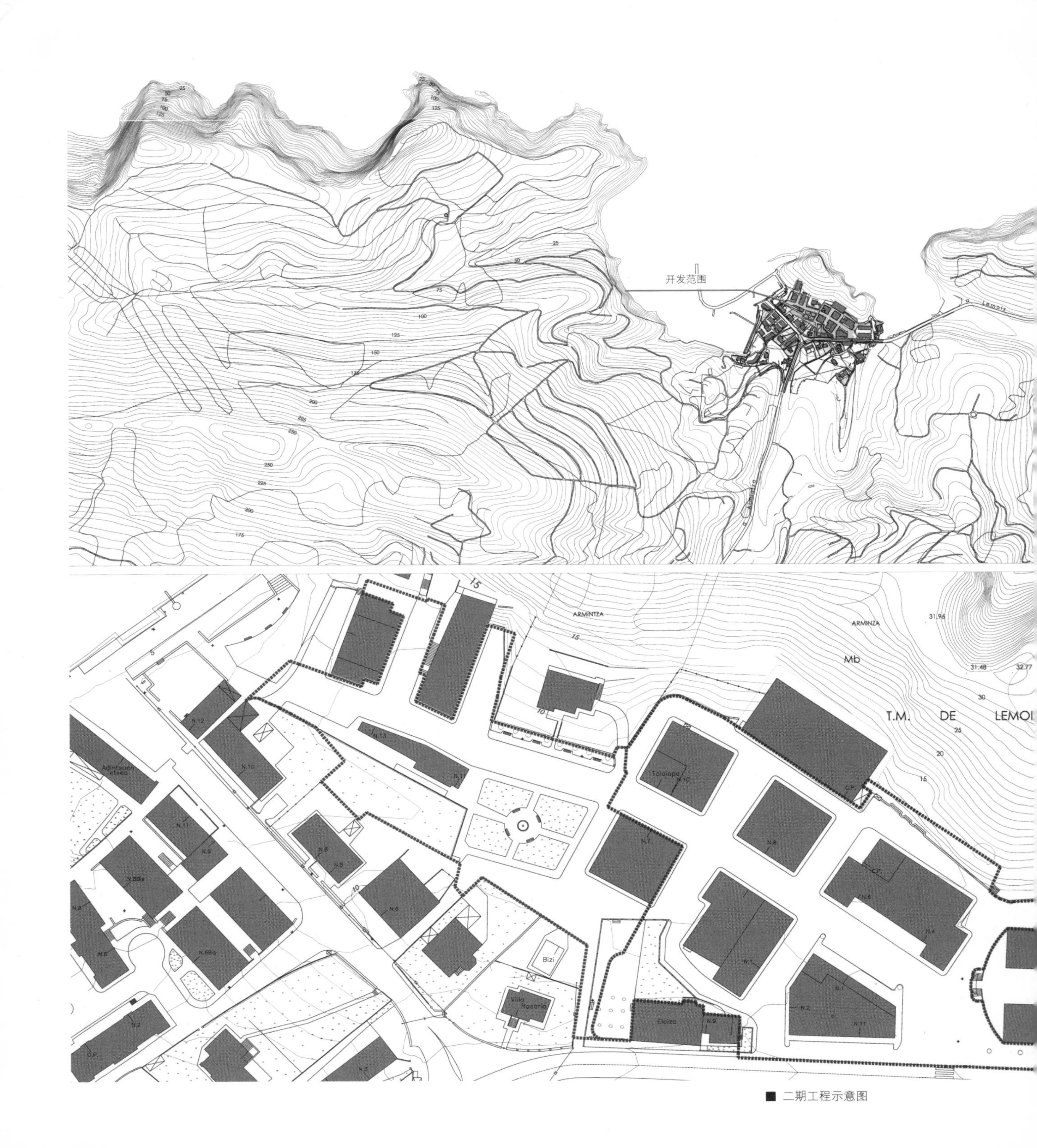
开发范围
ARMINTZA
ARMINZA
Mb
T.M. DE LEMOI
Bizi
Villa Rosario
Eleiza

■ 二期工程示意图

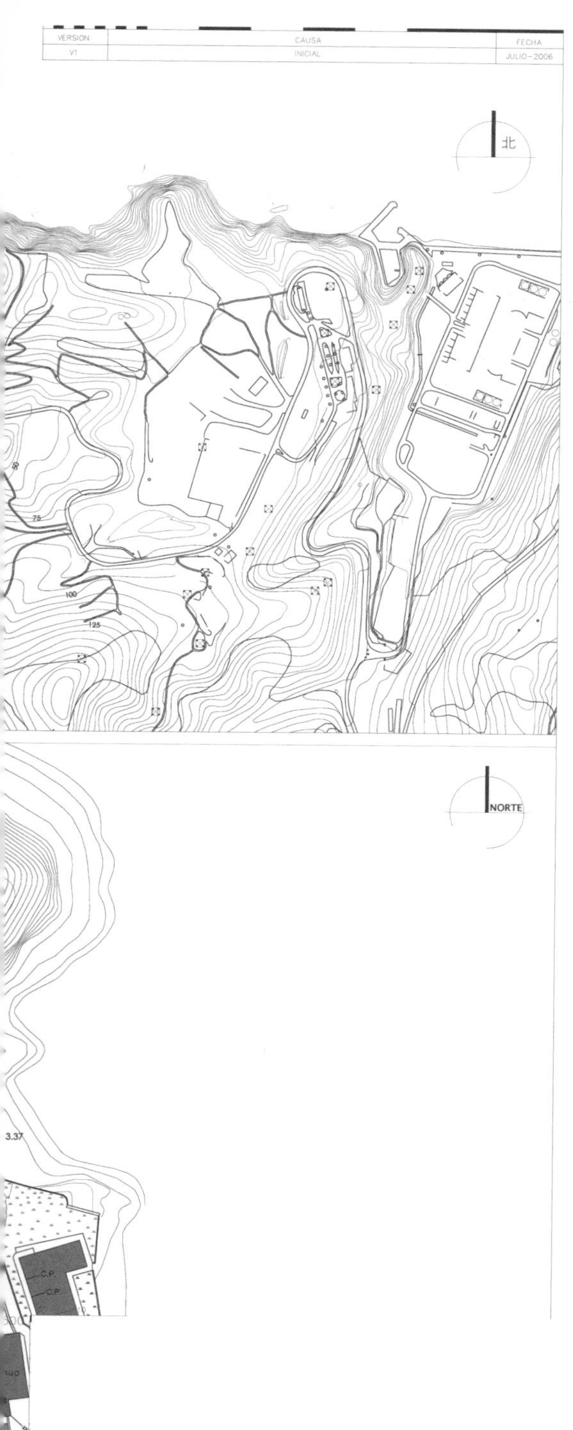
VERSION
CAUSA
FECHA
V1
INICIAL
JULIO-2006
北
NORTE
75
100
125
3.37

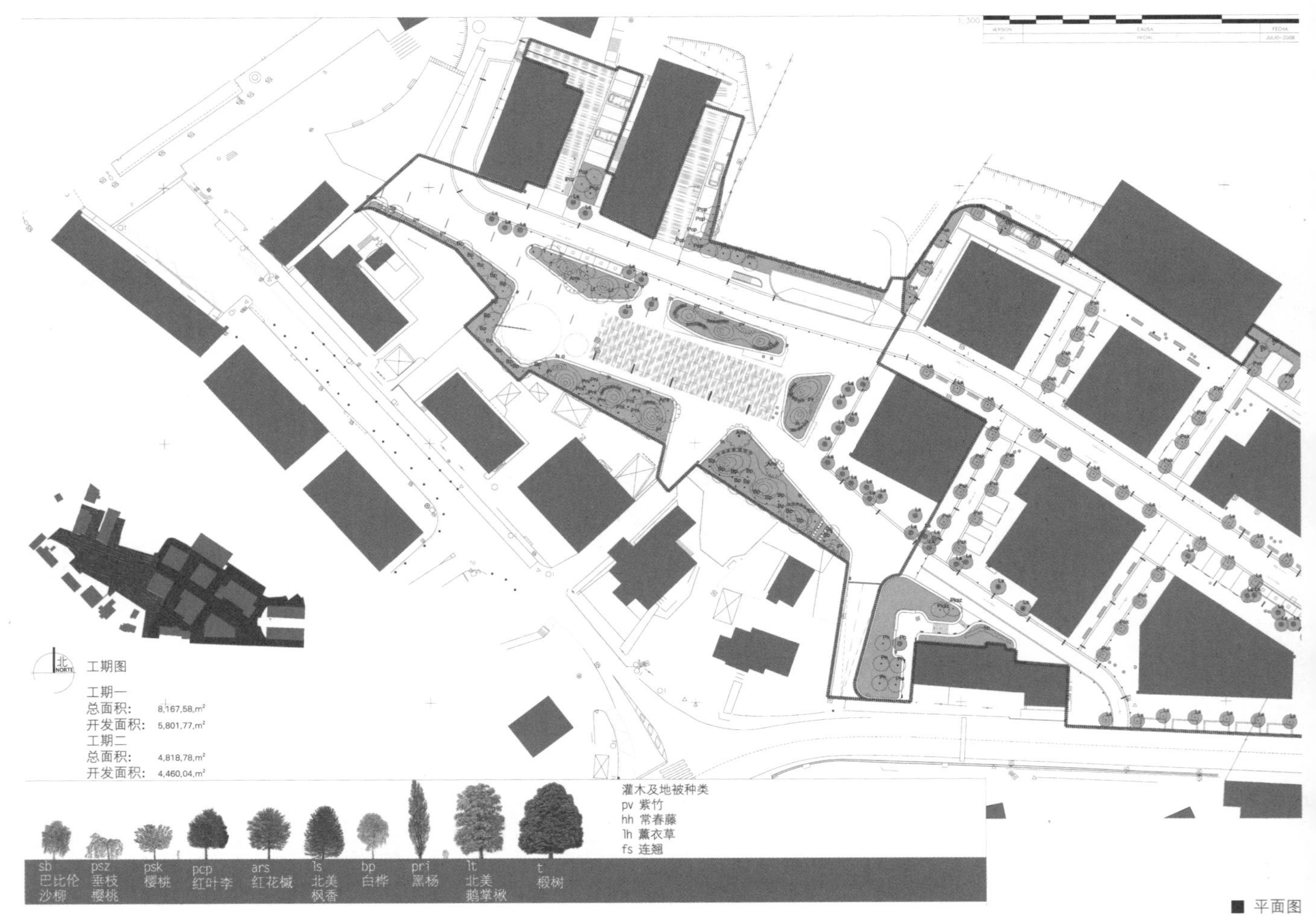
工期图
工期一
总面积: 8,167,58,m²
开发面积: 5,801,77,m²
工期二
总面积: 4,818,78,m²
开发面积: 4,460,04,m²
灌木及地被种类
pv 紫竹
hh 常春藤
lh 薰衣草
fs 连翘
sb 巴比伦沙柳
psz 垂枝樱桃
psk 樱桃
pcp 红叶李
ars 红花槭
ls 北美枫香
bp 白桦
pri 黑杨
lt 北美鹅掌楸
t 椴树

■ 平面图

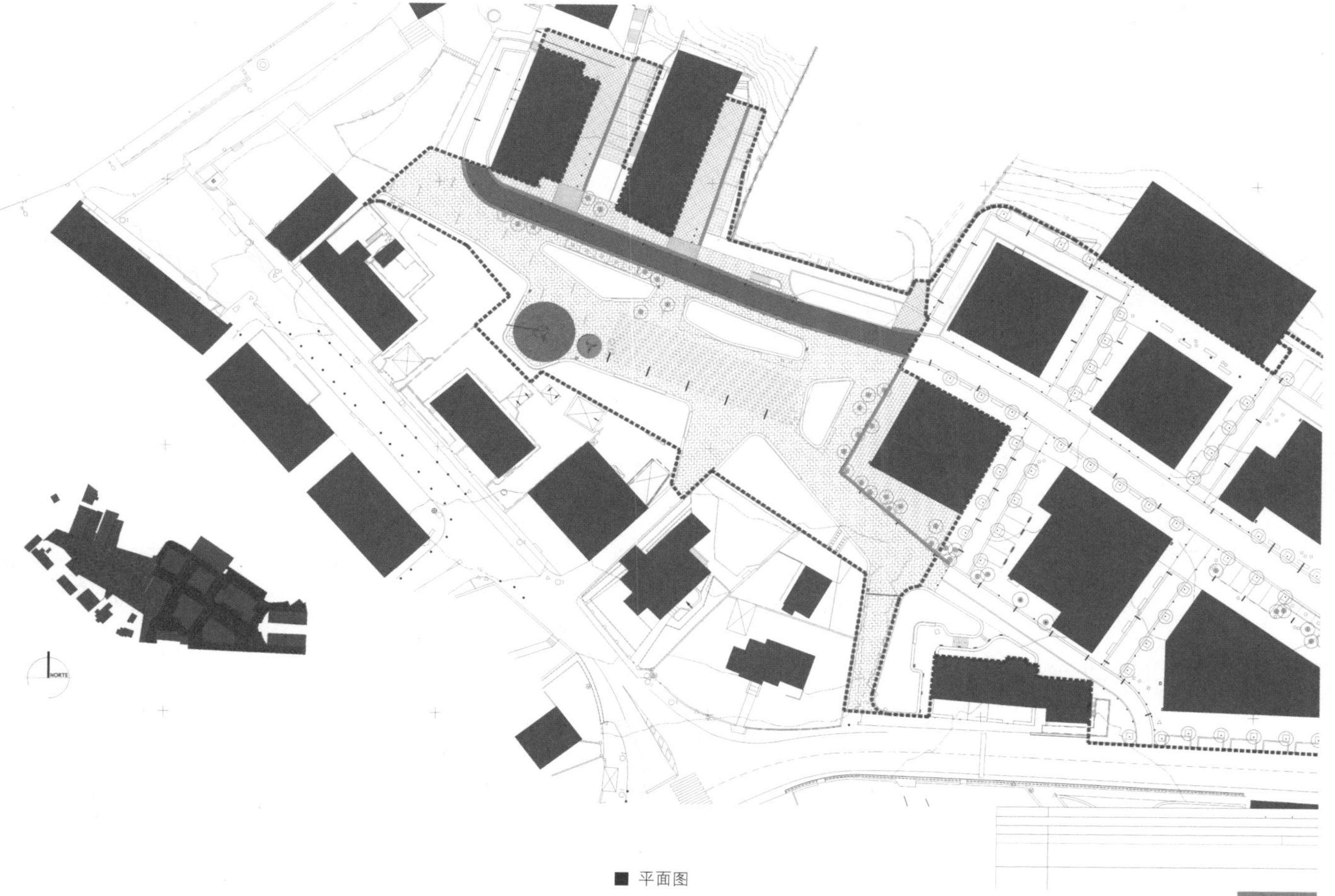
NORTE

■ 平面图

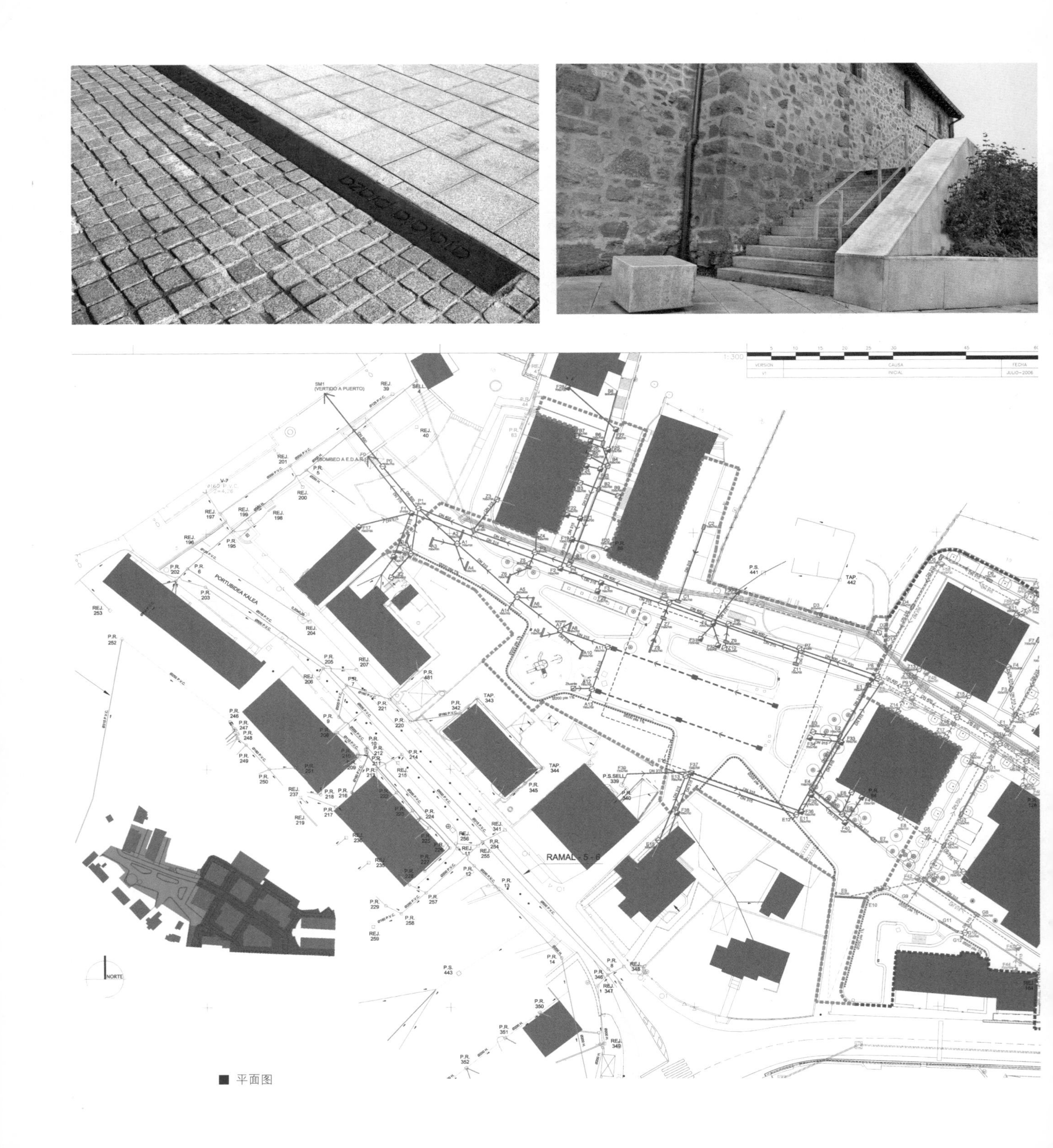
1:300
VERSION
CAUSA
FECHA
V1
INICIAL
JULIO-2006
SM1
(VERTIDO A PUERTO)
PORTUBIDEA KALEA
RAMAL - 5 - 6
NORTE

■ 平面图

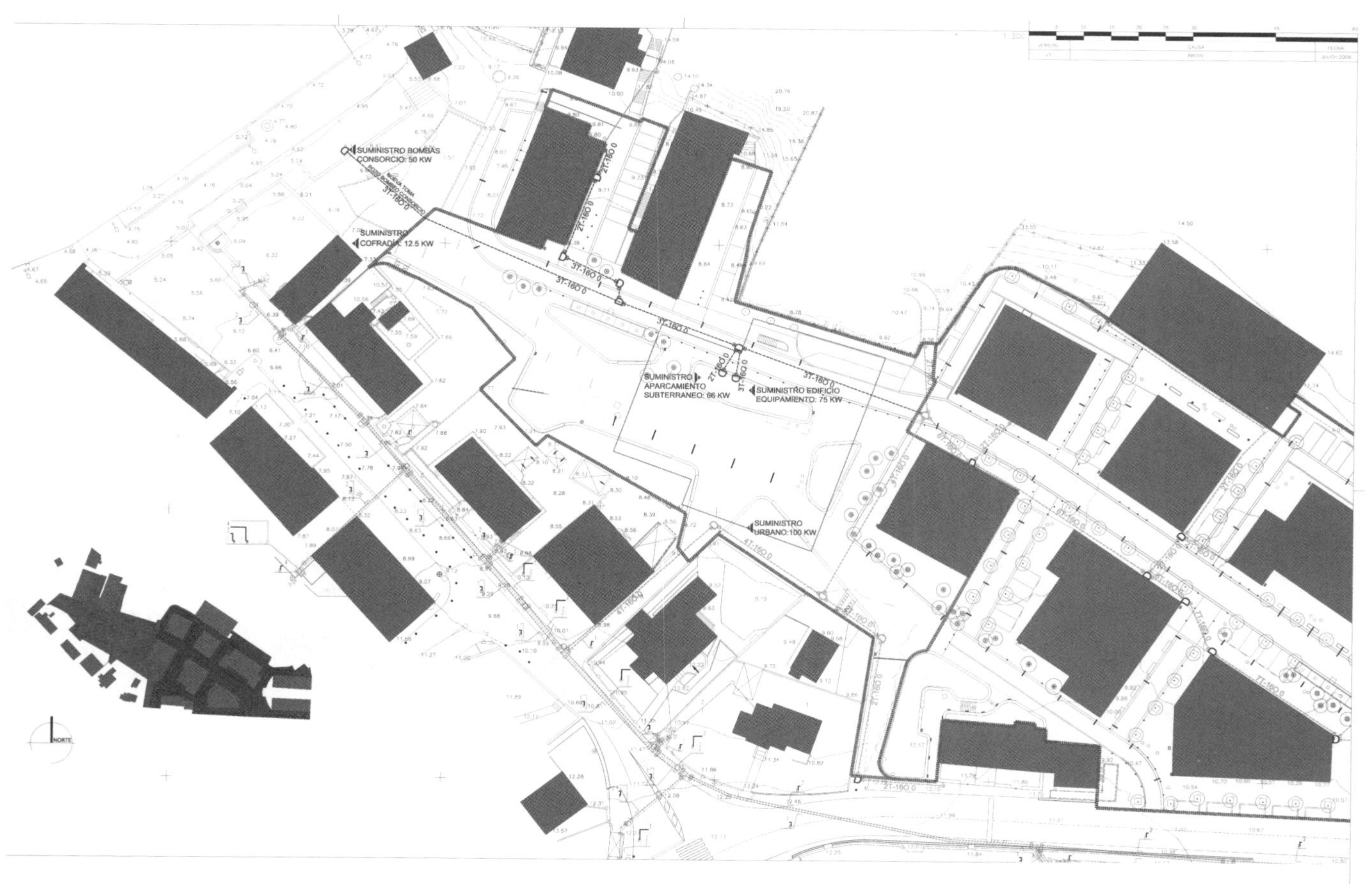

SUMINISTRO BOMBAS
CONSORCIO: 50 KW
SUMINISTRO
COFRADÍA: 12.5 KW
SUMINISTRO
APARCAMIENTO
SUBTERRANEO: 66 KW
SUMINISTRO EDIFICIO
EQUIPAMIENTO: 75 KW
SUMINISTRO
URBANO:100 KW
NORTE

■ 平面图

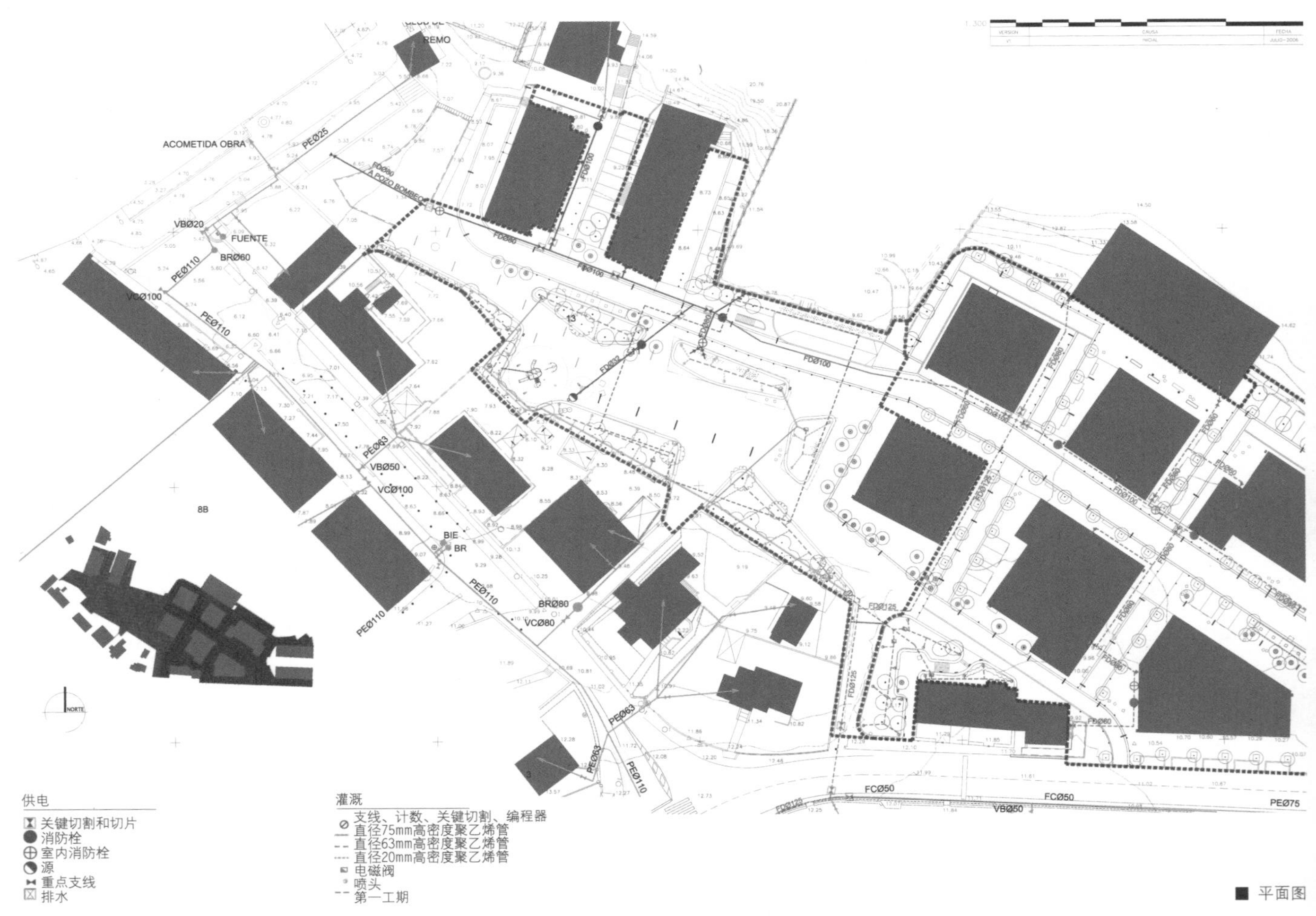

ACOMETIDA OBRA
PEØ25
A POZO BOMBEO
REMO
VBØ20
FUENTE
BRØ60
PEØ110
VCØ100
FDØ80
FDØ100
PEØ63
VBØ50
VCØ100
BIE
BR
BRØ80
VCØ80
FDØ125
FCØ50
VBØ50
PEØ75
8B
NORTE
供电
关键切割和切片
消防栓
室内消防栓
源
重点支线
排水
灌溉
支线、计数、关键切割、编程器
直径75mm高密度聚乙烯管
直径63mm高密度聚乙烯管
直径20mm高密度聚乙烯管
电磁阀
喷头
第一工期

■ 平面图

网孔：15.15.5
HA-20
密封
可压缩
楔子
塑料管
在一端封闭
三根直径20mm光滑杆
涂油处理
防止粘连
膨胀详图
网孔：15.15.5
HA-20
切割和密封接头
楔子
木材或塑料
收缩详图
E: 1/10
NORTE
收缩详图
膨胀详图
底板边界
制动蹄

■ 平面图

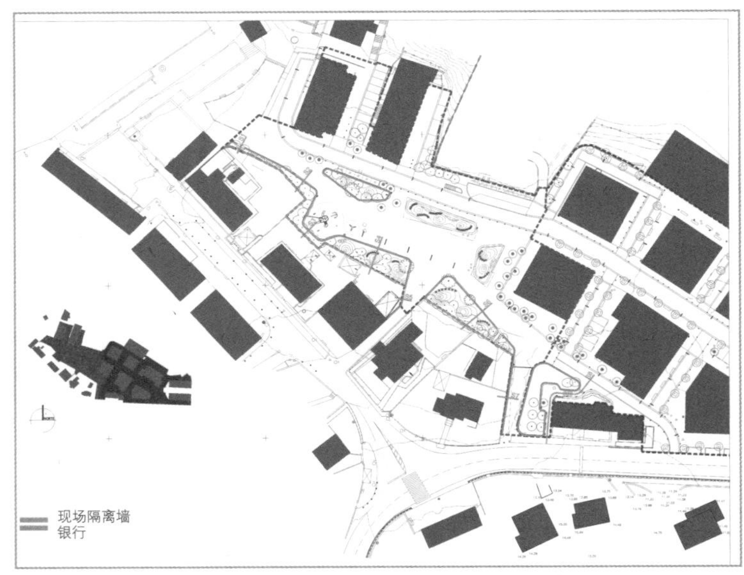
现场隔离墙
银行

■ 平面图

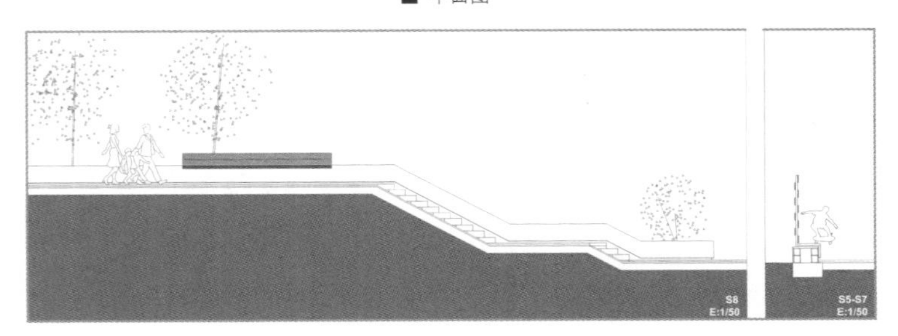
S8
E:1/50
S5-S7
E:1/50

■ 剖面图

3
瓷砖10cm × 70cm × 4cm
预制混凝土砌块19cm × 19cm × 40cm
30cm高制动蹄
30cm高，20cm厚底层
25cm填土
过滤层
砾石形成排水层
毡类制品
PVC排水管
3
60

瓷砖10cm × 70cm × 4cm
预制混凝土砌块
19cm × 19cm × 40cm
30cm高制动蹄
30cm高，20cm厚底层
3
瓷砖10cm × 70cm × 4cm
过滤层
砾石形成排水层
防水板材
3
3
80

■ 墙壁细部图

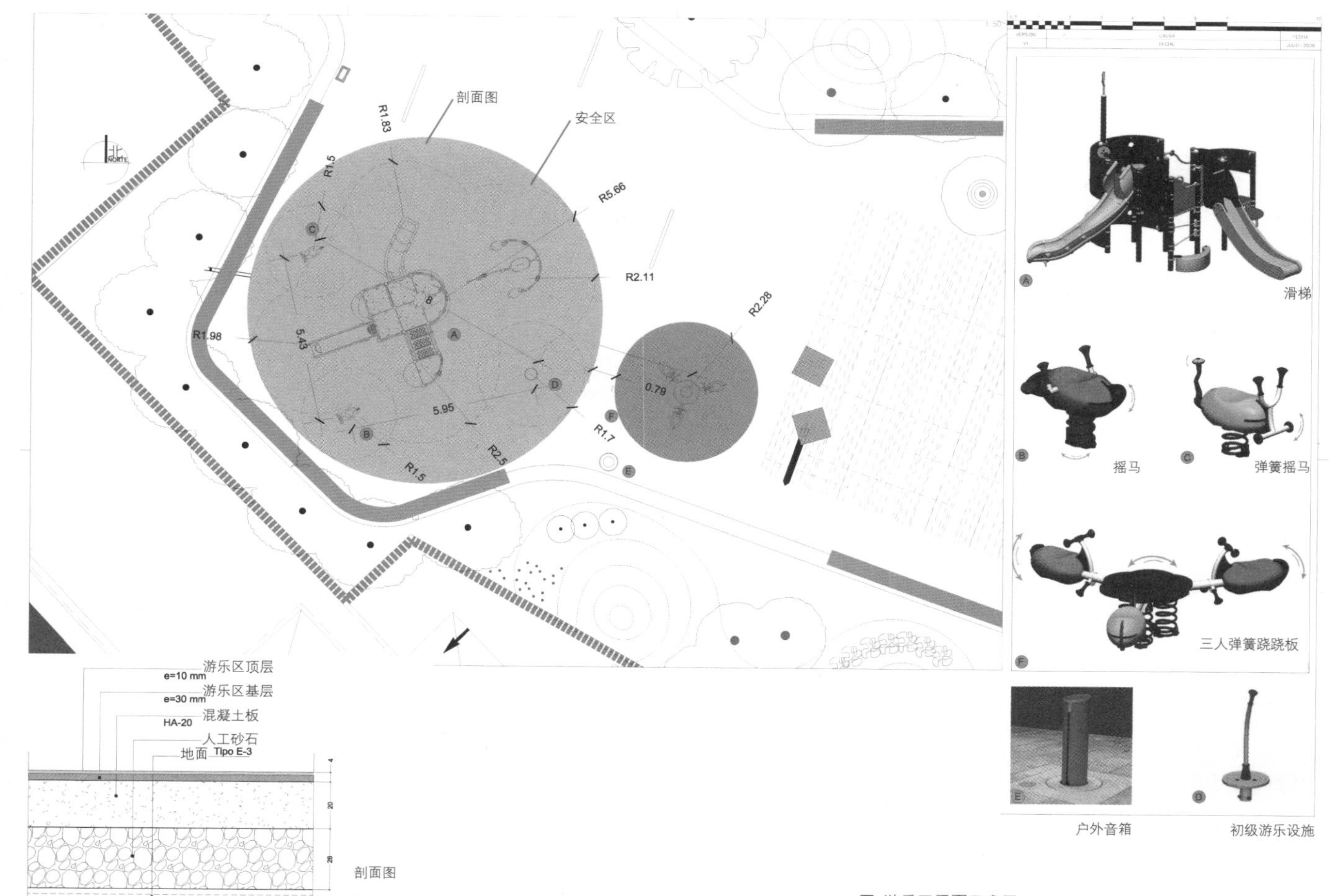

剖面图
安全区
R1.83
R1.5
R5.66
R2.11
R1.98
5.43
8
5.95
R2.5
R1.5
R2.28
0.79
R1.7
滑梯
摇马
弹簧摇马
三人弹簧跷跷板
户外音箱
初级游乐设施
游乐区顶层
e=10 mm
游乐区基层
e=30 mm
混凝土板
HA-20
人工砂石
地面 Tipo E-3
剖面图

■ 游乐区平面示意图

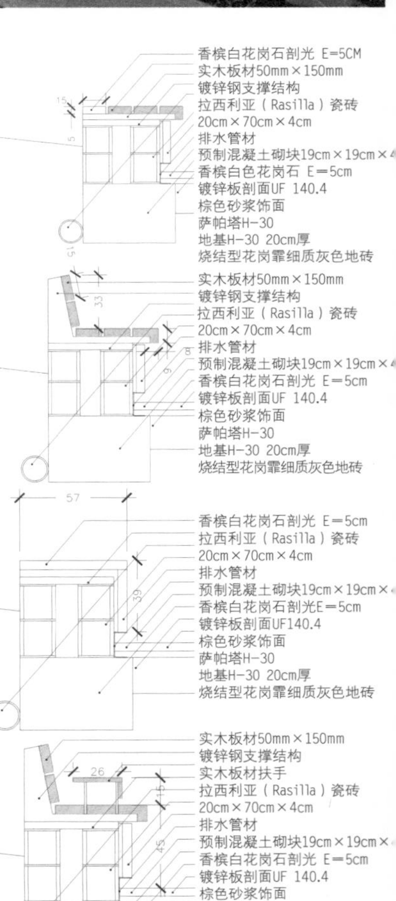
香槟白花岗石剖光 E=5CM
实木板材50mm×150mm
镀锌钢支撑结构
拉西利亚（Rasilla）瓷砖
20cm×70cm×4cm
排水管材
预制混凝土砌块19cm×19cm×
香槟白色花岗石 E=5cm
镀锌板剖面UF 140.4
棕色砂浆饰面
萨帕塔H-30
地基H-30 20cm厚
烧结型花岗霏细质灰色地砖
实木板材50mm×150mm
镀锌钢支撑结构
拉西利亚（Rasilla）瓷砖
20cm×70cm×4cm
排水管材
预制混凝土砌块19cm×19cm×
香槟白花岗石剖光 E=5cm
镀锌板剖面UF 140.4
棕色砂浆饰面
萨帕塔H-30
地基H-30 20cm厚
烧结型花岗霏细质灰色地砖
57
香槟白花岗石剖光 E=5cm
拉西利亚（Rasilla）瓷砖
20cm×70cm×4cm
排水管材
预制混凝土砌块19cm×19cm×
香槟白花岗石剖光E=5cm
镀锌板剖面UF140.4
棕色砂浆饰面
萨帕塔H-30
地基H-30 20cm厚
烧结型花岗霏细质灰色地砖
实木板材50mm×150mm
镀锌钢支撑结构
实木板材扶手
26
拉西利亚（Rasilla）瓷砖
20cm×70cm×4cm
排水管材
预制混凝土砌块19cm×19cm×
香槟白花岗石剖光 E=5cm
镀锌板剖面UF 140.4
棕色砂浆饰面
萨帕塔H-30
地基H-30 20cm厚
烧结型花岗霏细质灰色地砖

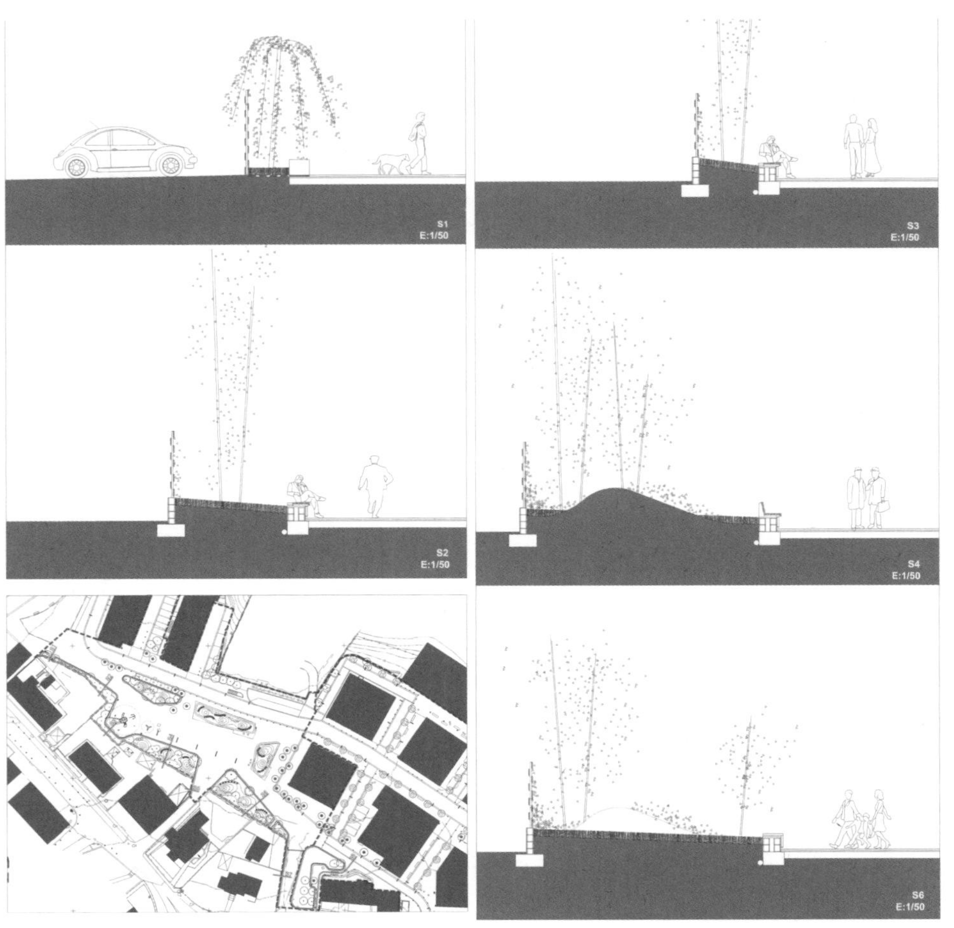
S1
E:1/50
S3
E:1/50
S2
E:1/50
S4
E:1/50
S6
E:1/50

■ 剖面图

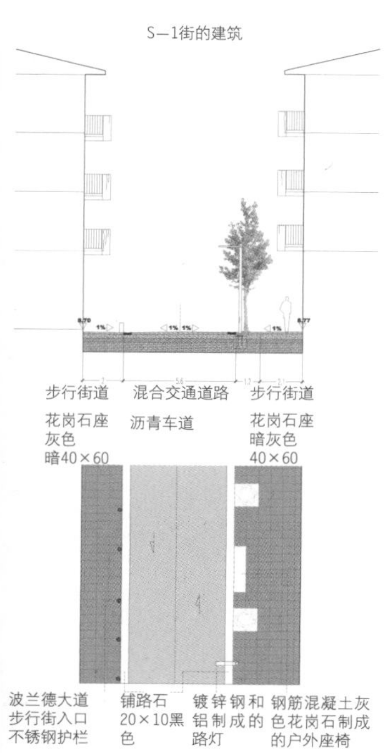
S—1街的建筑
步行街道
混合交通道路
步行街道
花岗石座
灰色
暗40×60
沥青车道
花岗石座
暗灰色
40×60
波兰德大道
步行街入口
不锈钢护栏
铺路石
20×10黑
色
镀锌钢和
铝制成的
路灯
钢筋混凝土灰
色花岗石制成
的户外座椅

■ 剖面图

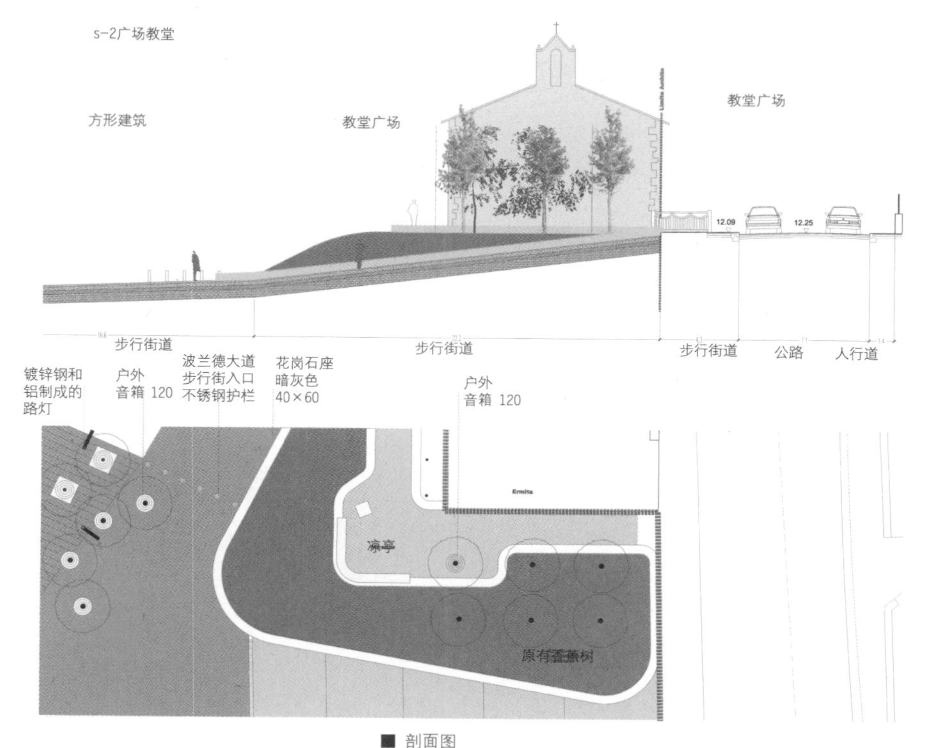
s-2广场教堂
方形建筑
教堂广场
教堂广场
12.09
12.25
步行街道
步行街道
步行街道
公路
人行道
镀锌钢和
铝制成的
路灯
户外
音箱 120
波兰德大道
步行街入口
不锈钢护栏
花岗石座
暗灰色
40×60
户外
音箱 120
Ermita
凉亭
原有悬铃树

■ 剖面图

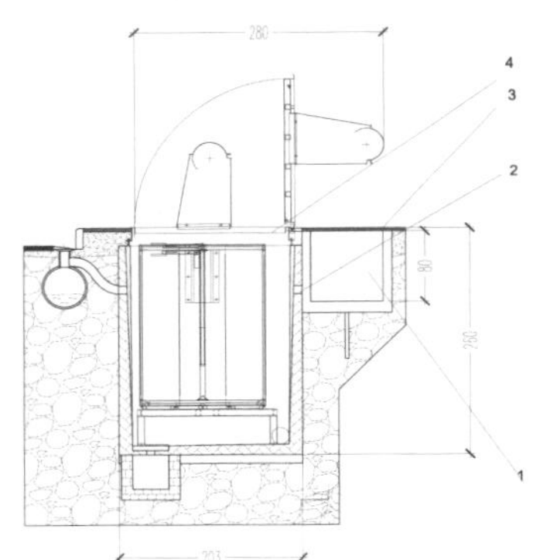

280
4
3
2
1
80
260
203

■ 剖面图B-B

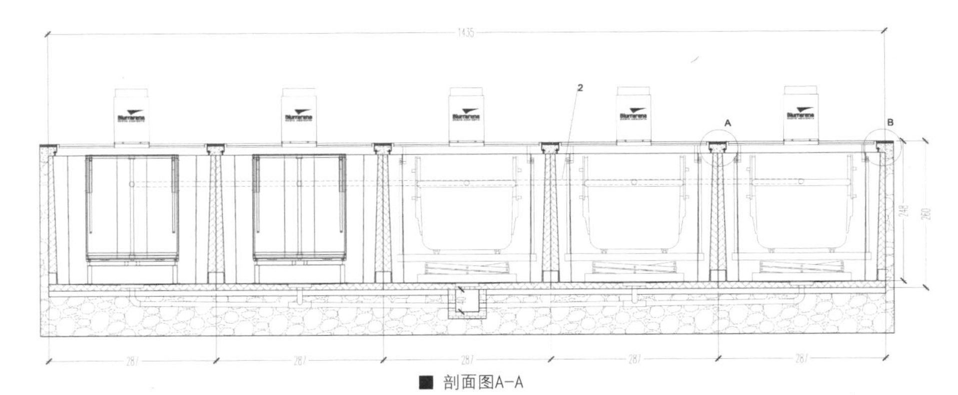

1435
2
A
B
240
260
287
287
287
287
287

■ 剖面图A-A

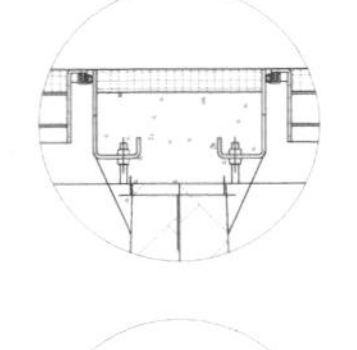

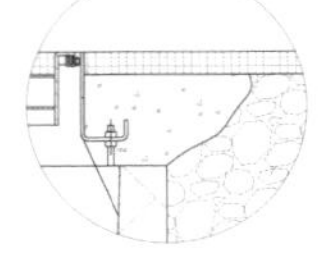

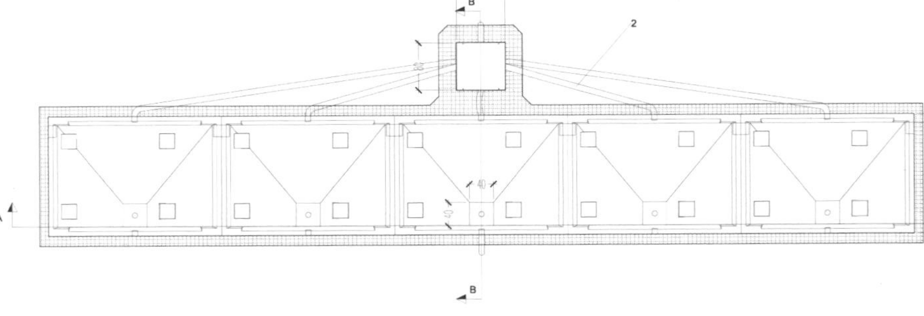

80
B
2
40
173
203
A
A
B

■ 剖面图

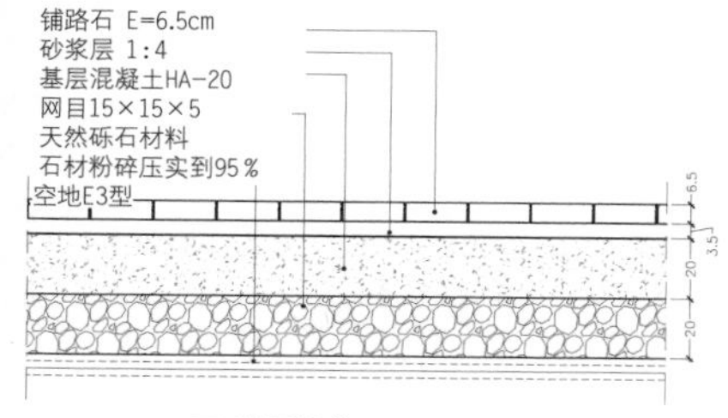
铺路石 E=6.5cm
砂浆层 1:4
基层混凝土HA-20
网目15×15×5
天然砾石材料
石材粉碎压实到95%
空地E3型
6.5
3.5
20
20

■ 路面铺装 1/20

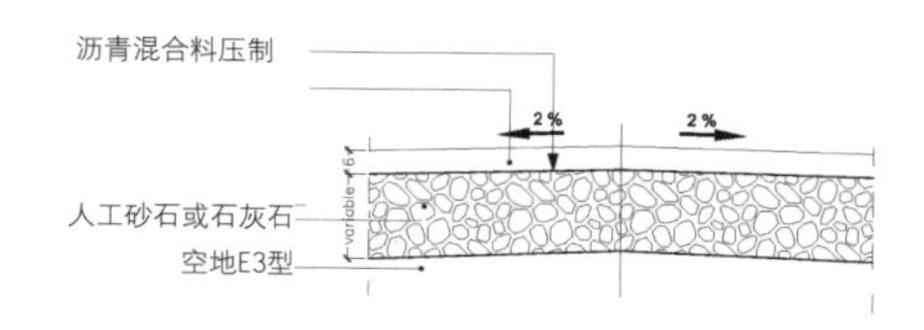
沥青混合料压制
2%
2%
人工砂石或石灰石
空地E3型
variable 6

■ 车道剖面图E:1/10

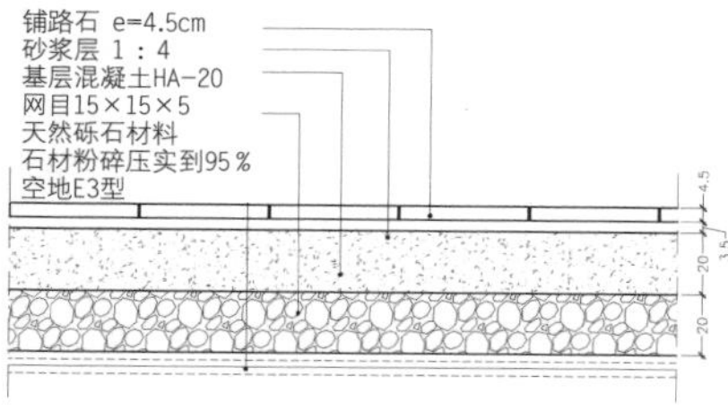
铺路石 e=4.5cm
砂浆层 1 : 4
基层混凝土HA-20
网目15×15×5
天然砾石材料
石材粉碎压实到95%
空地E3型
4.5
3.5
20
20

■ 步行区域路面铺装

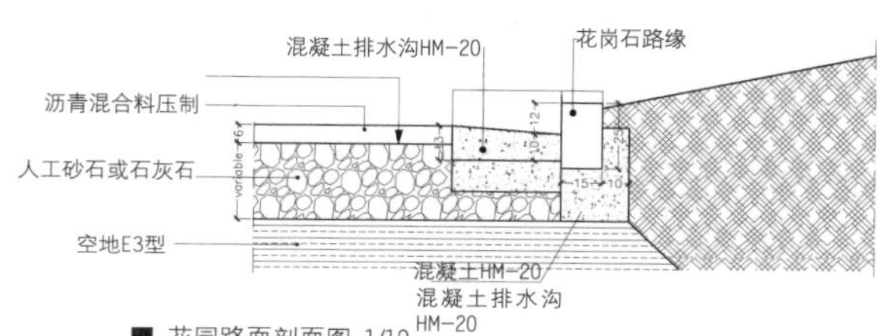
混凝土排水沟HM-20
花岗石路缘
沥青混合料压制
人工砂石或石灰石
空地E3型
混凝土HM-20
混凝土排水沟
HM-20
variable 6
12
15
10

■ 花园路面剖面图 1/10

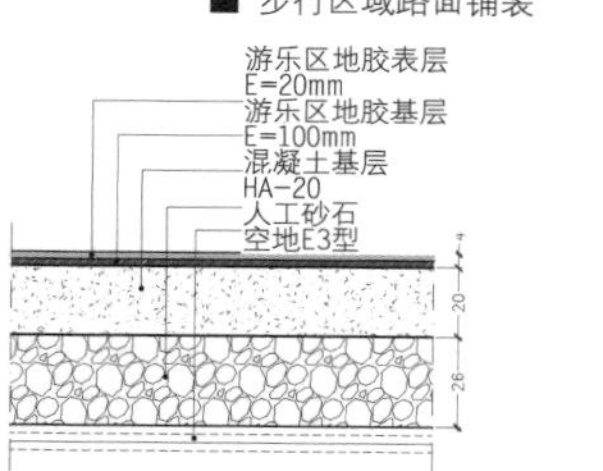
游乐区地胶表层
E=20mm
游乐区地胶基层
E=100mm
混凝土基层
HA-20
人工砂石
空地E3型
4
20
26

■ 游乐区地面铺装

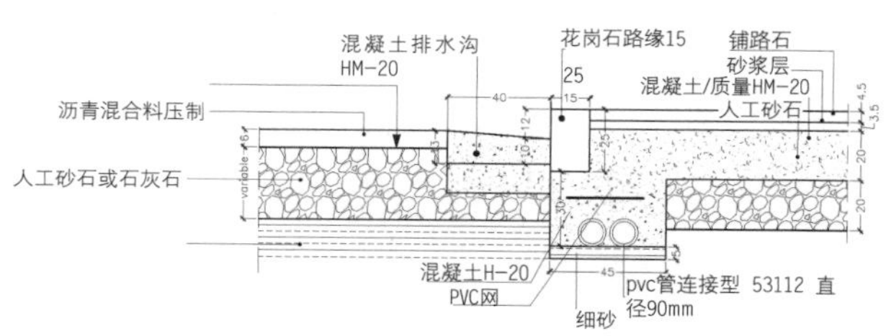
混凝土排水沟
HM-20
花岗石路缘15
25
铺路石
砂浆层
混凝土/质量HM-20
人工砂石
沥青混合料压制
人工砂石或石灰石
混凝土H-20
PVC网
细砂
pvc管连接型 53112 直
径90mm
40
15
12
25
45
4.5
3.5
20
20
variable 6

■ 车道与人行道路面剖面图 1/10

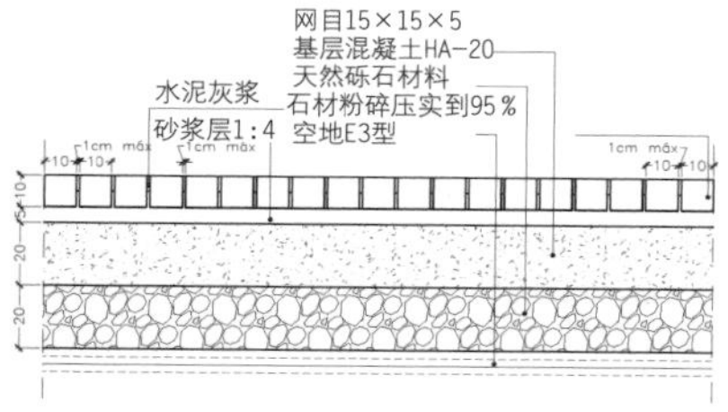
网目15×15×5
基层混凝土HA-20
天然砾石材料
水泥灰浆
石材粉碎压实到95%
砂浆层1:4
空地E3型
1cm max
1cm max
1cm max
10
10
20
20

■ 铺路石铺装 1/20

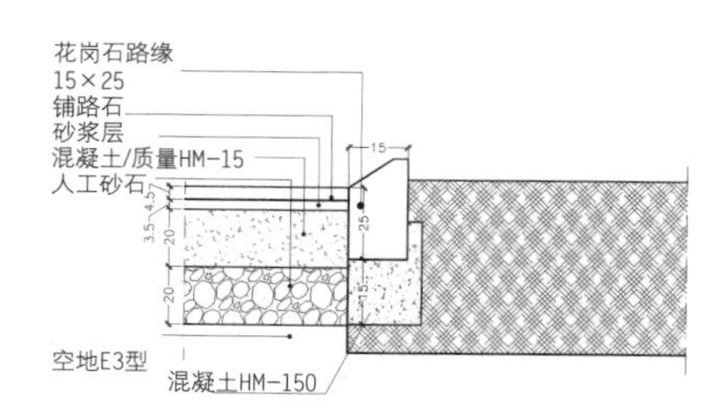
花岗石路缘
15×25
铺路石
砂浆层
混凝土/质量HM-15
人工砂石
空地E3型
混凝土HM-150
15
25
20
20

■ 路面与土地交接处剖面图

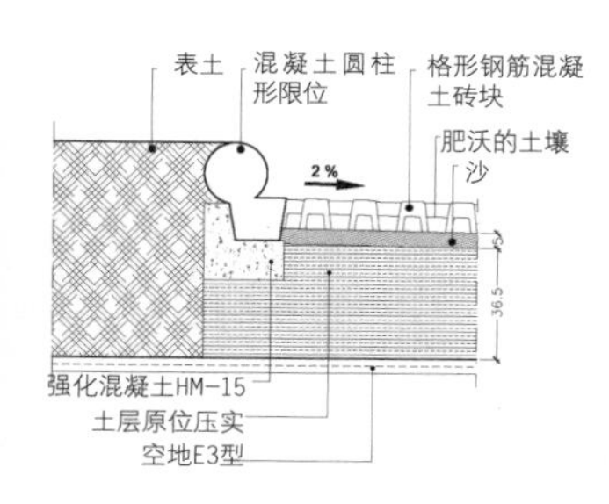
表土
混凝土圆柱
形限位
格形钢筋混凝
土砖块
肥沃的土壤
沙
2%
强化混凝土HM-15
土层原位压实
空地E3型
36.5

■ 花园停车场

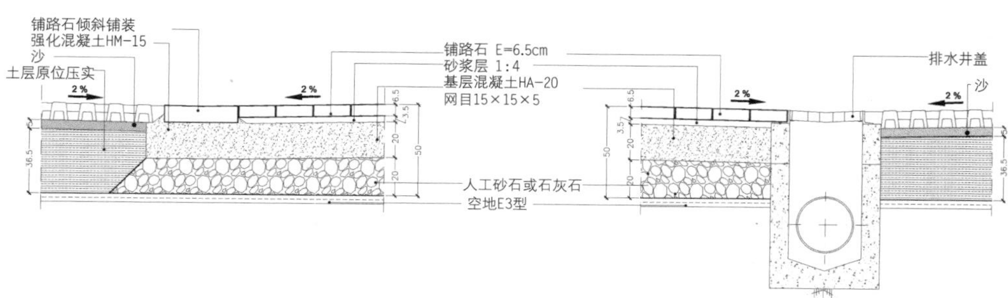
铺路石倾斜铺装
强化混凝土HM-15
沙
土层原位压实
2%
2%
铺路石 E=6.5cm
砂浆层 1:4
基层混凝土HA-20
网目15×15×5
人工砂石或石灰石
空地E3型
排水井盖
沙
2%
2%
6.5
3.5
20
20
50
36.5

■ 道路停车场

■ 道路停车场排水渠

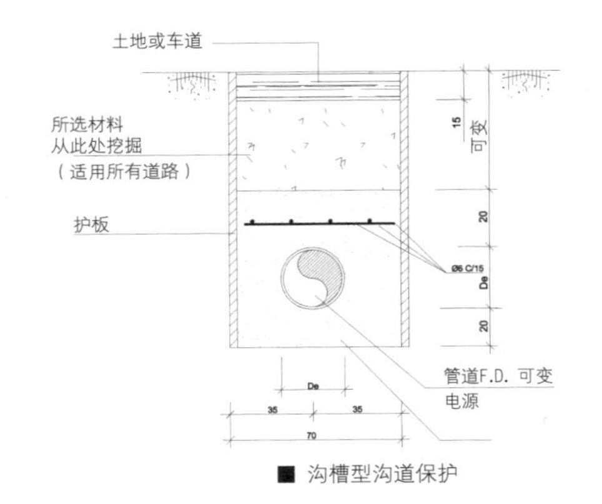
土地或车道
所选材料
从此处挖掘
（适用所有道路）
护板
15
可变
20
Ø6 C/15
De
20
De
35
35
70
管道F.D. 可变
电源

■ 沟槽型沟道保护

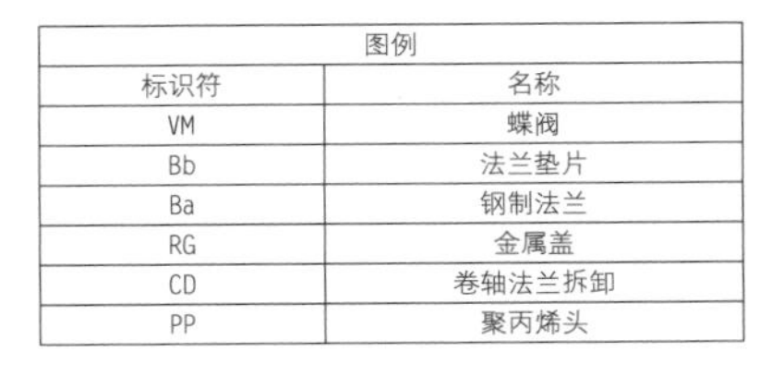

图例	
标识符	名称
VM	蝶阀
Bb	法兰垫片
Ba	钢制法兰
RG	金属盖
CD	卷轴法兰拆卸
PP	聚丙烯头

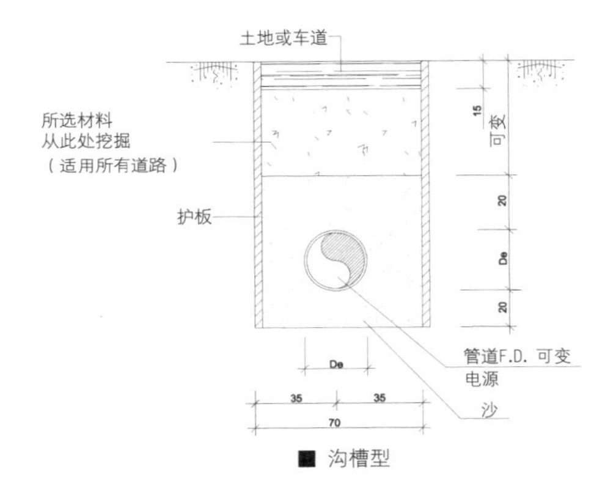
土地或车道
所选材料
从此处挖掘
（适用所有道路）
护板
15
可变
20
De
20
De
35
35
70
管道F.D. 可变
电源
沙

■ 沟槽型

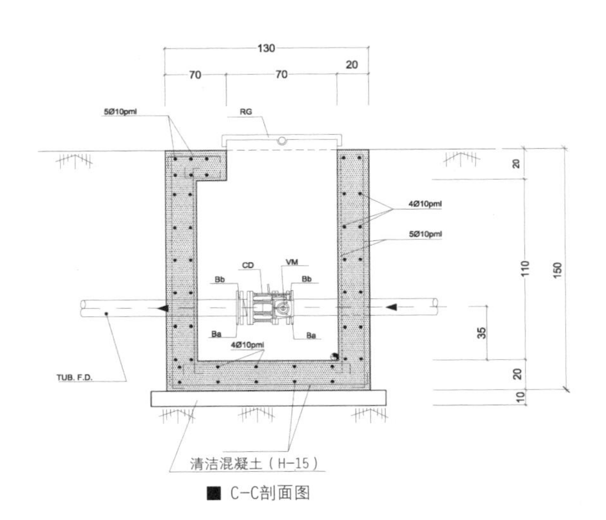
130
70
70
20
5Ø10pml
RG
4Ø10pml
5Ø10pml
CD
VM
Bb
Bb
Ba
Ba
4Ø10pml
TUB. F.D.
20
110
150
35
20
10
清洁混凝土（H-15）

■ C-C剖面图

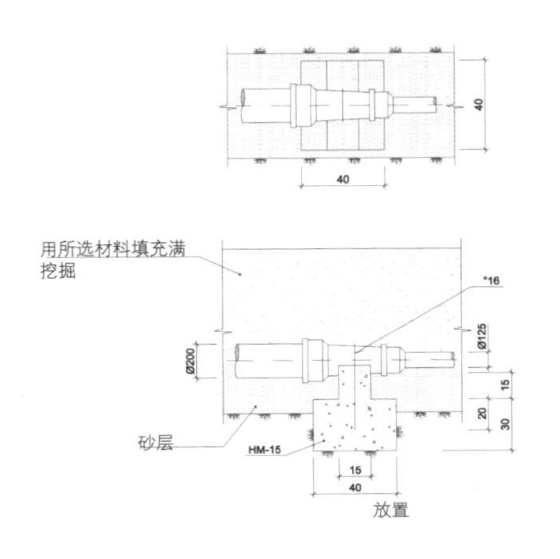
40
40
用所选材料填充满
挖掘
°16
Ø200
Ø125
15
20
30
砂层
HM-15
15
40

放置

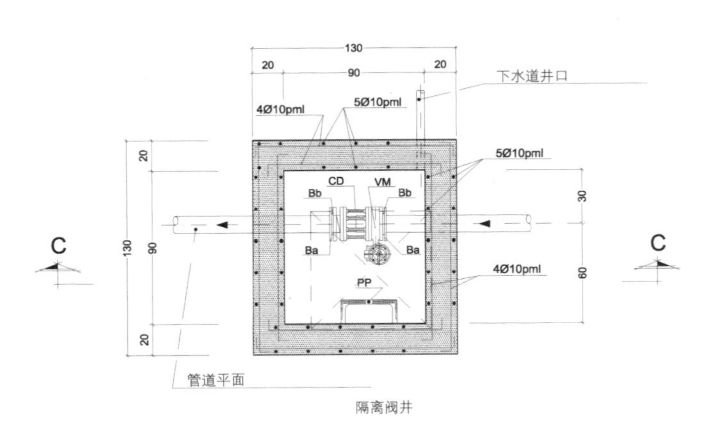
130
20
90
20
下水道井口
4Ø10pml
5Ø10pml
5Ø10pml
CD
VM
Bb
Bb
Ba
Ba
PP
4Ø10pml
C
C
130
20
90
20
30
60
管道平面

隔离阀井

■ 平面图

现行的比例尺寸标准

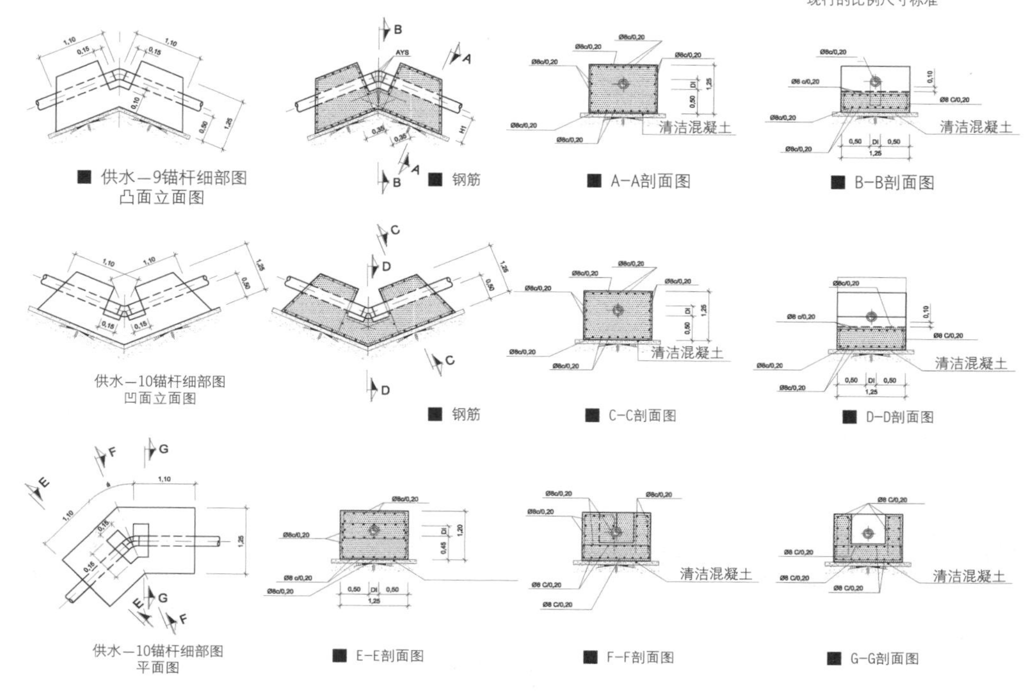

供水—9锚杆细部图
凸面立面图
钢筋
A-A剖面图
B-B剖面图
清洁混凝土
供水—10锚杆细部图
凹面立面图
C-C剖面图
D-D剖面图
供水—10锚杆细部图
平面图
E-E剖面图
F-F剖面图
G-G剖面图

■ 供水—9锚杆细部图 凸面立面图

■ 钢筋

■ A-A剖面图

■ B-B剖面图

供水—10锚杆细部图 凹面立面图

■ 钢筋

■ C-C剖面图

■ D-D剖面图

供水—10锚杆细部图 平面图

■ E-E剖面图

■ F-F剖面图

■ G-G剖面图

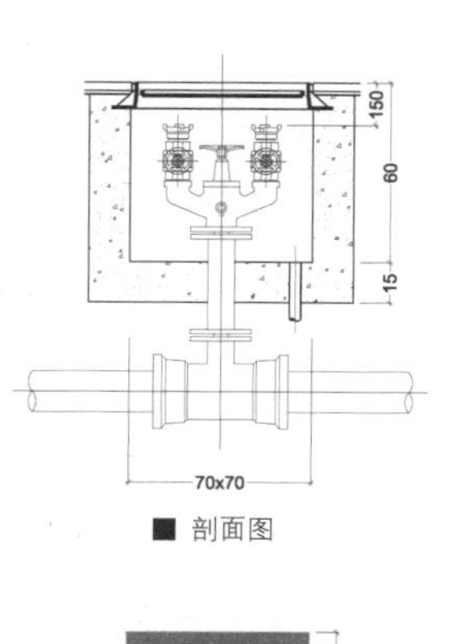

150
60
15
70x70

■ 剖面图

消火栓埋地

公称直径100mm

球墨铸铁主体

关闭阀弹簧座

自动转储设备

输出型号巴塞罗那DN - 70

控制器：轮式

安装在混凝土下水井内

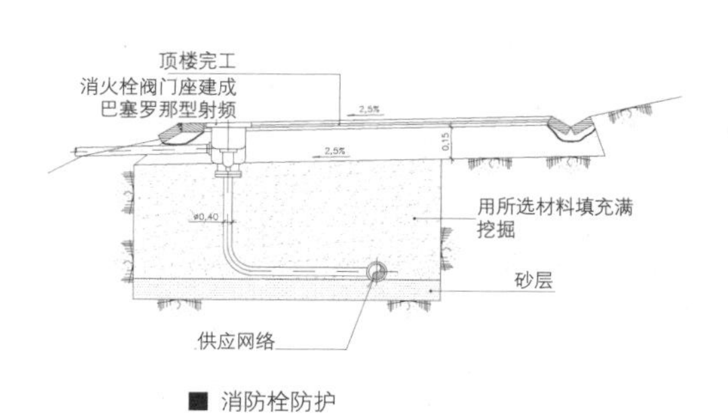

顶楼完工
消火栓阀门座建成
巴塞罗那型射频
2.5%
用所选材料填充满
挖掘
砂层
供应网络

■ 消防栓防护

50

70

消火栓埋地

■ 平面图

西班牙·里韦拉区埃布罗河改造

景观设计: ACXT Architects 摄影师: 艾托·奥兹（Aitor Ortiz）

项目简介
Information

本方案位于Tener í as北部边界，处于Las Fuentes项目覆盖的右河岸，它们一直延伸到未来的堤坝（称作Fray Luis Urbano）的东面，西面是Puente de Hierro（钢铁大桥，建于十九世纪）。这是一个组合型区域，其中包括Echegaray and Caballero步行路和一个位于大街和纵长的埃布罗河之间的公园。

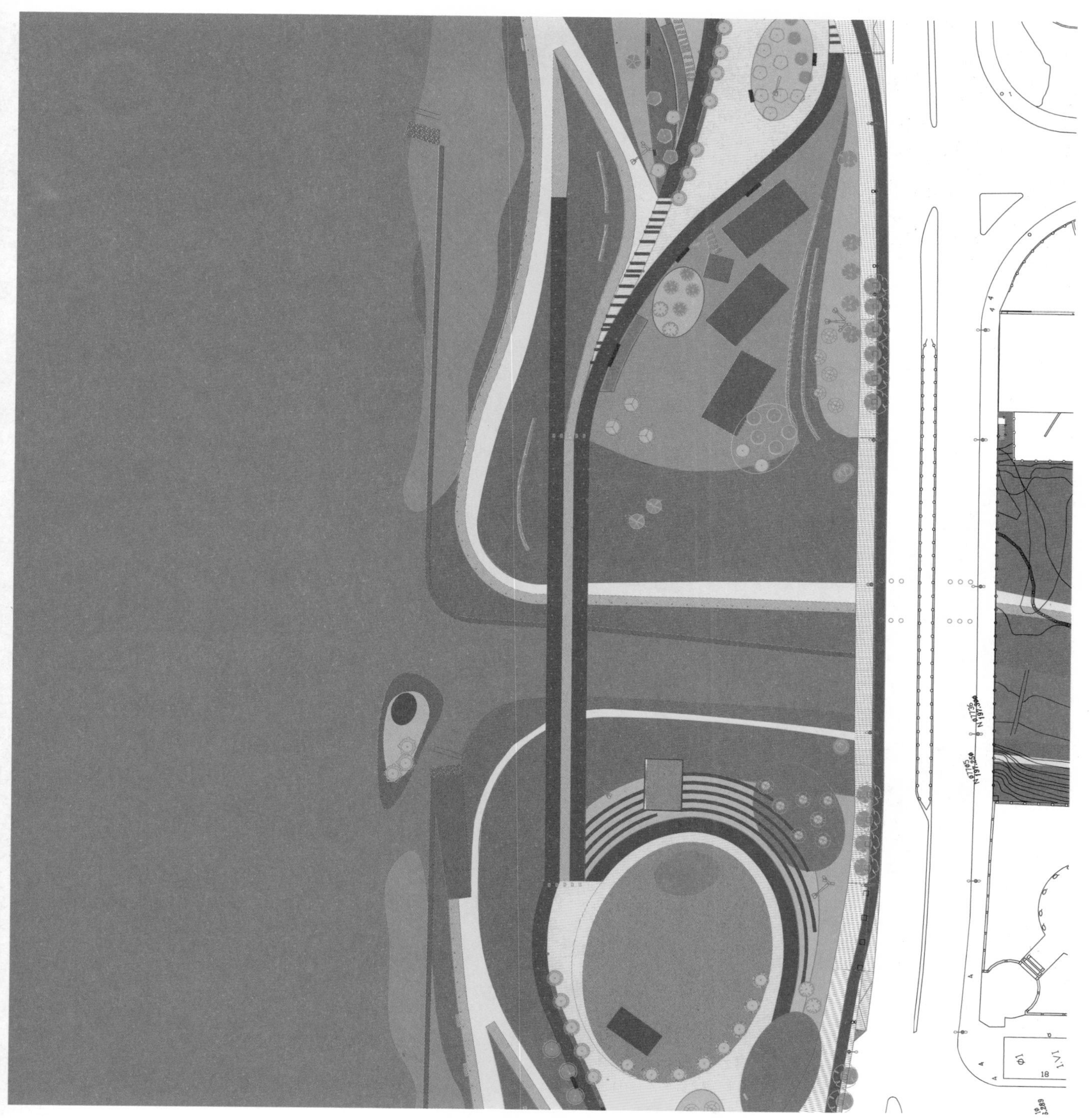

■ 总平面图

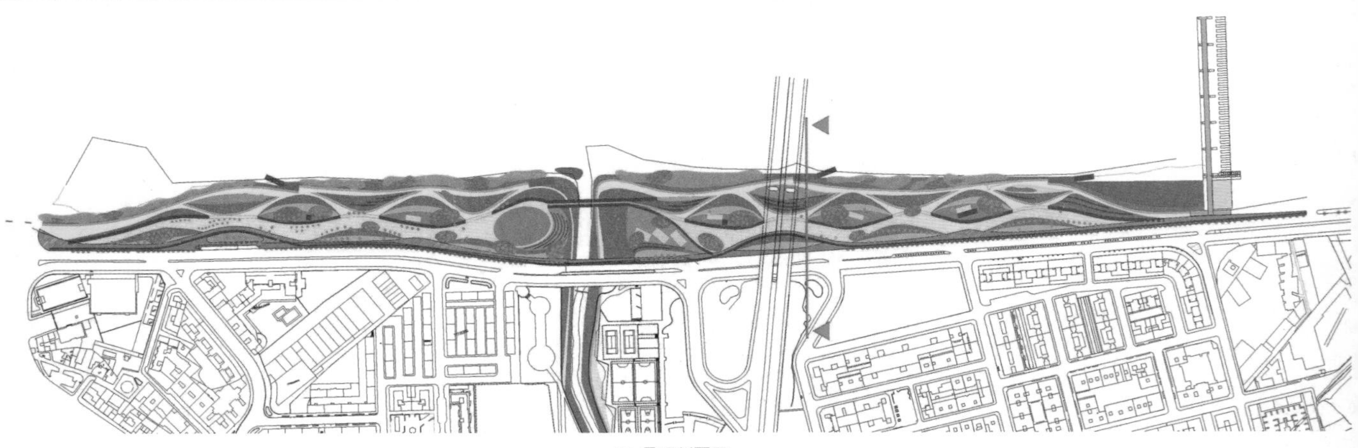

■ 景观剖面图

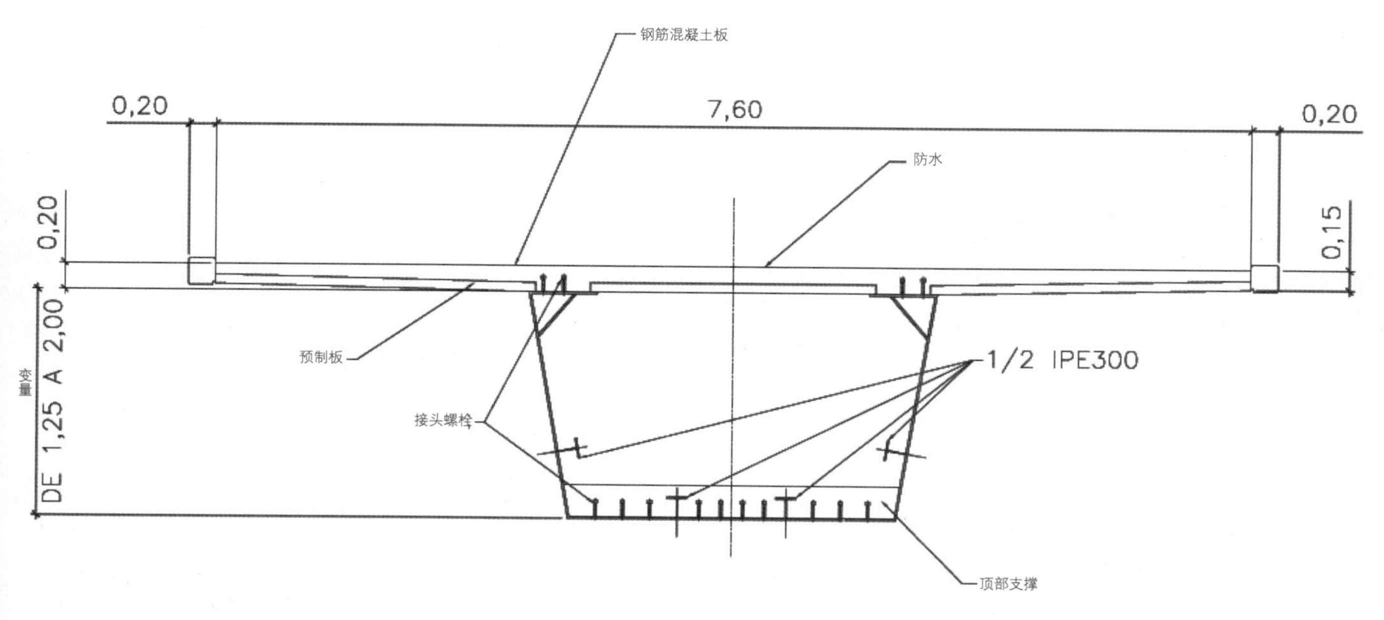
钢筋混凝土板
0,20
7,60
0,20
防水
0,20
0,15
预制板
1/2 IPE300
接头螺栓
DE 1,25 A 2,00
顶部支撑

■ 剖面图

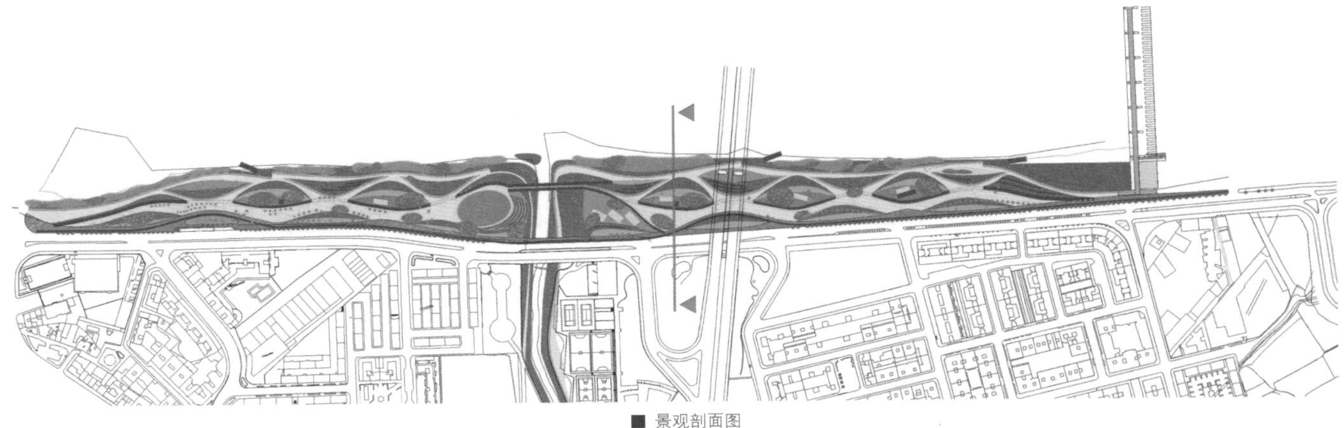

■ 景观剖面图

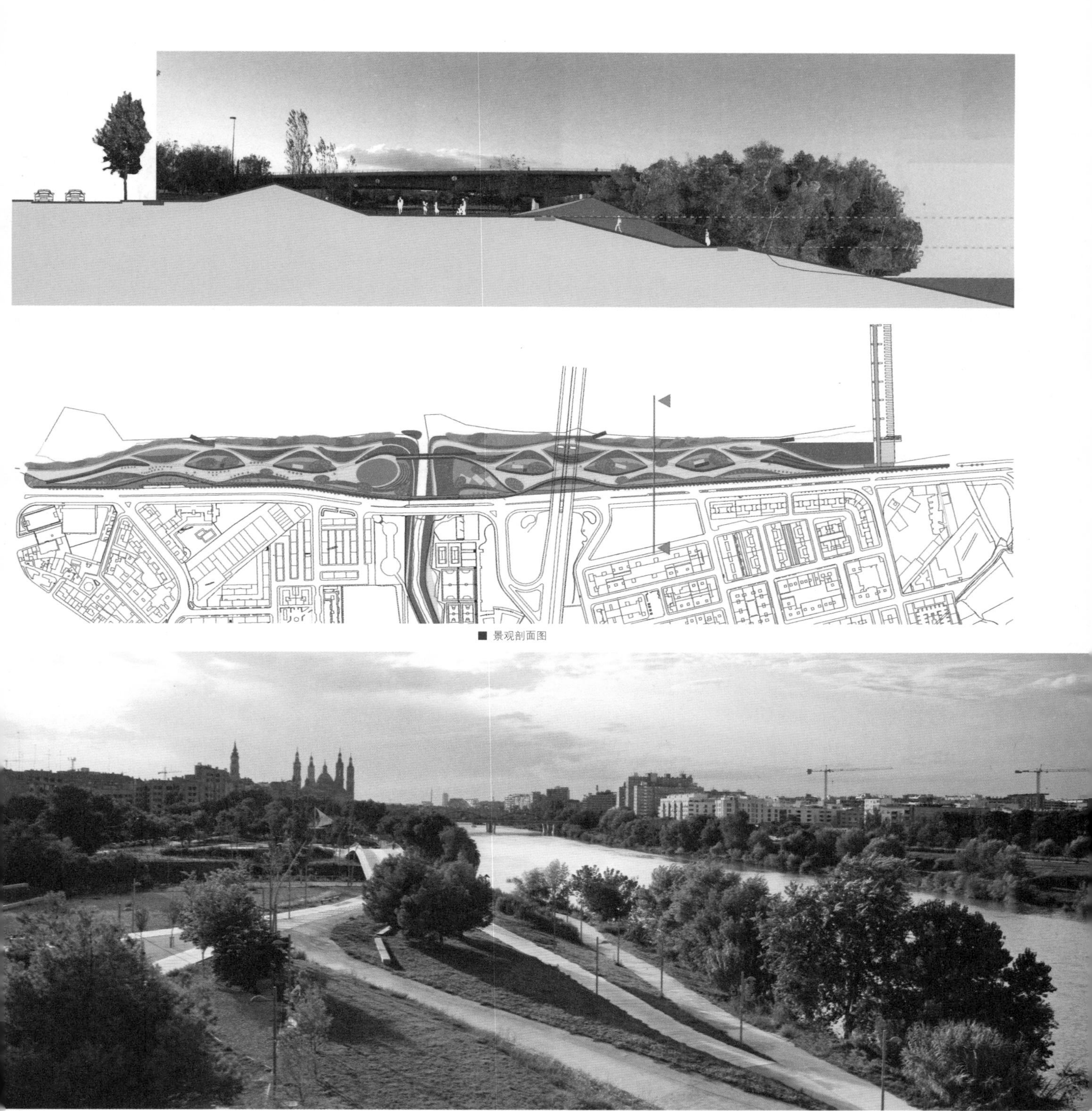

■ 景观剖面图

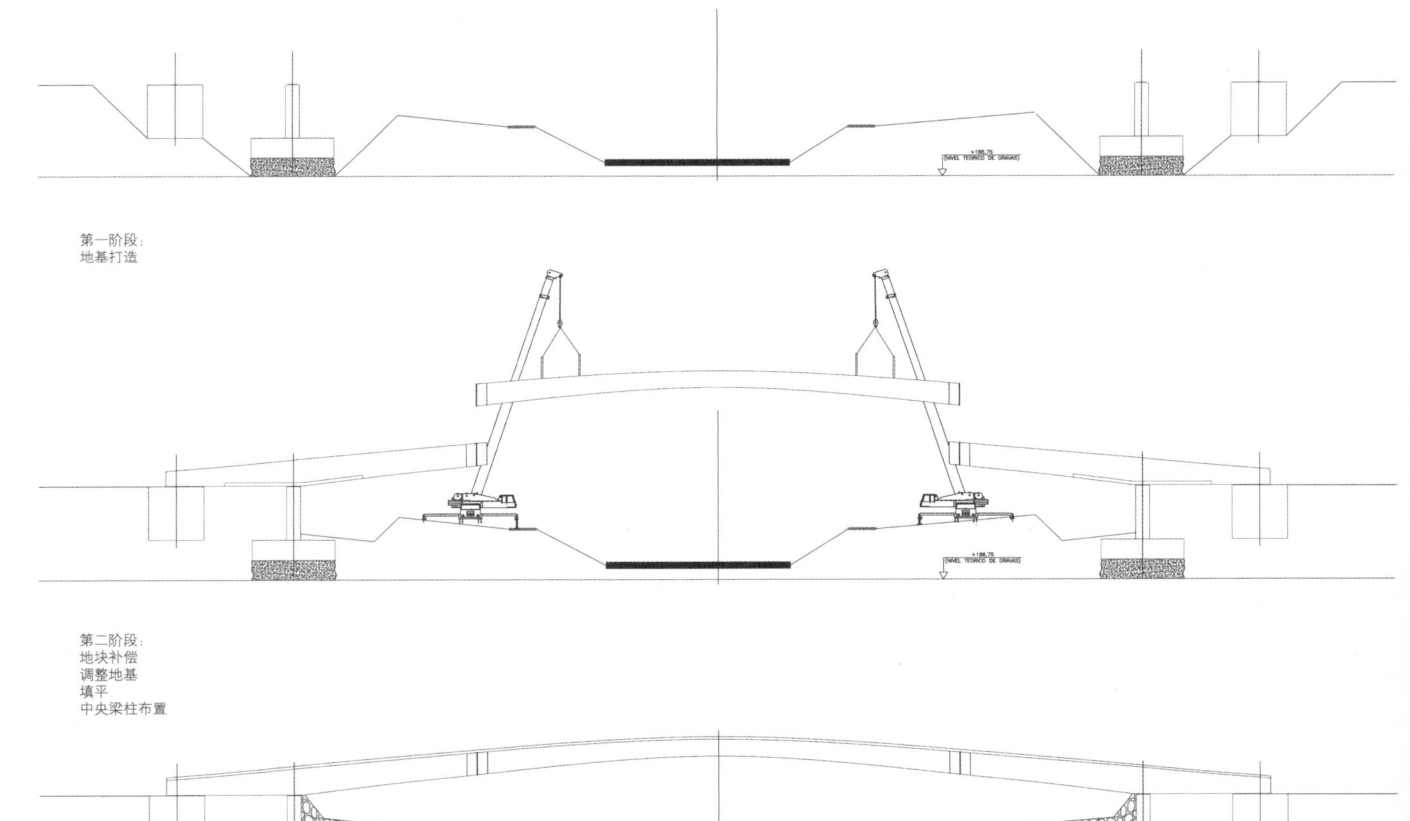
+186,75
(NIVEL TEORICO DE GRAVAS)
第一阶段：
地基打造
+186,75
(NIVEL TEORICO DE GRAVAS)
第二阶段：
地块补偿
调整地基
填平
中央梁柱布置
+186,75
(NIVEL TEORICO DE GRAVAS)

第三阶段：
梁柱焊接
板结构安装
顶部梁柱对齐
抛石保护层

■ 桥梁工程进度示例图

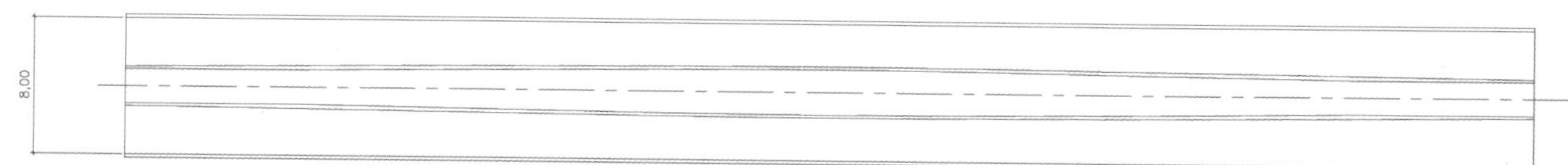
8,00

■ 平面图

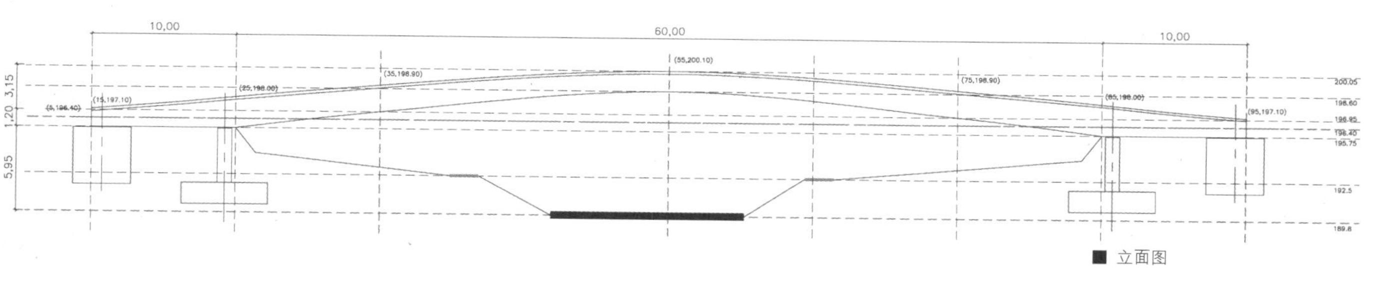
10,00
60,00
10,00
3,15
1,20
5,95
200.05
198.60
196.85
196.40
195.75
192.5
189.8

■ 立面图

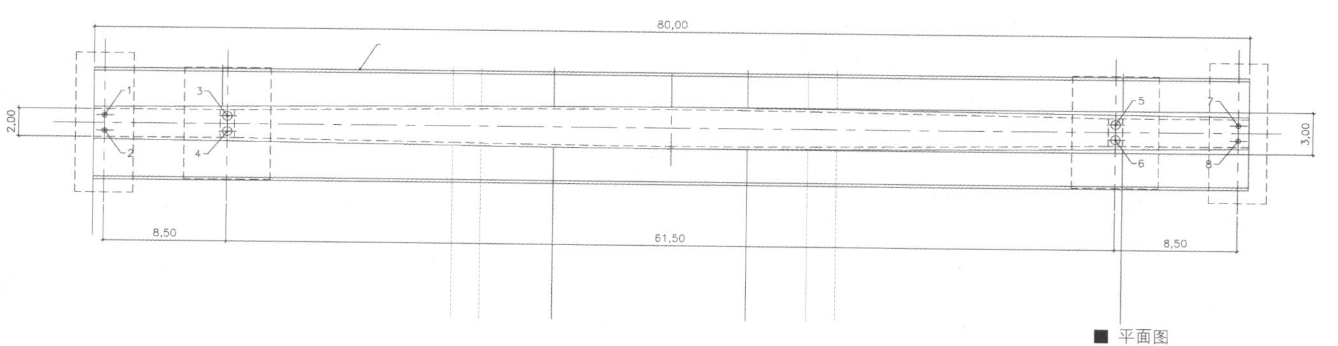
80,00
2,00
3,00
8,50
61,50
8,50

■ 平面图

西班牙·萨里拉公园

景观设计: 佩雷·琼·拉维拉（Pere Joan Ravetllat）, 卡梅·里瓦（Carme Ribas）, 曼纽尔·里瓦·皮埃尔（Manuel Ribas Piera）, 卡洛斯·卡萨摩尔（Carles Casamor）, 马塔·贾伯斯（Marta Gab à s）, 安娜·里瓦（Anna Ribas） 摄影师: 曼达丽娜·克里特沃斯（Mandarina Creativos） 客户: 帕尔玛市议会（Parma City Council）

项目简介
Information

城市公园中的河床及周边环境改造使城市绿地面积显著增加。随着地区面积的扩大，公园的面积在将来还会扩大，因此，它可能成为帕尔马市最大的公园。该公园摆脱了带有软表面的大面积绿地，为城市的其他活动如集会、音乐会、市场提供了场所。公园位于市中心，所处在的位置及其面积和凹陷的地形特点打乱了城市网络的连贯性。

■ 景观平面图

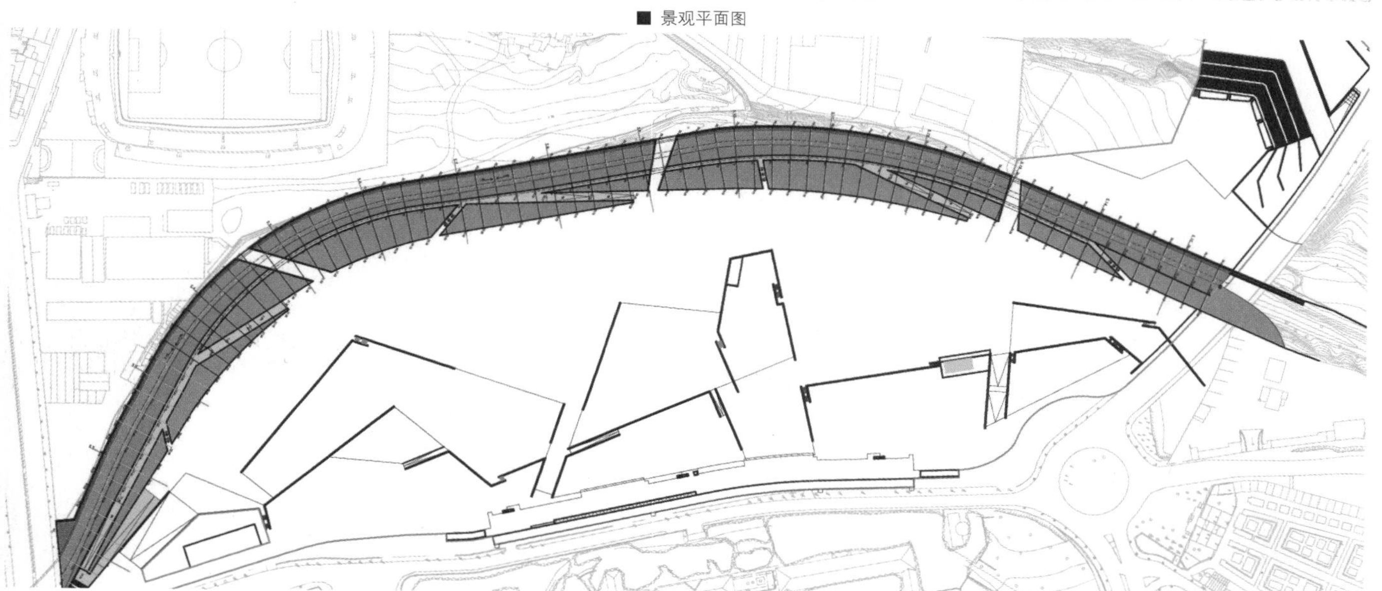

■ 河床工程示意图

■ 工程位置示意图

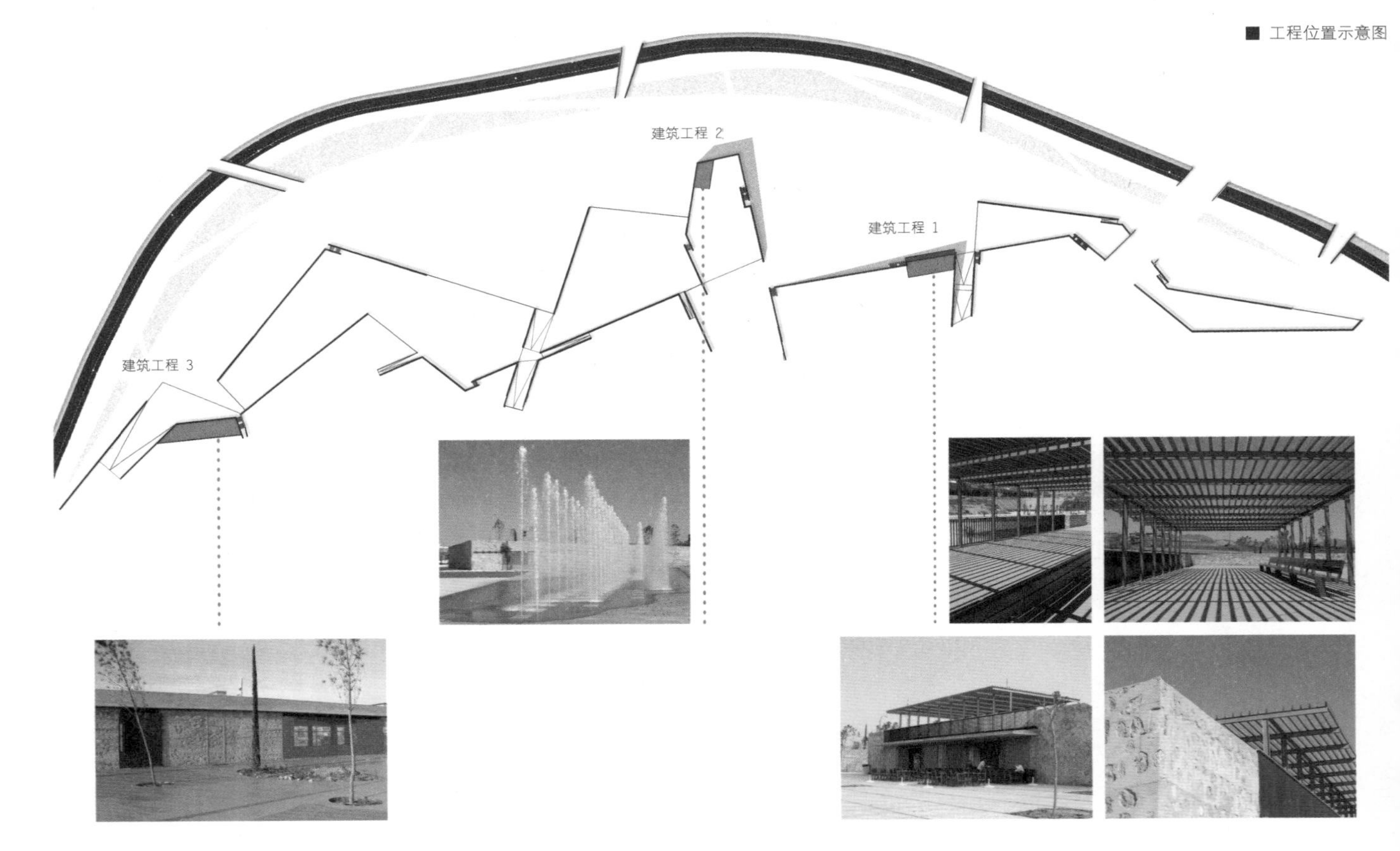
建筑工程 2
建筑工程 1
建筑工程 3

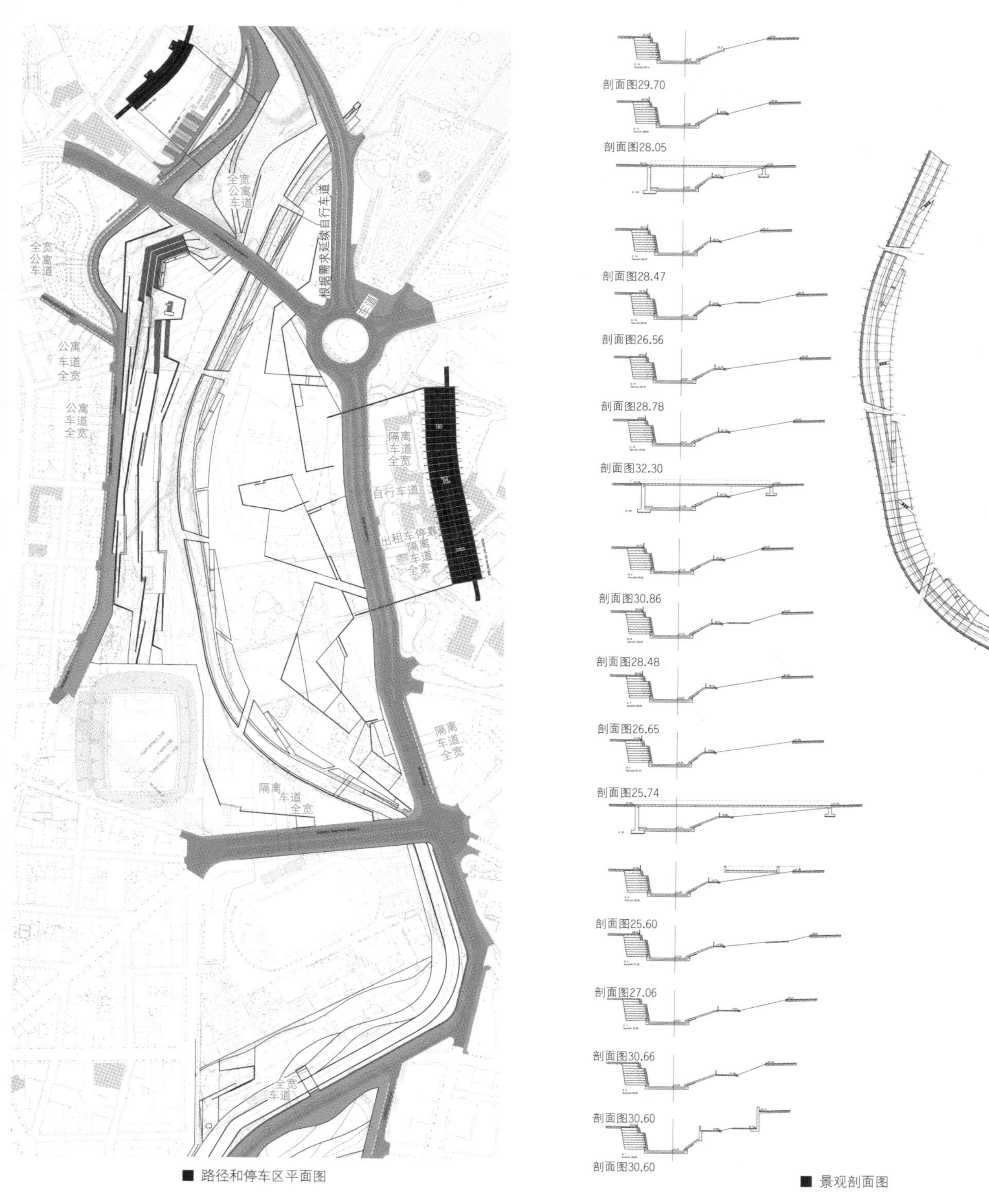
全宽
公寓
车道
根据需求延续自行车道
车道
全宽
公寓
车道
公寓
车道
全宽
公寓
车道
全宽
隔离
车道
全宽
自行车道
出租车停靠
隔离
车道
全宽
隔离
车道
全宽
隔离
车道
全宽
全宽
车道
剖面图29.70
剖面图28.05
剖面图28.47
剖面图26.56
剖面图28.78
剖面图32.30
剖面图30.86
剖面图28.48
剖面图26.65
剖面图25.74
剖面图25.60
剖面图27.06
剖面图30.66
剖面图30.60
剖面图30.60

■ 路径和停车区平面图

■ 景观剖面图

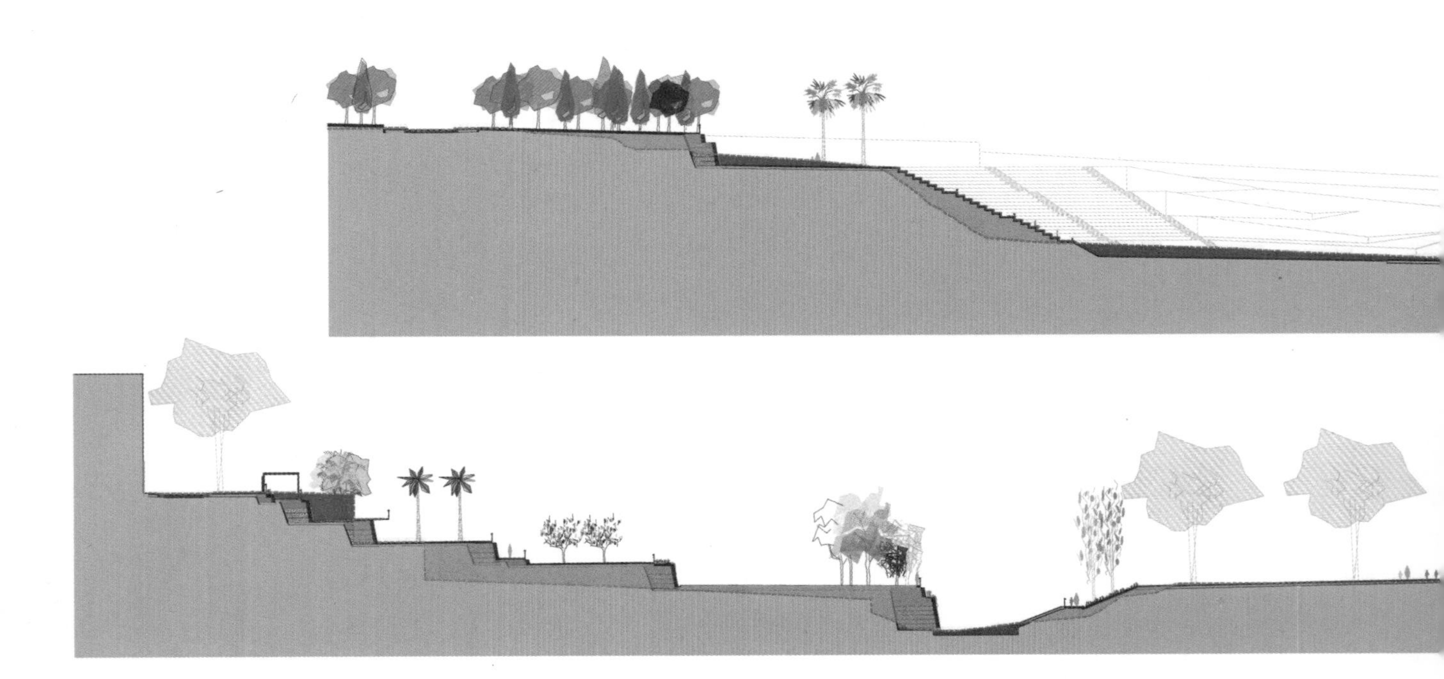

■ 景观总剖面图

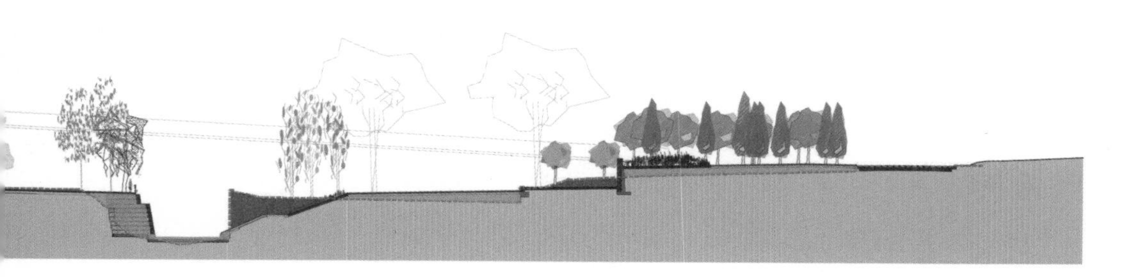

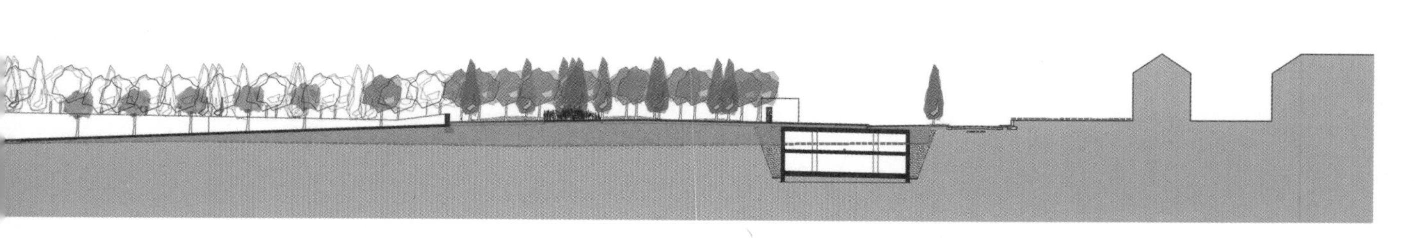

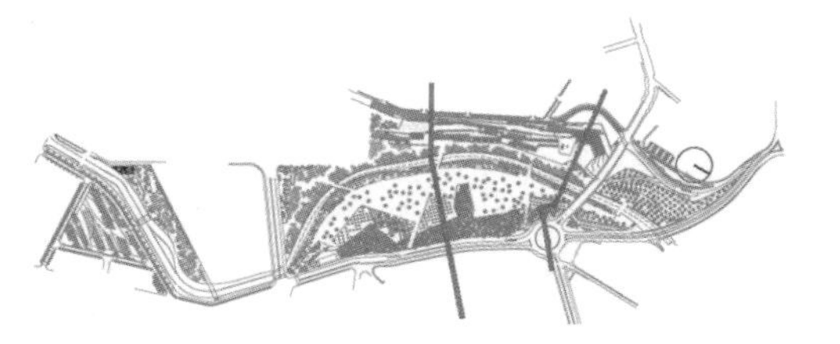

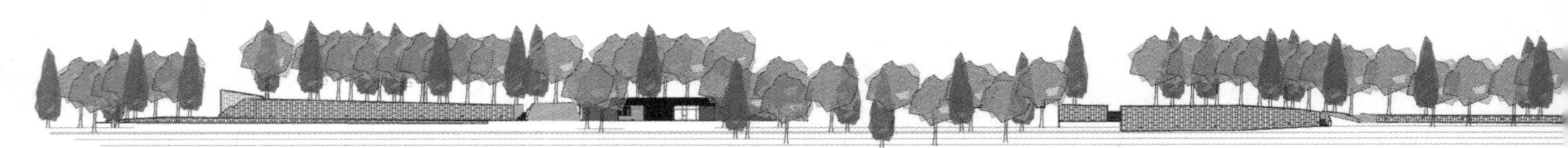

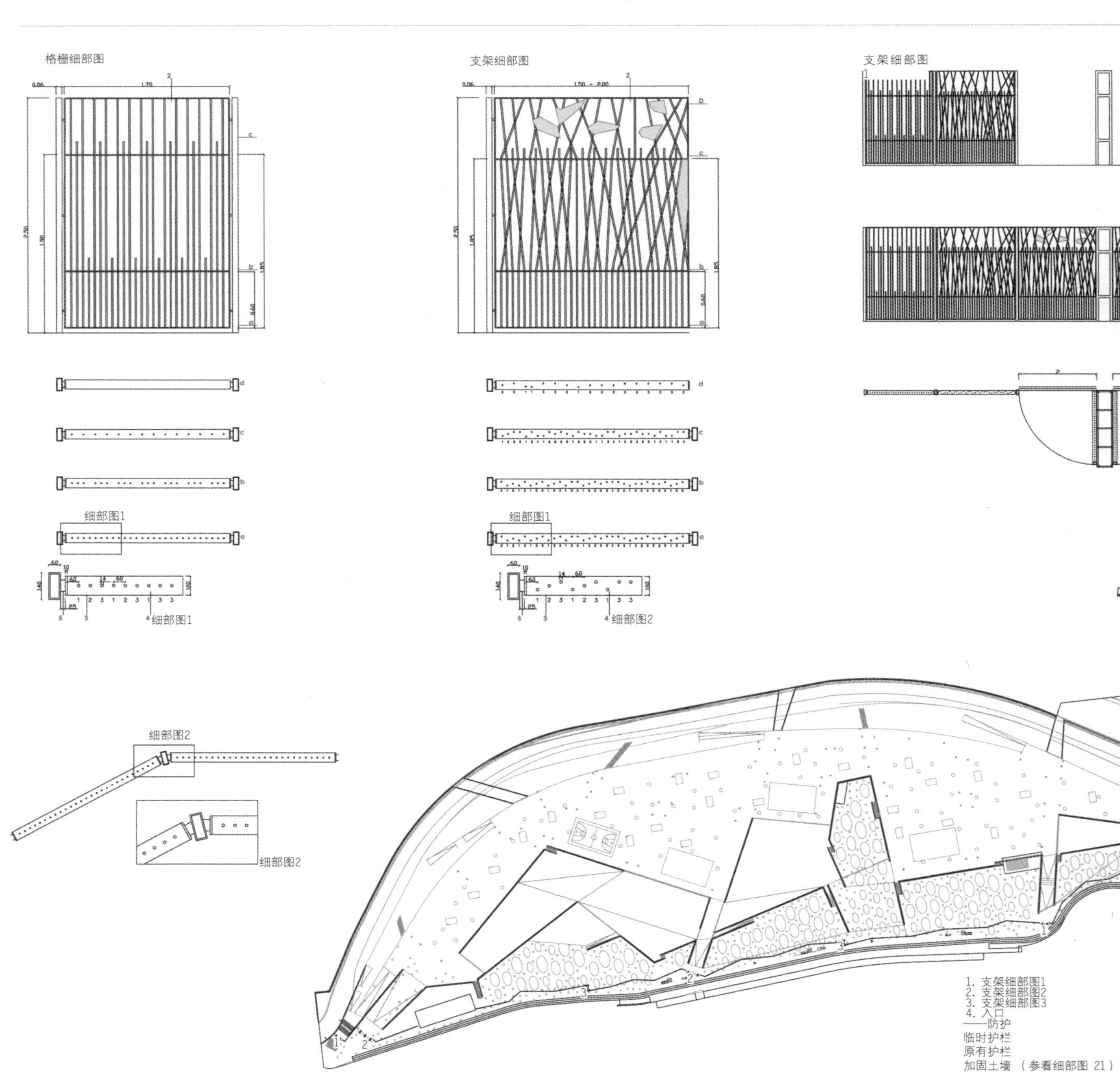
格栅细部图
支架细部图
支架细部图
细部图1
细部图1
细部图1
细部图2
细部图2
细部图2
1. 支架细部图1
2. 支架细部图2
3. 支架细部图3
4. 入口
——防护
临时护栏
原有护栏
加固土墙 （参看细部图 21）

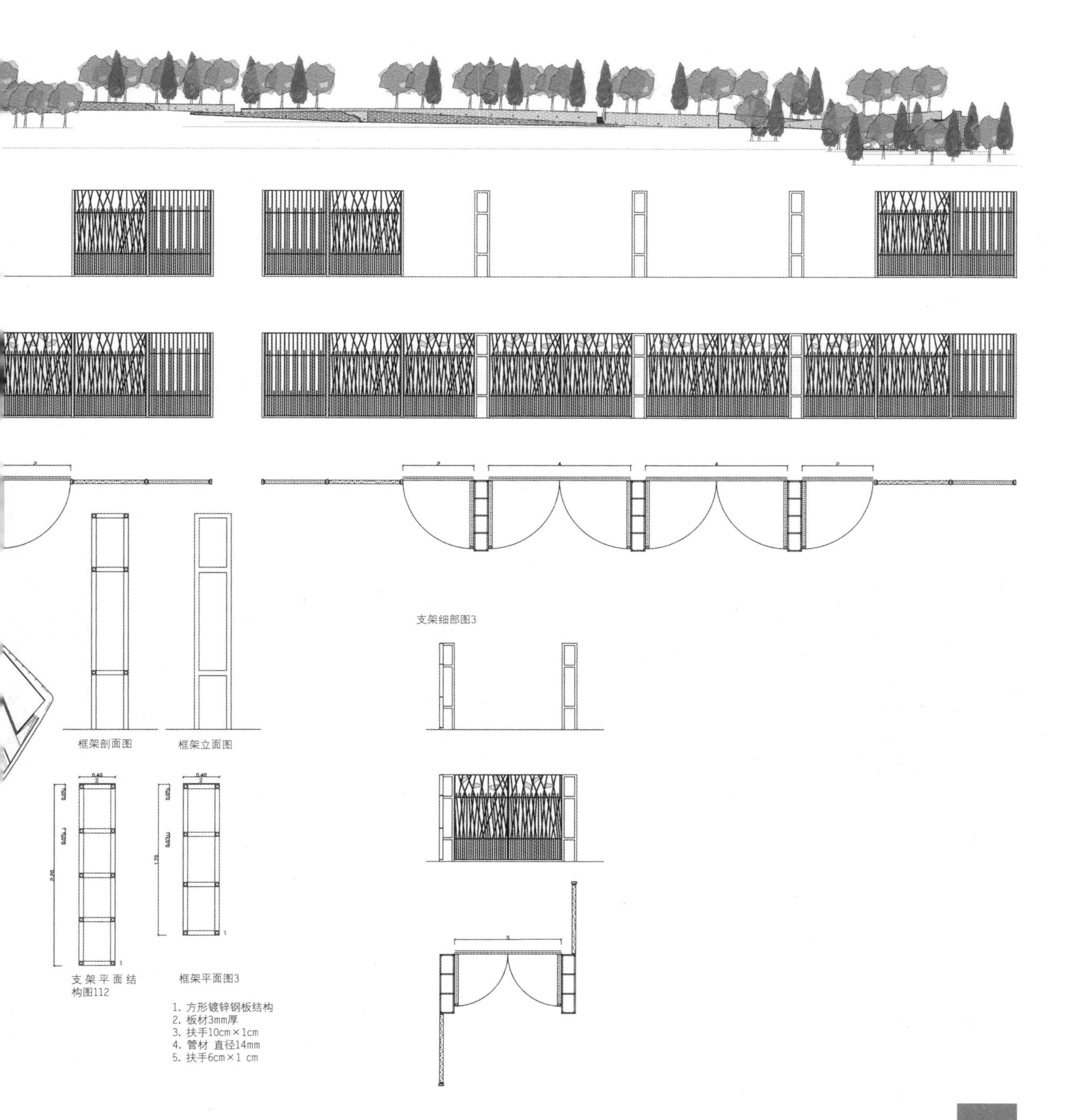
支架细部图3
框架剖面图
框架立面图
支架平面结构图112
框架平面图3
1. 方形镀锌钢板结构
2. 板材3mm厚
3. 扶手10cm×1cm
4. 管材 直径14mm
5. 扶手6cm×1 cm

英国·伍斯特蜂巢图书馆景观设计

景观设计: 格兰特联营公司 (Grant Associates) 摄影师: 格兰特联营公司 (Grant Associates) 客户: 伍斯特城市委员会 (Worcester City Council)

项目简介
Information

蜂巢图书馆的景观设计以融入当地自然景观为基础。这里有塞弗恩河、马尔文山和埃尔加铁路，它们共同构成的景致派生出“希望之土，壮丽之地”的设计主题，可以从三个方面解读：一、令人振奋的自然：景观空间的布局旨在引导访客去体验有益身心健康的大自然，与啾啾鸟鸣、幽幽花香、斑斓色彩、奇趣昆虫做一次亲密接触。二、健康之水，生命之源：向访客展示健康的水源对于生命以及自然生态系统的重要意义。来自大自然的水，不是人造化学物质所能取代的，进而让人们意识到保护水资源的重要性。三、文化与传承：整个设计力求融入当地环境，尤其是该地区的主要交通干线“堤道”。整个园区占地2公顷，包括一系列岛状地带，还有几个观景平台，能够俯瞰下方的两个盆地、“堤道”以及其他一些公路（包括园区周围的和穿过园区的），盆地里是湿地草坪，都是当地植物，生长十分茂盛。

BUS
LANE

Netherton Lane

■ 景观鸟瞰效果图

计划中的硬质停车坪
和景观区域

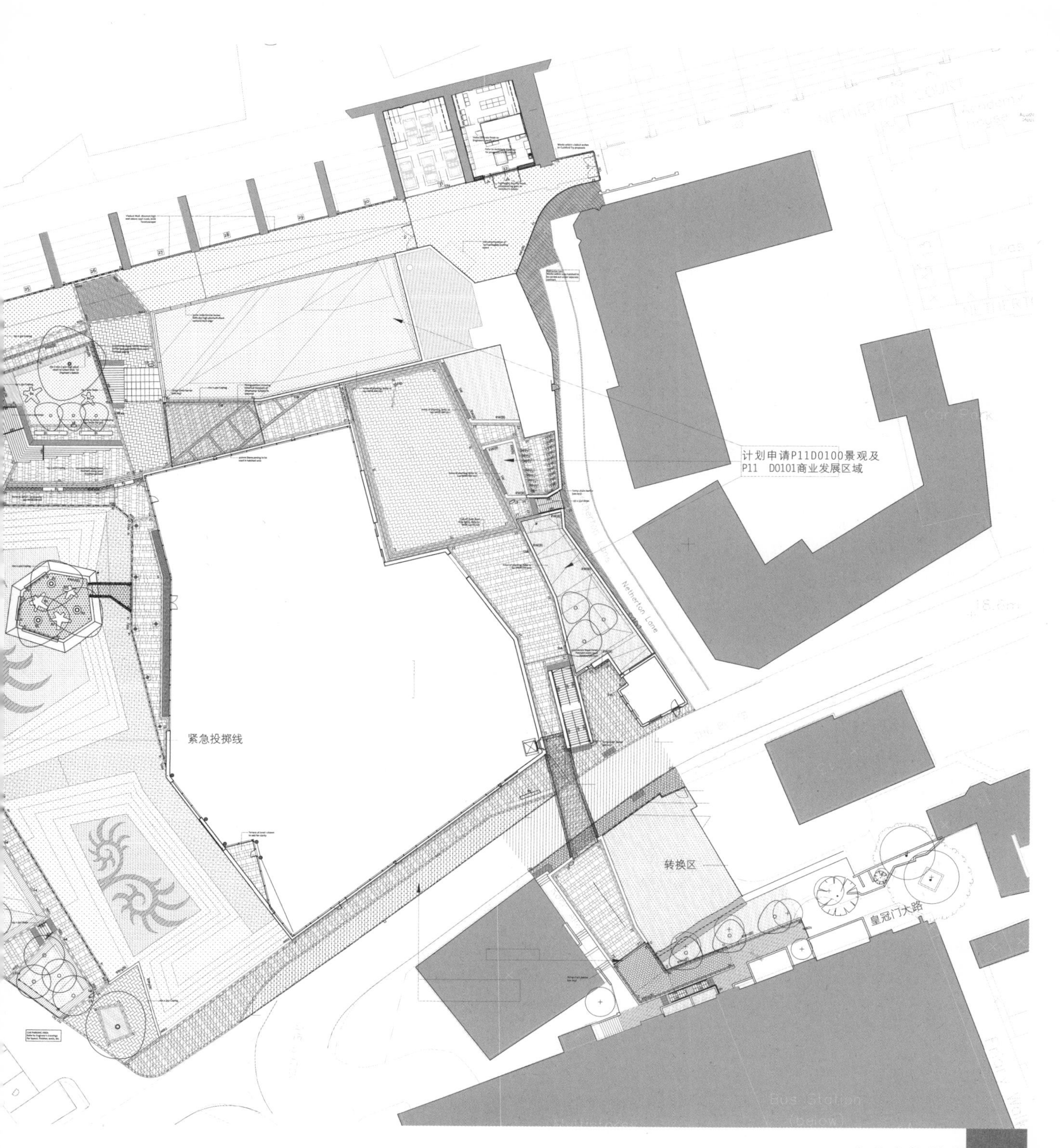
计划申请P11D0100景观及
P11 D0101商业发展区域
紧急投掷线
转换区
皇冠门大路
Netherton Lane
Car Park
Bus Station
(below)

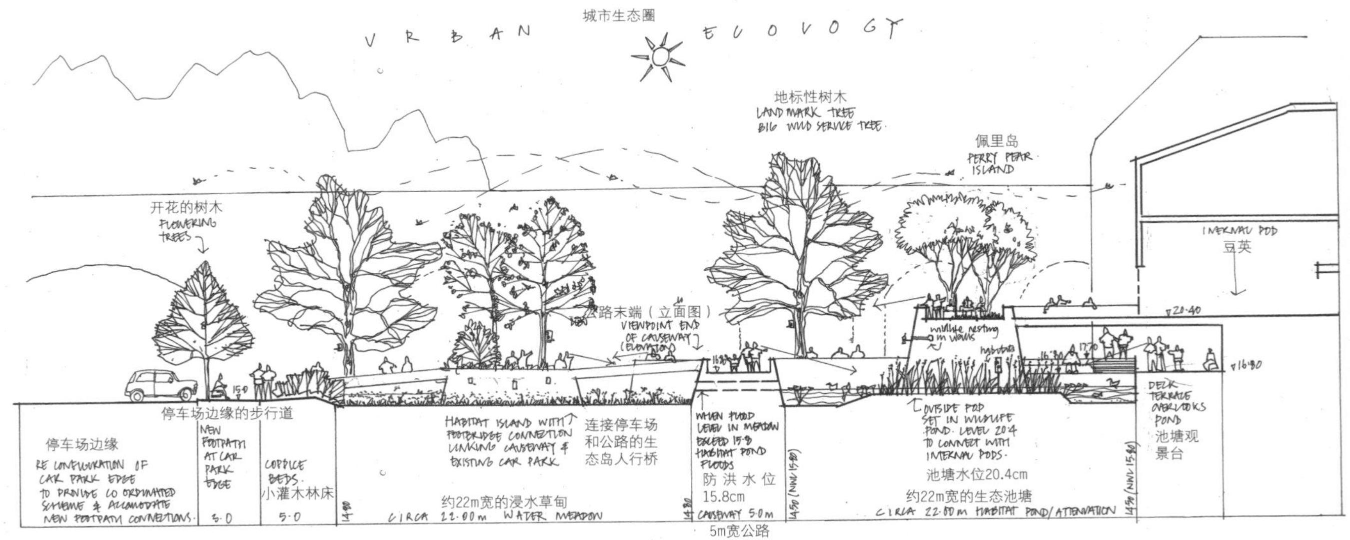

城市生态圈
地标性树木
LAND MARK TREE
佩里岛
开花的树木
FLOWERING TREES
INTERNAL POD
豆荚
公路末端（立面图）
VIEWPOINT END OF CAUSEWAY (ELEVATION)
停车场边缘的步行道
停车场边缘
小灌木林床
约22m宽的浸水草甸
连接停车场和公路的生态岛人行桥
防洪水位15.8cm
5m宽公路
池塘水位20.4cm
约22m宽的生态池塘
池塘观景台

■ 景观剖面扩初图

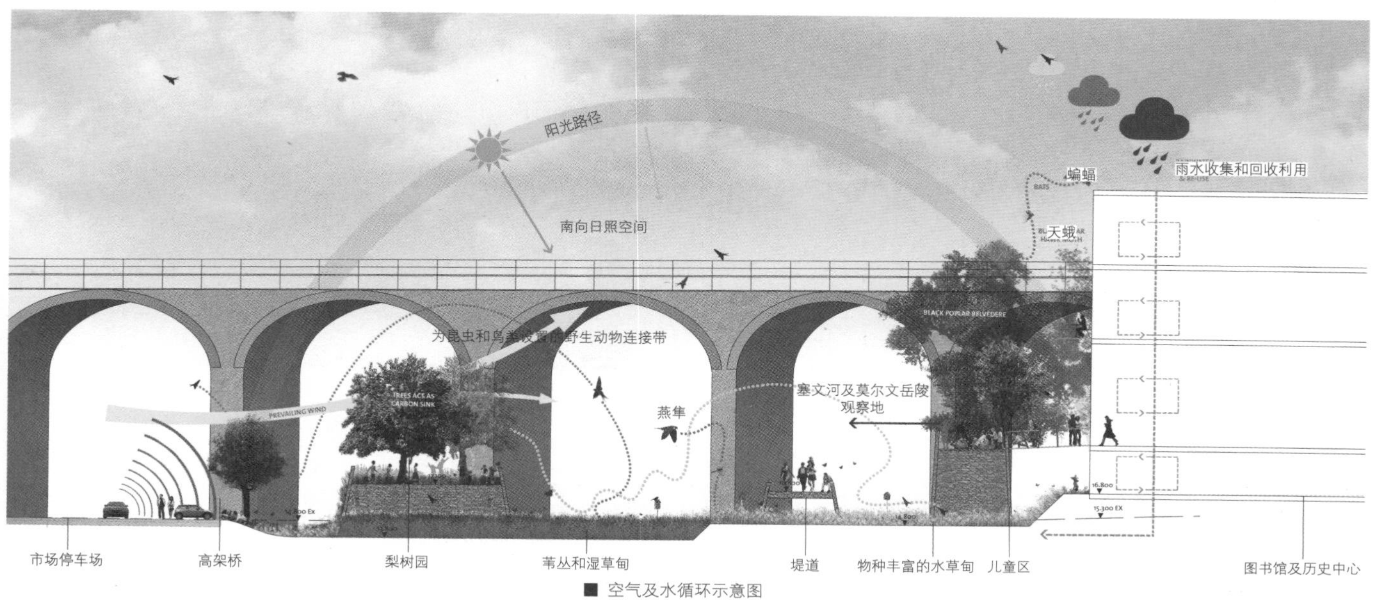
阳光路径
南向日照空间
蝙蝠
BATS
雨水收集和回收利用
天蛾
BLACK POPLAR BELVEDERE
为昆虫和鸟类设置的野生动物连接带
TREES ACT AS CARBON SINK
PREVAILING WIND
燕隼
塞文河及莫尔文岳陵
观察地
16.800
15.300 EX
市场停车场
高架桥
梨树园
苇丛和湿草甸
堤道
物种丰富的水草甸
儿童区
图书馆及历史中心

■ 空气及水循环示意图

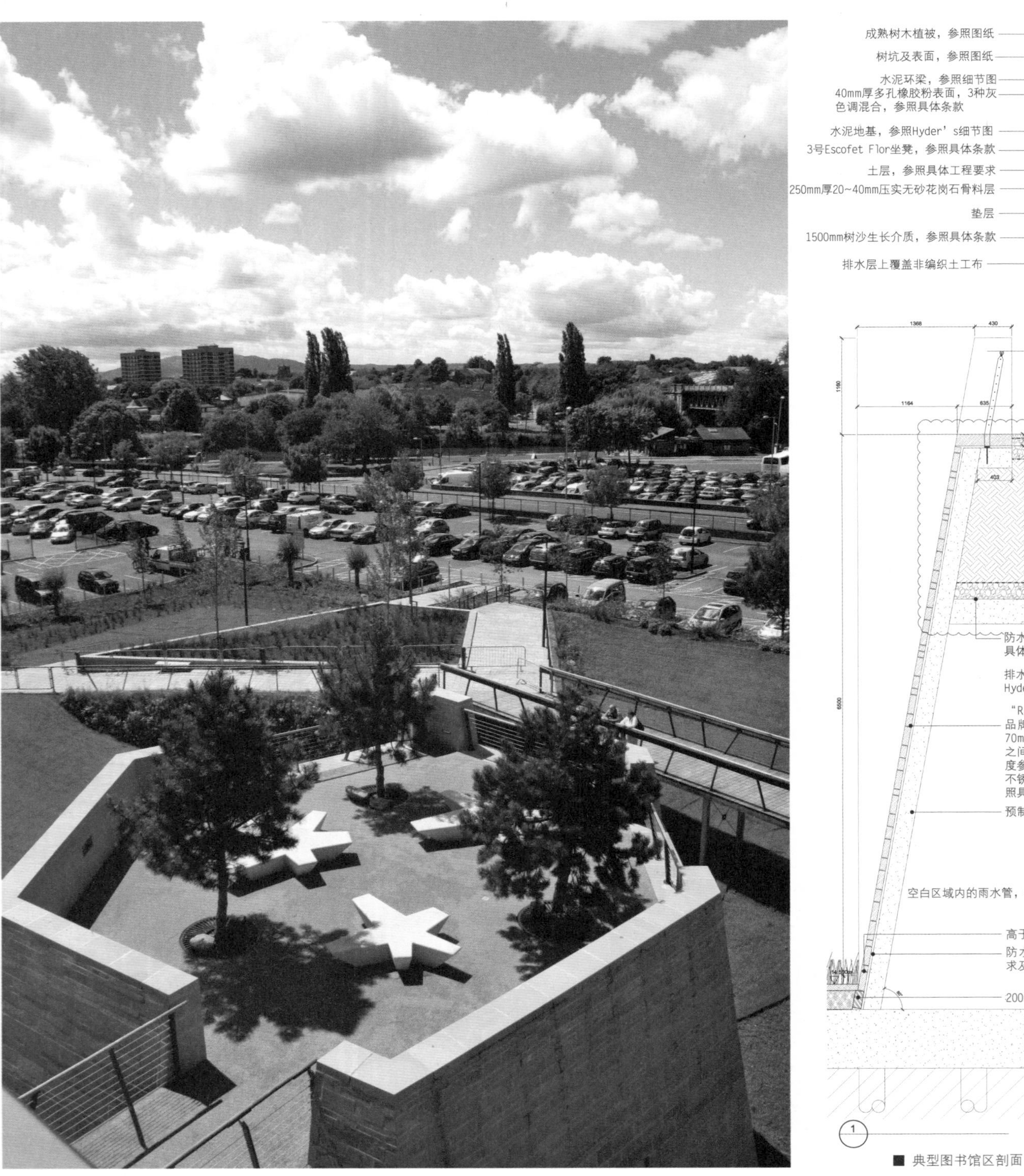
成熟树木植被，参照图纸
树坑及表面，参照图纸
水泥环梁，参照细节图
40mm厚多孔橡胶粉表面，3种灰色调混合，参照具体条款
水泥地基，参照Hyder’s细节图
3号Escofet Flor坐凳，参照具体条款
土层，参照具体工程要求
250mm厚20~40mm压实无砂花岗石骨料层
垫层
1500mm树沙生长介质，参照具体条款
排水层上覆盖非编织土工布
1368
430
1160
1164
635
403
2000
6500
防水设计参照Hyd
具体要求及细节图
排水管通向地基，
Hyder’s细节图
“Royal Forest
品牌锯面石材覆
70mm×146mm×2
之间有6mm线缝连
度参照图纸。水泥
不锈钢瓷砖，每三
照具体要求
预制混凝土板，参
空白区域内的雨水管，参照工程细节
高于地面层150mm
防水设计参照具
求及细节图
200mm切块
1
■ 典型图书馆区剖面

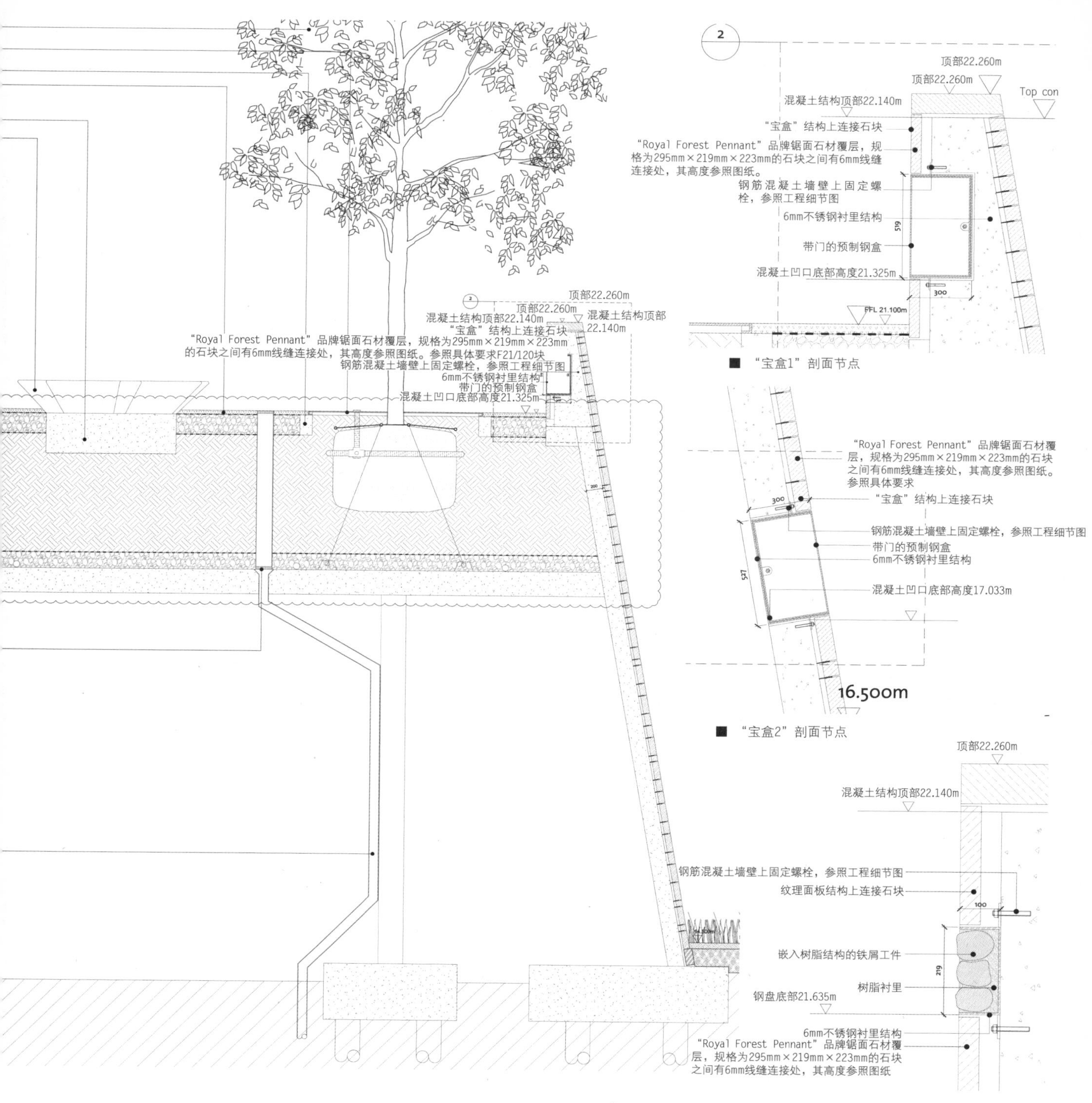
顶部22.260m
顶部22.260m
混凝土结构顶部22.140m
"宝盒"结构上连接石块
"Royal Forest Pennant"品牌锯面石材覆层，规格为295mm×219mm×223mm的石块之间有6mm线缝连接处，其高度参照图纸。参照具体要求F21/120块
钢筋混凝土墙壁上固定螺栓，参照工程细节图
6mm不锈钢衬里结构
带门的预制钢盒
混凝土凹口底部高度21.325m
混凝土结构顶部22.140m
顶部22.260m
顶部22.260m
Top con
混凝土结构顶部22.140m
"宝盒"结构上连接石块
"Royal Forest Pennant"品牌锯面石材覆层，规格为295mm×219mm×223mm的石块之间有6mm线缝连接处，其高度参照图纸。
钢筋混凝土墙壁上固定螺栓，参照工程细节图
6mm不锈钢衬里结构
带门的预制钢盒
混凝土凹口底部高度21.325m
FFL 21.100m
"Royal Forest Pennant"品牌锯面石材覆层，规格为295mm×219mm×223mm的石块之间有6mm线缝连接处，其高度参照图纸。参照具体要求
"宝盒"结构上连接石块
钢筋混凝土墙壁上固定螺栓，参照工程细节图
带门的预制钢盒
6mm不锈钢衬里结构
混凝土凹口底部高度17.033m
16.500m
顶部22.260m
混凝土结构顶部22.140m
钢筋混凝土墙壁上固定螺栓，参照工程细节图
纹理面板结构上连接石块
嵌入树脂结构的铁屑工件
树脂衬里
钢盘底部21.635m
6mm不锈钢衬里结构
"Royal Forest Pennant"品牌锯面石材覆层，规格为295mm×219mm×223mm的石块之间有6mm线缝连接处，其高度参照图纸

■ "宝盒1"剖面节点

■ "宝盒2"剖面节点

■ 节点剖面图

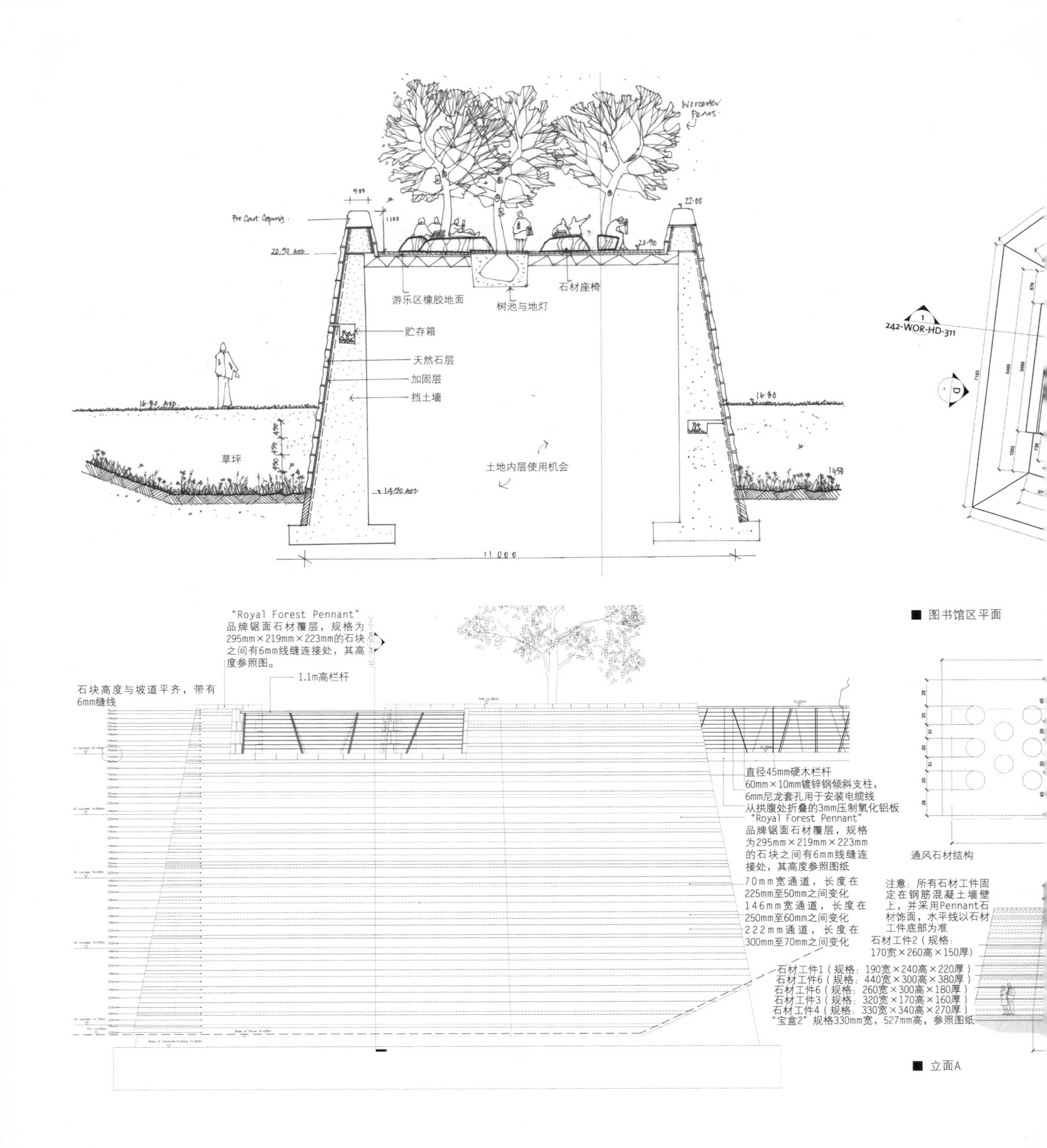

Worcester Pears
Pre Cast Coping
20.90 AOD
22.00
21.90
16.90 AOD
16.90
14.50 AOD
1450
11 000
游乐区橡胶地面
树池与地灯
石材座椅
贮存箱
天然石层
加固层
挡土墙
草坪
土地内层使用机会
242-WOR-HD-311
"Royal Forest Pennant"
品牌锯面石材覆层，规格为
295mm×219mm×223mm的石块
之间有6mm线缝连接处，其高
度参照图。
1.1m高栏杆
石块高度与坡道平齐，带有
6mm缝线
直径45mm硬木栏杆
60mm×10mm镀锌钢倾斜支柱，
6mm尼龙套孔用于安装电缆线
从拱腹处折叠的3mm压制氧化铝板
"Royal Forest Pennant"
品牌锯面石材覆层，规格
为295mm×219mm×223mm
的石块之间有6mm线缝连
接处，其高度参照图纸
70mm宽通道，长度在
225mm至50mm之间变化
146mm宽通道，长度在
250mm至60mm之间变化
222mm通道，长度在
300mm至70mm之间变化
注意：所有石材工件固
定在钢筋混凝土墙壁
上，并采用Pennant石
材饰面，水平线以石材
工件底部为准
石材工件2（规格：
170宽×260高×150厚）
石材工件1（规格：190宽×240高×220厚）
石材工件6（规格：440宽×300高×380厚）
石材工件6（规格：260宽×300高×180厚）
石材工件3（规格：320宽×170高×160厚）
石材工件4（规格：330宽×340高×270厚）
"宝盒2"规格330mm宽，527mm高，参照图纸
通风石材结构

■ 图书馆区平面

■ 立面A

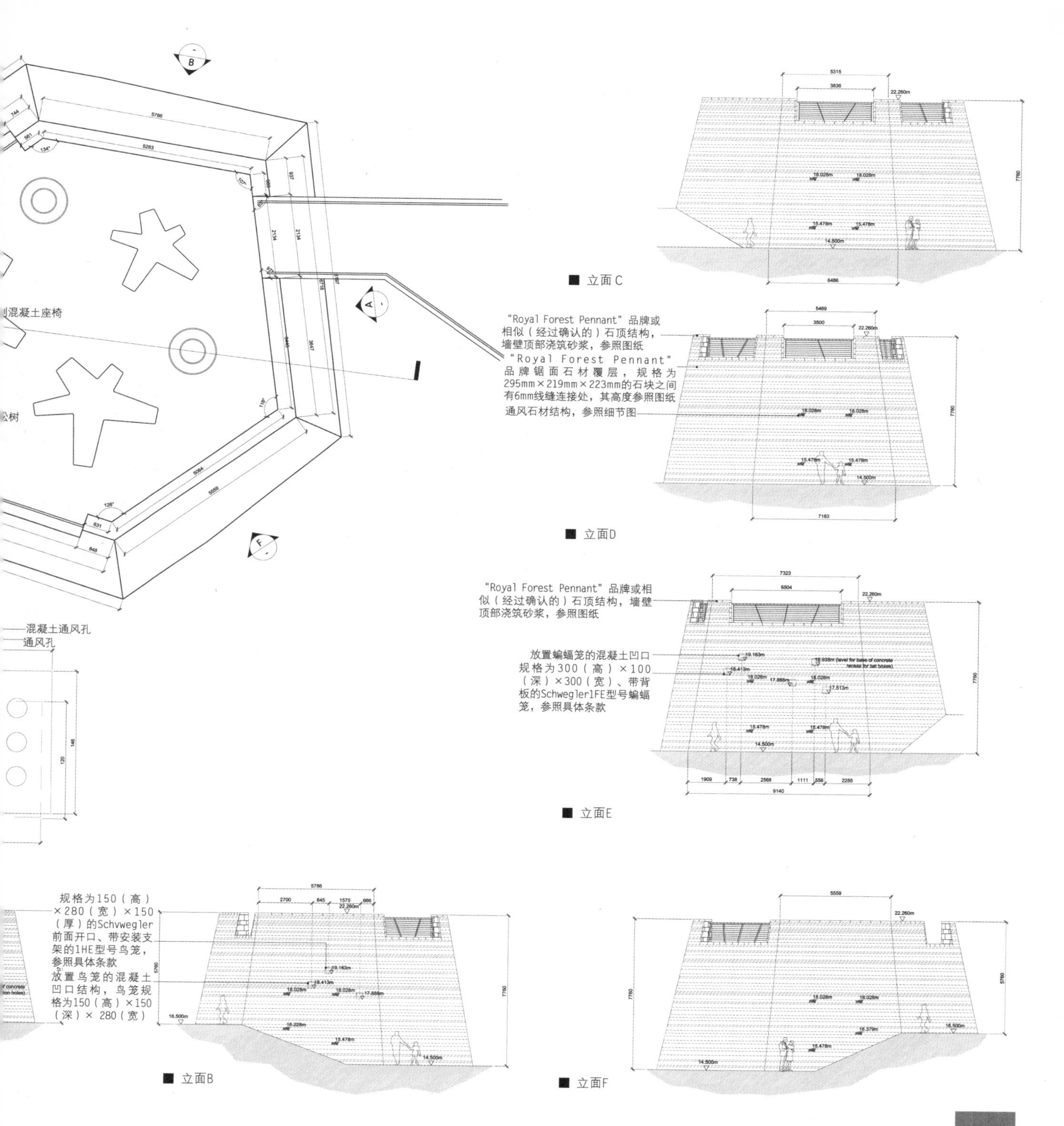

混凝土座椅
松树
混凝土通风孔
通风孔
“Royal Forest Pennant”品牌或相似（经过确认的）石顶结构，墙壁顶部浇筑砂浆，参照图纸
“Royal Forest Pennant”品牌锯面石材覆层，规格为295mm×219mm×223mm的石块之间有6mm线缝连接处，其高度参照图纸
通风石材结构，参照细节图
“Royal Forest Pennant”品牌或相似（经过确认的）石顶结构，墙壁顶部浇筑砂浆，参照图纸
放置蝙蝠笼的混凝土凹口规格为300（高）×100（深）×300（宽）、带背板的Schwegler1FE型号蝙蝠笼，参照具体条款
规格为150（高）×280（宽）×150（厚）的Schvwegler前面开口、带安装支架的1HE型号鸟笼，参照具体条款
放置鸟笼的混凝土凹口结构，鸟笼规格为150（高）×150（深）×280（宽）

■ 立面C

■ 立面D

■ 立面E

■ 立面B

■ 立面F

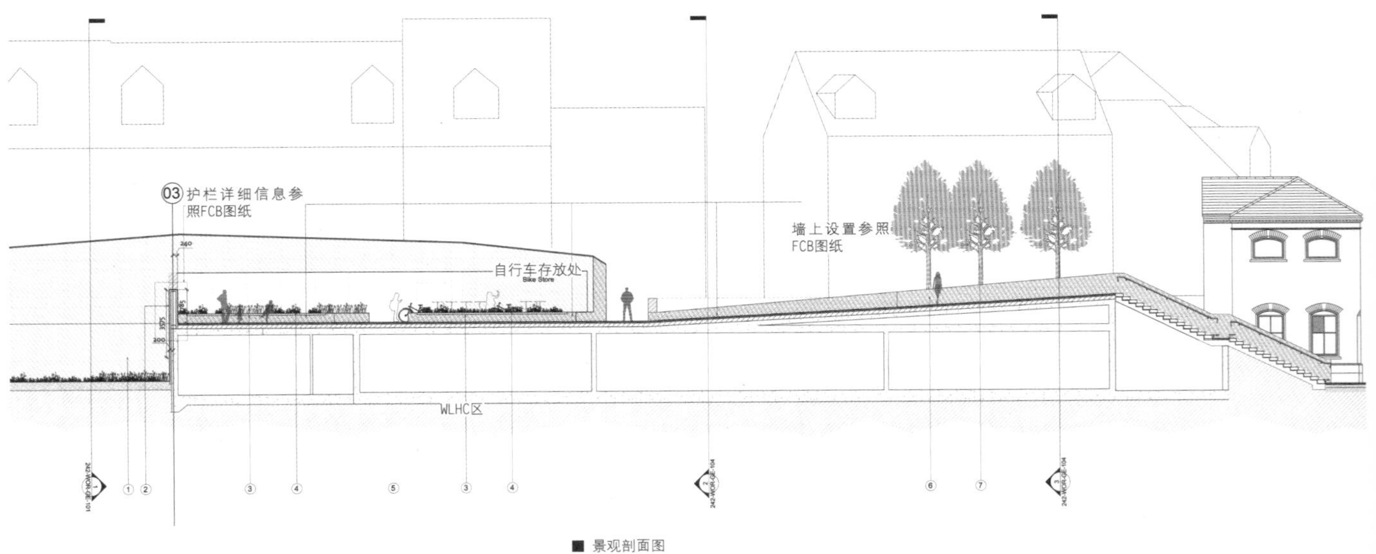
03 护栏详细信息参照FCB图纸
自行车存放处
Bike Store
墙上设置参照FCB图纸
WLHC区

■ 景观剖面图

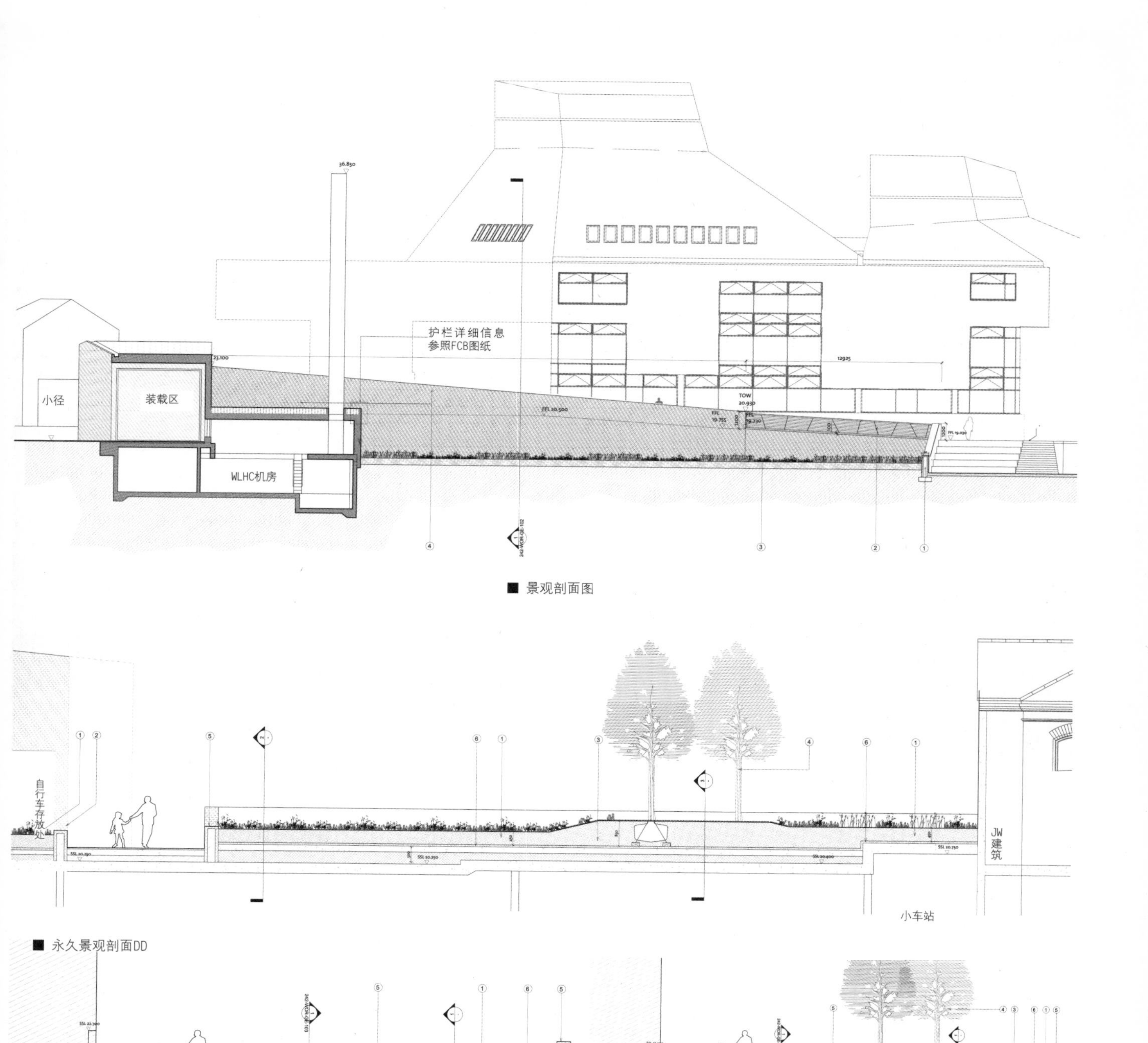
护栏详细信息
参照FCB图纸
小径
装载区
WLHC机房
自行车存放处
JW建筑
小车站

■ 景观剖面图

■ 永久景观剖面DD

■ 永久景观剖面EE

■ 永久景观剖面FF

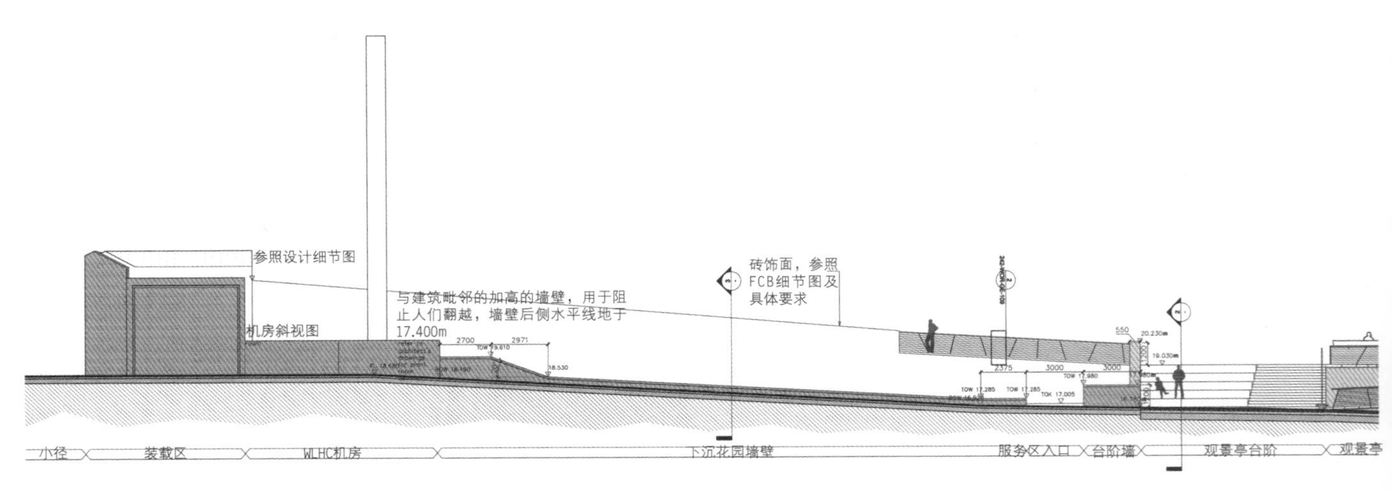
参照设计细节图
与建筑毗邻的加高的墙壁，用于阻止人们翻越，墙壁后侧水平线地于17.400m
机房斜视图
砖饰面，参照FCB细节图及具体要求
2700
2971
18.530
2375
3000
3000
550
20.230m
19.030m
TOW 17.285
TOW 17.285
TOK 17.005
TOW 17.980
小径
装载区
WLHC机房
下沉花园墙壁
服务区入口
台阶墙
观景亭台阶
观景亭

■ 剖面GG

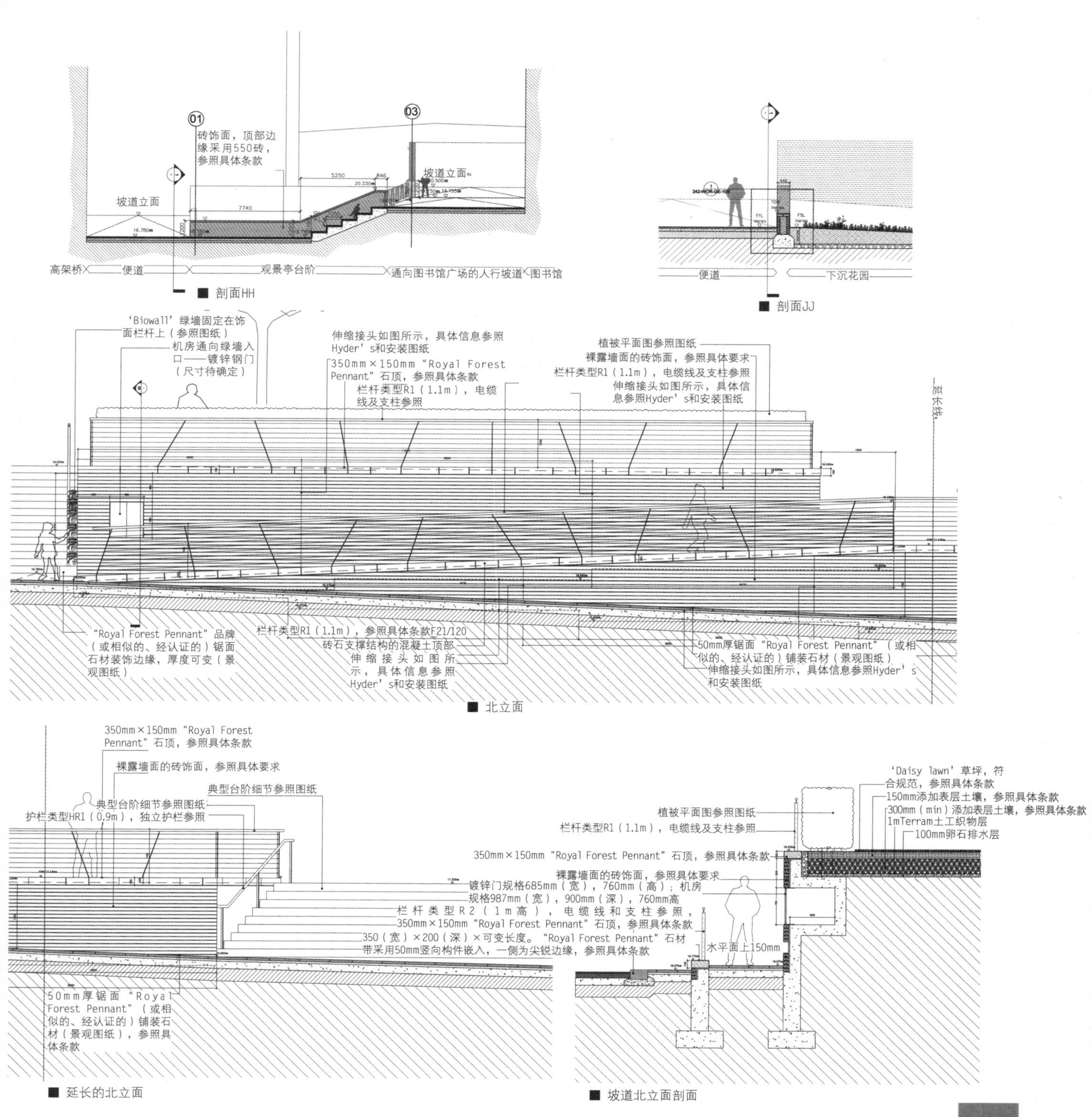

砖饰面，顶部边缘采用550砖，参照具体条款
坡道立面
坡道立面
高架桥
便道
观景亭台阶
通向图书馆广场的人行坡道
图书馆
便道
下沉花园
'Biowall'绿墙固定在饰面栏杆上（参照图纸）
机房通向绿墙入口——镀锌钢门（尺寸待确定）
伸缩接头如图所示，具体信息参照Hyder's和安装图纸
350mm×150mm "Royal Forest Pennant" 石顶，参照具体条款
栏杆类型R1（1.1m），电缆线及支柱参照
植被平面图参照图纸
裸露墙面的砖饰面，参照具体要求
栏杆类型R1（1.1m），电缆线及支柱参照
伸缩接头如图所示，具体信息参照Hyder's和安装图纸
延长线
"Royal Forest Pennant" 品牌（或相似的、经认证的）锯面石材装饰边缘，厚度可变（景观图纸）
栏杆类型R1（1.1m），参照具体条款F21/120
砖石支撑结构的混凝土顶部
伸缩接头如图所示，具体信息参照Hyder's和安装图纸
50mm厚锯面 "Royal Forest Pennant"（或相似的、经认证的）铺装石材（景观图纸）
伸缩接头如图所示，具体信息参照Hyder's和安装图纸
350mm×150mm "Royal Forest Pennant" 石顶，参照具体条款
裸露墙面的砖饰面，参照具体要求
典型台阶细节参照图纸
典型台阶细节参照图纸
护栏类型HR1（0.9m），独立护栏参照
50mm厚锯面 "Royal Forest Pennant"（或相似的、经认证的）铺装石材（景观图纸），参照具体条款
'Daisy lawn'草坪，符合规范，参照具体条款
150mm添加表层土壤，参照具体条款
300mm（min）添加表层土壤，参照具体条款
1mTerram土工织物层
100mm卵石排水层
植被平面图参照图纸
栏杆类型R1（1.1m），电缆线及支柱参照
350mm×150mm "Royal Forest Pennant" 石顶，参照具体条款
裸露墙面的砖饰面，参照具体要求
镀锌门规格685mm（宽），760mm（高）；机房规格987mm（宽），900mm（深），760mm高
栏杆类型R2（1m高），电缆线和支柱参照，
350mm×150mm "Royal Forest Pennant" 石顶，参照具体条款
350（宽）×200（深）×可变长度。"Royal Forest Pennant" 石材带采用50mm竖向构件嵌入，一侧为尖锐边缘，参照具体条款
水平面上150mm

■ 剖面HH

■ 剖面JJ

■ 北立面

■ 延长的北立面

■ 坡道北立面剖面

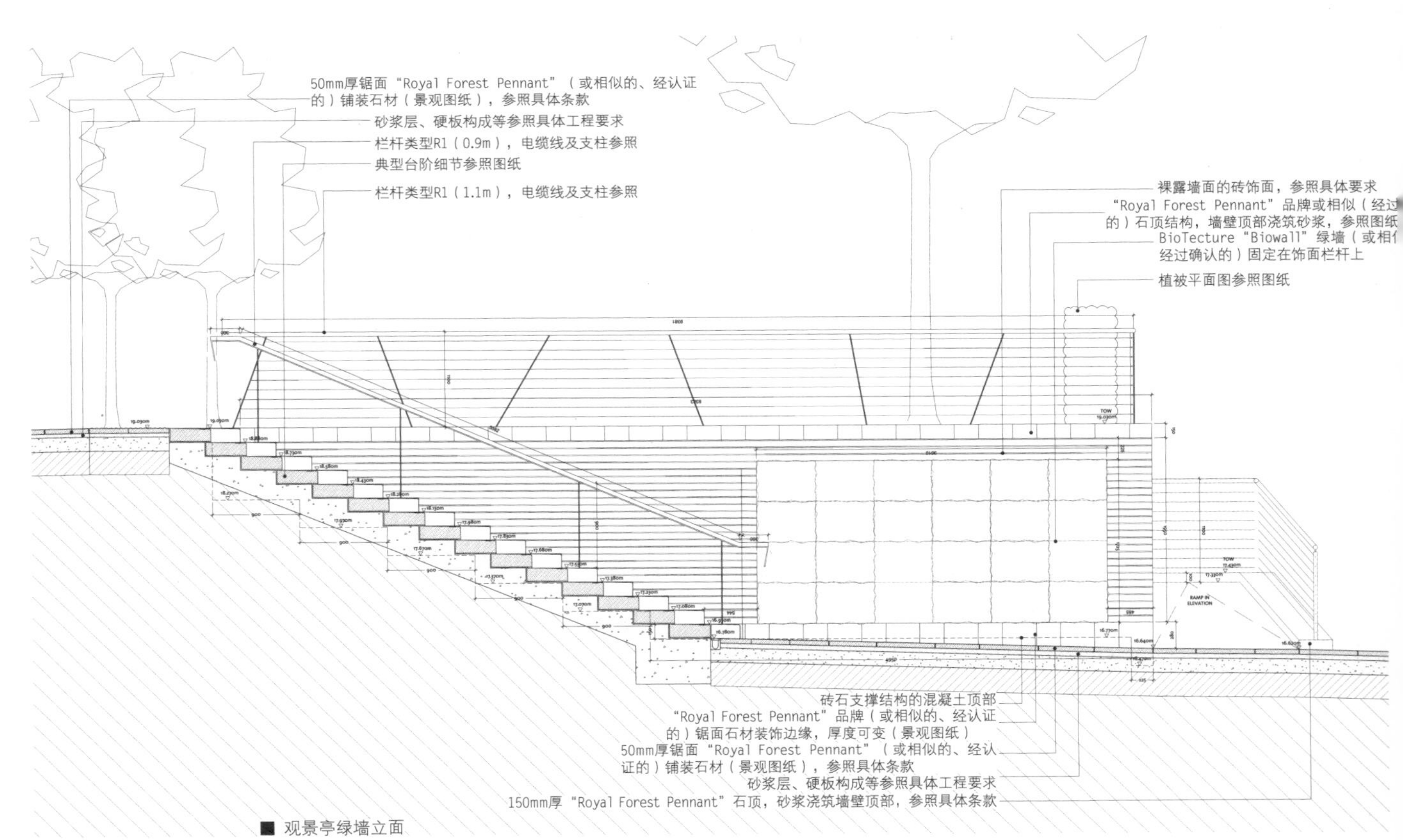
50mm厚锯面“Royal Forest Pennant”（或相似的、经认证的）铺装石材（景观图纸），参照具体条款
砂浆层、硬板构成等参照具体工程要求
栏杆类型R1（0.9m），电缆线及支柱参照
典型台阶细节参照图纸
栏杆类型R1（1.1m），电缆线及支柱参照
裸露墙面的砖饰面，参照具体要求
“Royal Forest Pennant”品牌或相似（经过
的）石顶结构，墙壁顶部浇筑砂浆，参照图纸
BioTecture“Biowall”绿墙（或相(
经过确认的）固定在饰面栏杆上
植被平面图参照图纸
砖石支撑结构的混凝土顶部
“Royal Forest Pennant”品牌（或相似的、经认证的）锯面石材装饰边缘，厚度可变（景观图纸）
50mm厚锯面“Royal Forest Pennant”（或相似的、经认证的）铺装石材（景观图纸），参照具体条款
砂浆层、硬板构成等参照具体工程要求
150mm厚“Royal Forest Pennant”石顶，砂浆浇筑墙壁顶部，参照具体条款

■ 观景亭绿墙立面

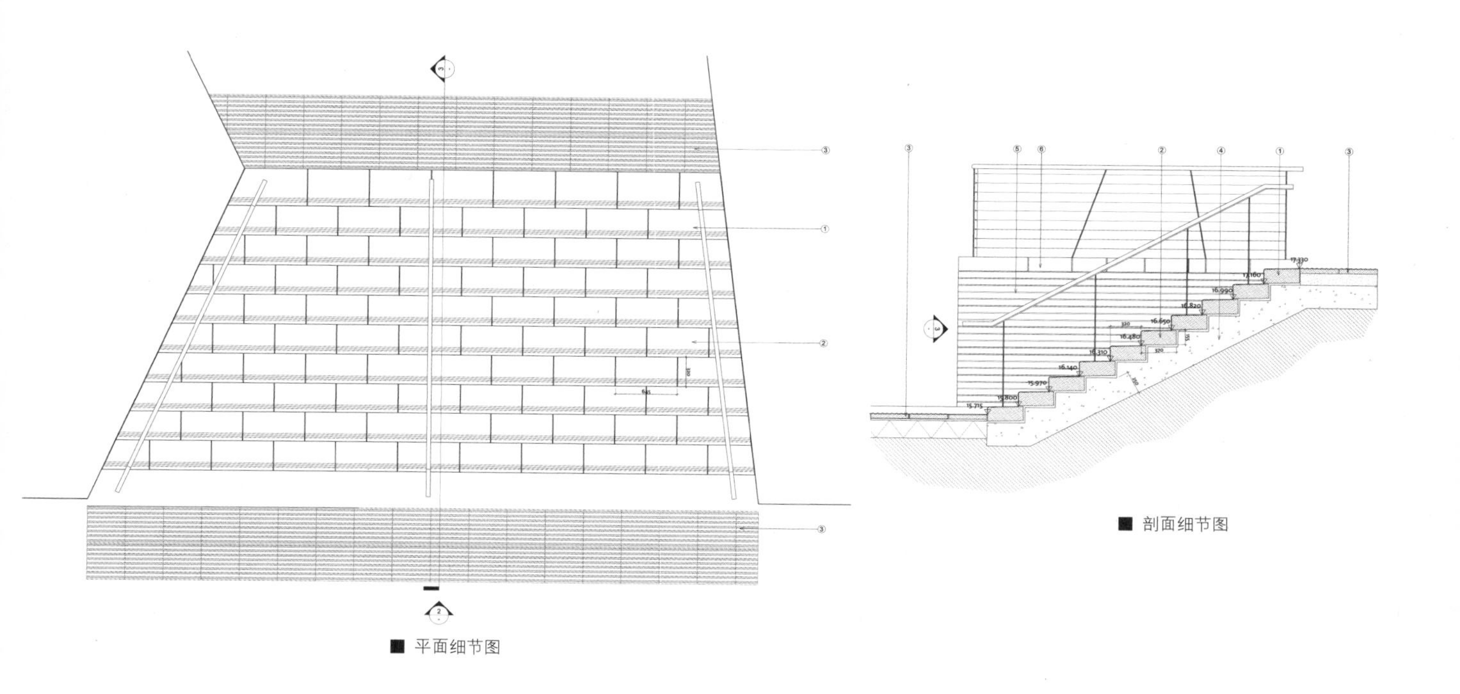
17.330
17.160
16.990
16.820
16.650
16.480
16.310
16.140
15.970
15.800
15.715

■ 剖面细节图

■ 平面细节图

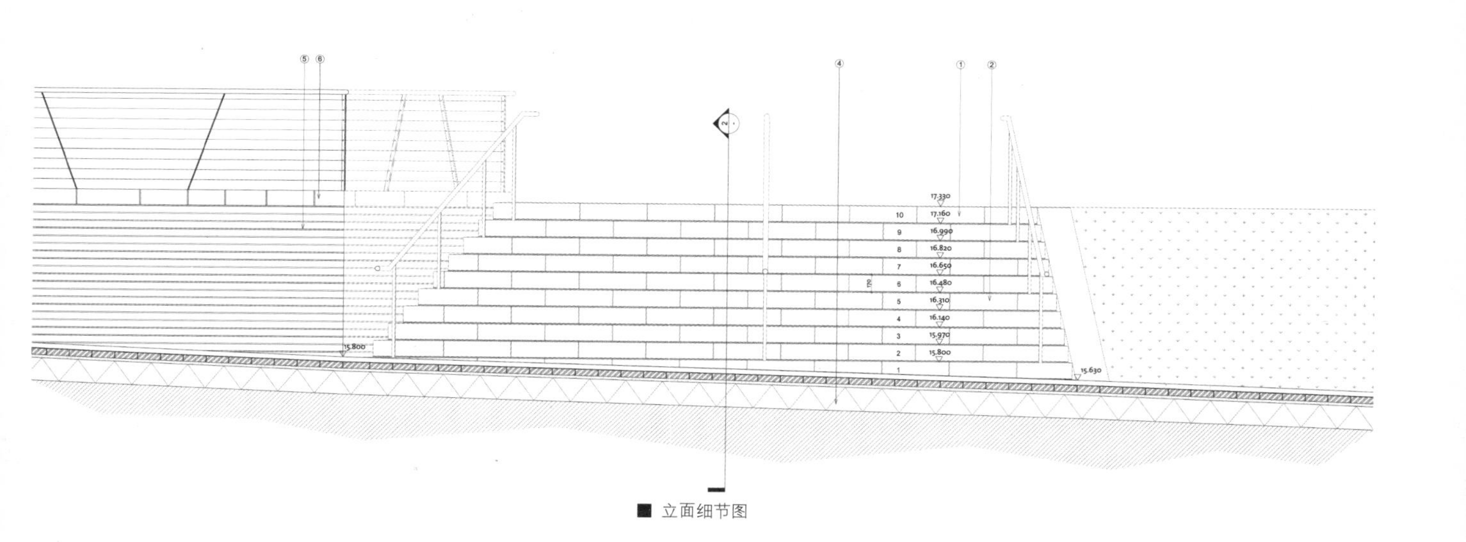
17.330
17.160
16.990
16.820
16.650
16.480
16.310
16.140
15.970
15.800
15.630

■ 立面细节图

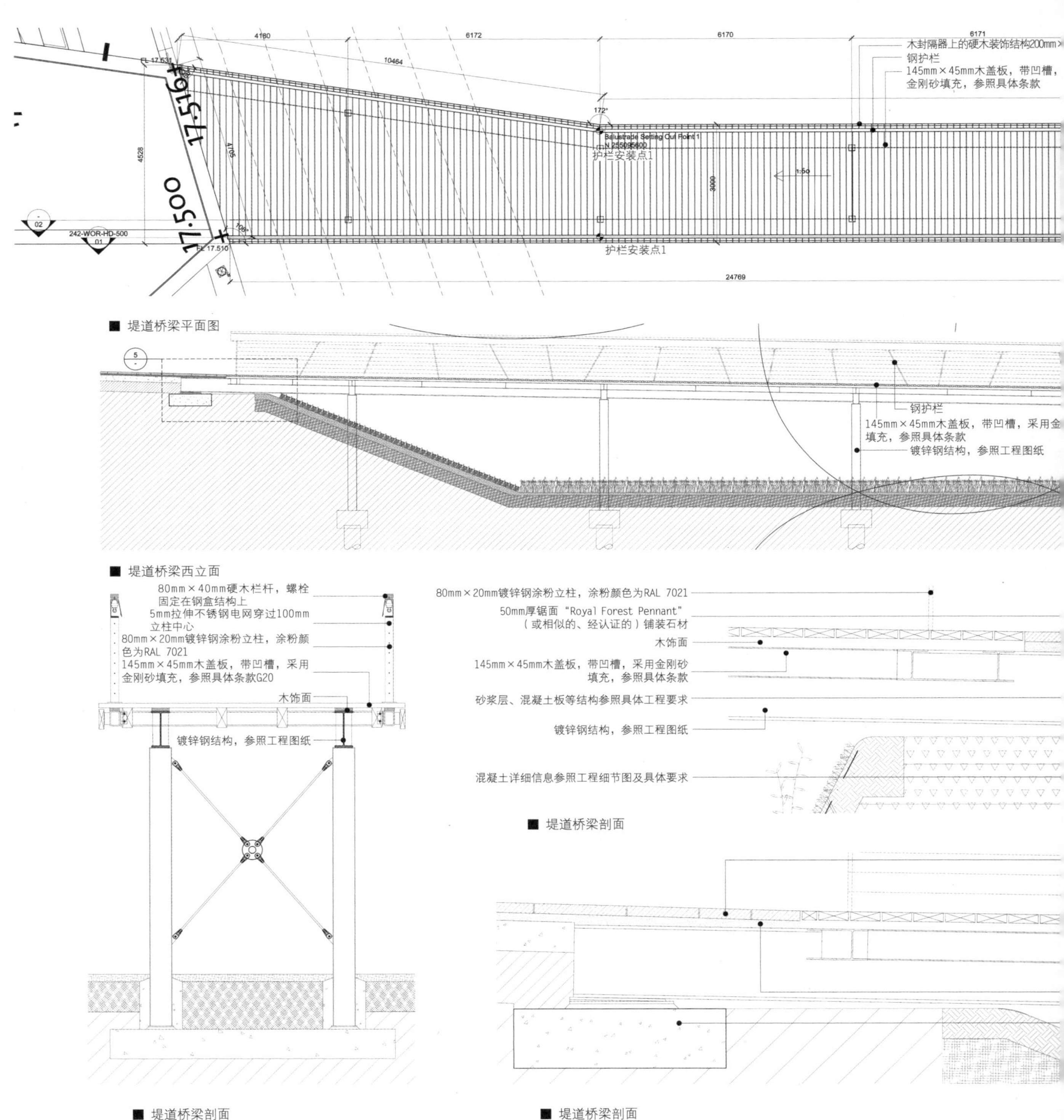
4160
6172
6170
6171
10464
木封隔器上的硬木装饰结构200mm×
钢护栏
145mm×45mm木盖板，带凹槽，
金刚砂填充，参照具体条款
FL 17.531
17.516
17.500
FL 17.510
4528
172°
Balustrade Setting Out Point 1
护栏安装点1
3000
1:50
242-WOR-HD-500
24769
钢护栏
145mm×45mm木盖板，带凹槽，采用金
填充，参照具体条款
镀锌钢结构，参照工程图纸
80mm×40mm硬木栏杆，螺栓
固定在钢盒结构上
5mm拉伸不锈钢电网穿过100mm
立柱中心
80mm×20mm镀锌钢涂粉立柱，涂粉颜
色为RAL 7021
145mm×45mm木盖板，带凹槽，采用
金刚砂填充，参照具体条款G20
木饰面
镀锌钢结构，参照工程图纸
80mm×20mm镀锌钢涂粉立柱，涂粉颜色为RAL 7021
50mm厚锯面“Royal Forest Pennant”
（或相似的、经认证的）铺装石材
木饰面
145mm×45mm木盖板，带凹槽，采用金刚砂
填充，参照具体条款
砂浆层、混凝土板等结构参照具体工程要求
镀锌钢结构，参照工程图纸
混凝土详细信息参照工程细节图及具体要求

■ 堤道桥梁平面图

■ 堤道桥梁西立面

■ 堤道桥梁剖面

■ 堤道桥梁剖面

■ 堤道桥梁剖面

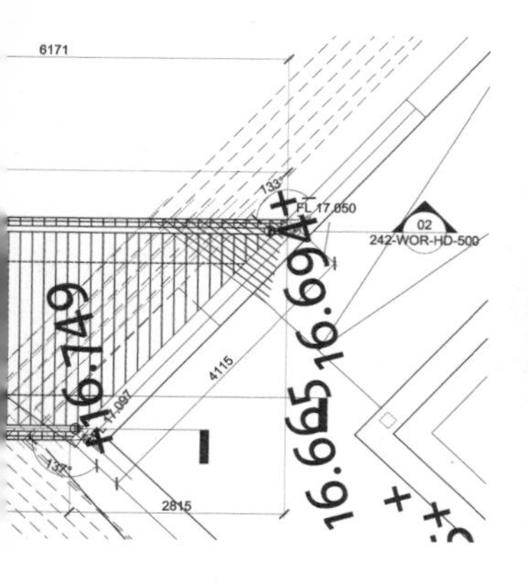

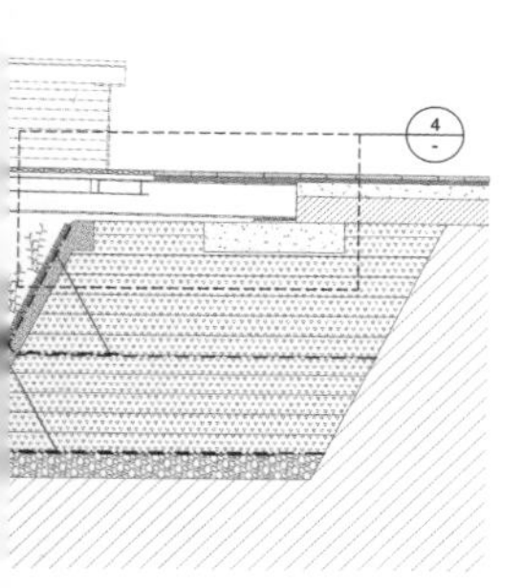

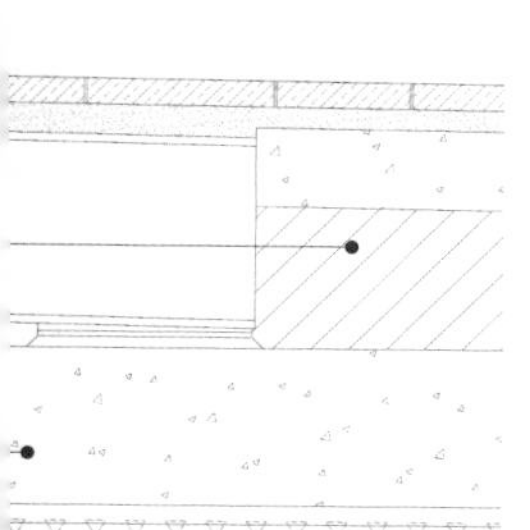

0mm厚锯面 "Royal Forest
ennant" （或相似的、经认证的）铺
装石材
45mm×45mm木盖板，带凹槽，采用
金刚砂填充，参照具体条款
0mm×20mm镀锌钢涂粉立柱，涂粉
颜色为RAL 7021

木饰面

镀锌钢结构，参照工程图纸
砂浆层、混凝土板等结构参照具
体工程要求

工程细节及规范详解

表层土壤深度及详情参照图纸

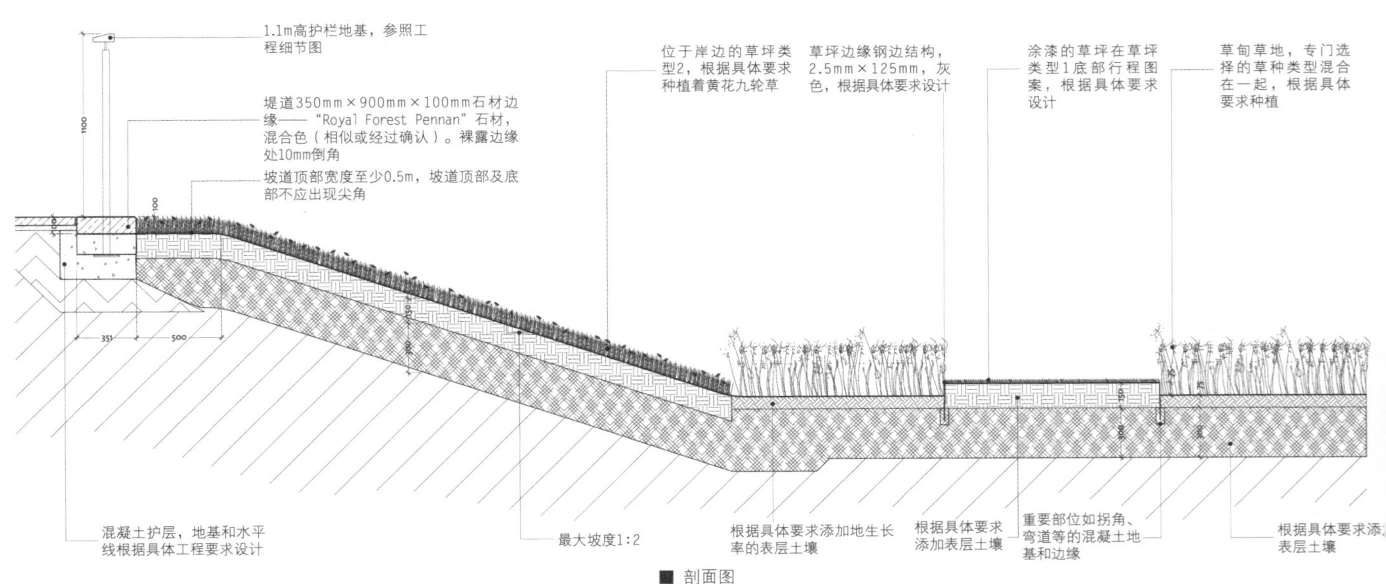
1.1m高护栏地基，参照工程细节图
堤道350mm×900mm×100mm石材边缘——"Royal Forest Pennan"石材，混合色（相似或经过确认）。裸露边缘处10mm倒角
坡道顶部宽度至少0.5m，坡道顶部及底部不应出现尖角
位于岸边的草坪类型2，根据具体要求种植着黄花九轮草
草坪边缘钢边结构，2.5mm×125mm，灰色，根据具体要求设计
涂漆的草坪在草坪类型1底部行程图案，根据具体要求设计
草甸草地，专门选择的草种类型混合在一起，根据具体要求种植
1100
100
351
500
混凝土护层，地基和水平线根据具体工程要求设计
最大坡度1:2
根据具体要求添加地生长率的表层土壤
根据具体要求添加表层土壤
重要部位如拐角、弯道等的混凝土地基和边缘
根据具体要求添加表层土壤

■ 剖面图

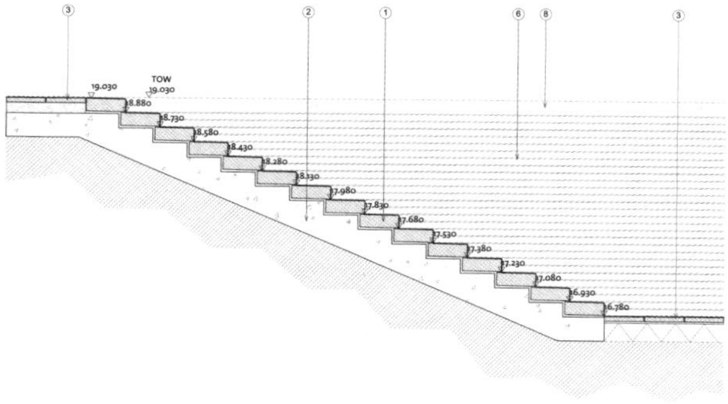
③
②
①
⑥
⑧
③
19.030
TOW
19.030
18.880
18.730
18.580
18.430
18.280
18.130
17.980
17.830
17.680
17.530
17.380
17.230
17.080
16.930
16.780

■ 朝向观景亭一侧台阶横向剖面

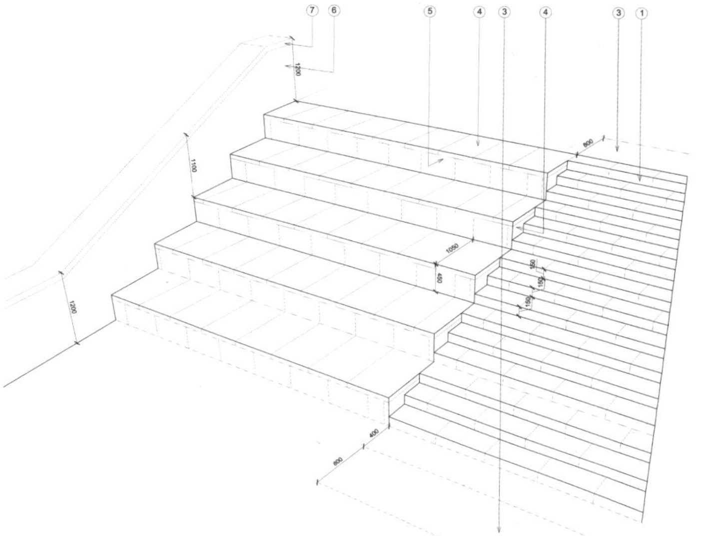
⑦
⑥
⑤
④
③
④
③
①
1200
1100
1050
450
800
150
150
150
1200
400
800

■ 透视图

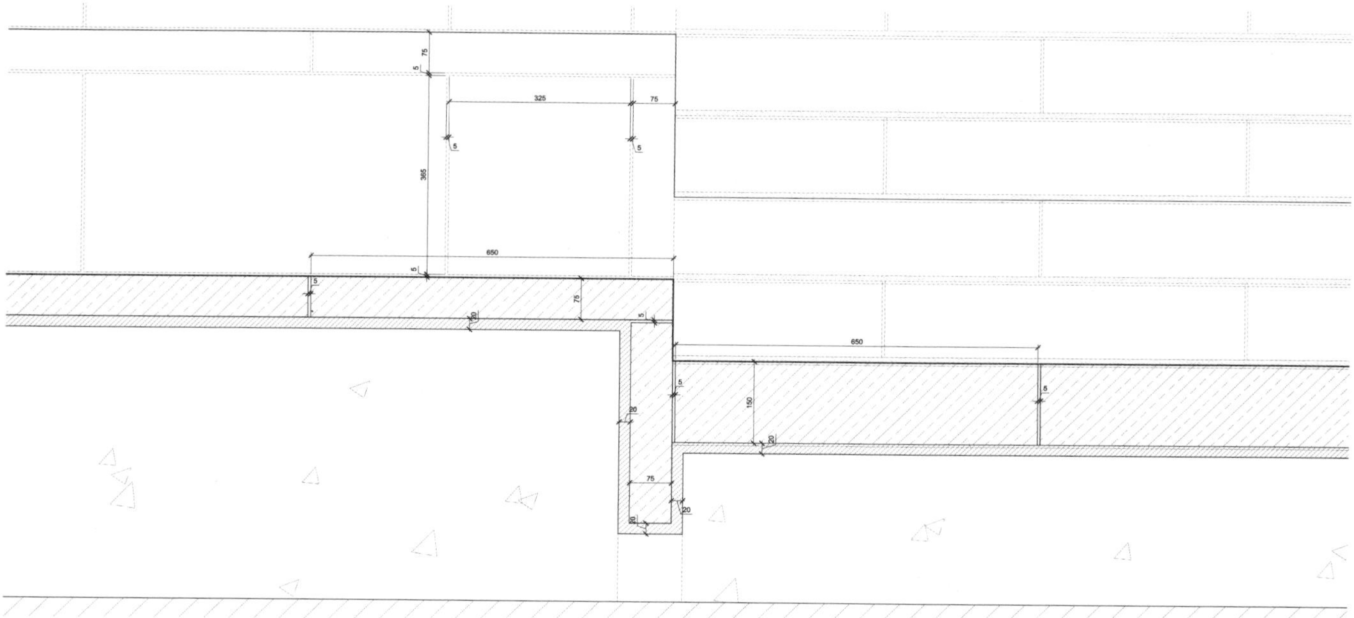
75
5
325
75
365
650
650
150
20

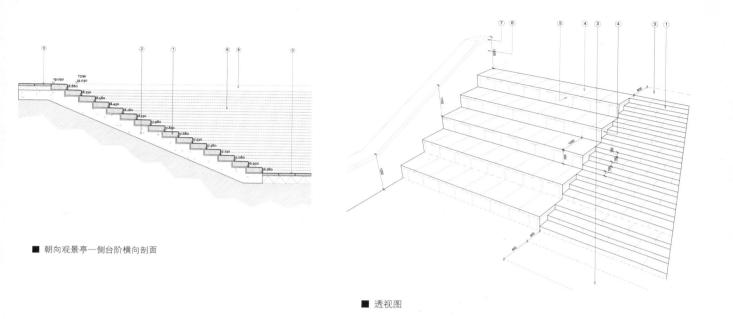

■ 台阶和座椅台阶之间的横切面细节图

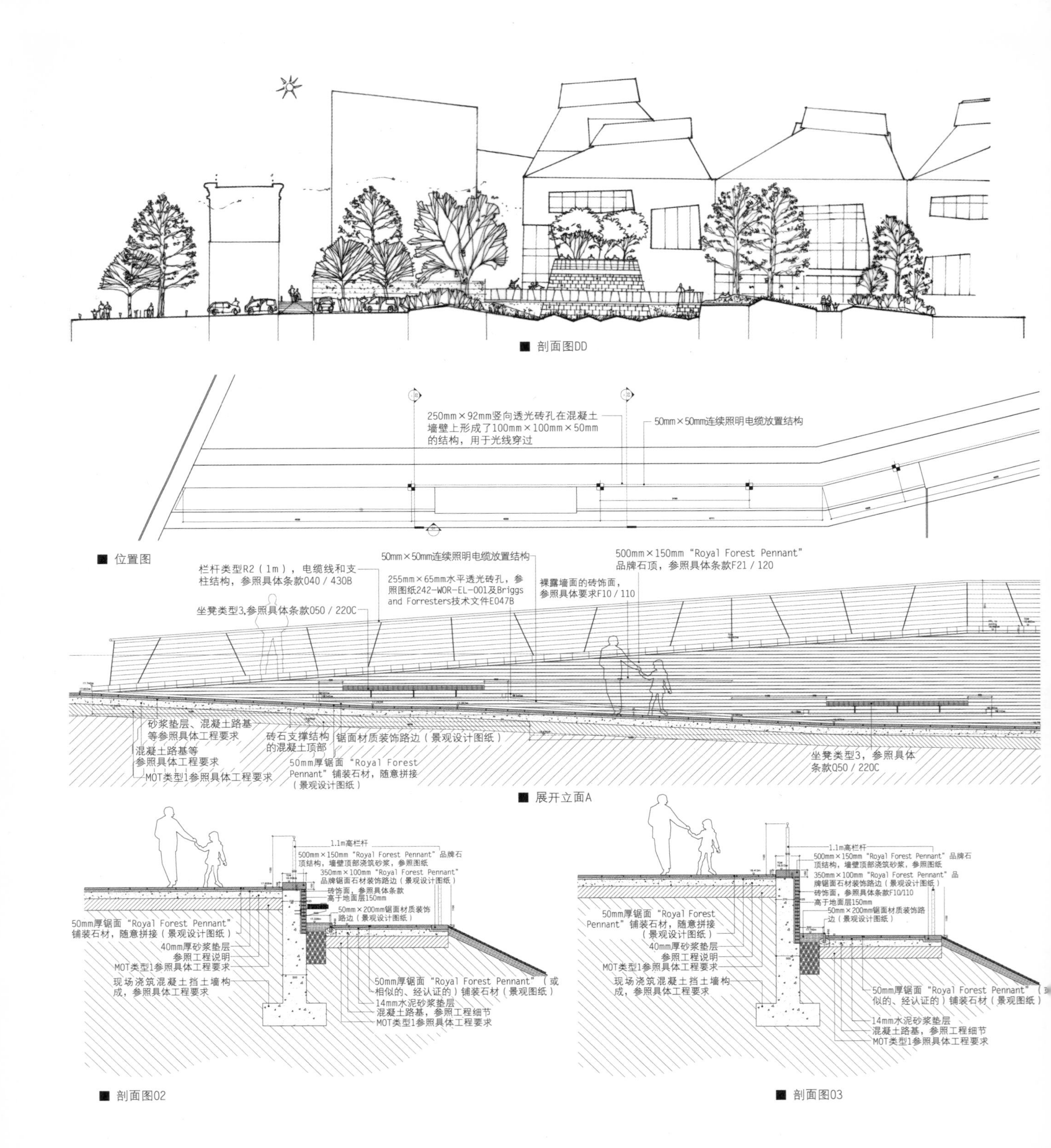
250mm×92mm竖向透光砖孔在混凝土墙壁上形成了100mm×100mm×50mm的结构，用于光线穿过
50mm×50mm连续照明电缆放置结构
50mm×50mm连续照明电缆放置结构
500mm×150mm "Royal Forest Pennant"品牌石顶，参照具体条款F21 / 120
栏杆类型R2（1m），电缆线和支柱结构，参照具体条款040 / 430B
255mm×65mm水平透光砖孔，参照图纸242-WOR-EL-001及Briggs and Forresters技术文件E047B
裸露墙面的砖饰面，参照具体要求F10 / 110
坐凳类型3，参照具体条款050 / 220C
砂浆垫层、混凝土路基等参照具体工程要求
混凝土路基等参照具体工程要求
MOT类型1参照具体工程要求
砖石支撑结构的混凝土顶部
50mm厚锯面"Royal Forest Pennant"铺装石材，随意拼接（景观设计图纸）
锯面材质装饰路边（景观设计图纸）
坐凳类型3，参照具体条款Q50 / 220C
1.1m高栏杆
500mm×150mm "Royal Forest Pennant" 品牌石顶结构，墙壁顶部浇筑砂浆，参照图纸
350mm×100mm "Royal Forest Pennant" 品牌锯面石材装饰路边（景观设计图纸）
砖饰面，参照具体条款
高于地面层150mm
50mm×200mm锯面材质装饰路边（景观设计图纸）
50mm厚锯面"Royal Forest Pennant"铺装石材，随意拼接（景观设计图纸）
40mm厚砂浆垫层
参照工程说明
MOT类型1参照具体工程要求
现场浇筑混凝土挡土墙构成，参照具体工程要求
50mm厚锯面"Royal Forest Pennant"（或相似的、经认证的）铺装石材（景观图纸）
14mm水泥砂浆垫层
混凝土路基，参照工程细节
MOT类型1参照具体工程要求
1.1m高栏杆
500mm×150mm "Royal Forest Pennant" 品牌石顶结构，墙壁顶部浇筑砂浆，参照图纸
350mm×100mm "Royal Forest Pennant" 品牌锯面石材装饰路边（景观设计图纸）
砖饰面，参照具体条款F10/110
高于地面层150mm
50mm×200mm锯面材质装饰路边（景观设计图纸）
50mm厚锯面"Royal Forest Pennant"铺装石材，随意拼接（景观设计图纸）
40mm厚砂浆垫层
参照工程说明
MOT类型1参照具体工程要求
现场浇筑混凝土挡土墙构成，参照具体工程要求
50mm厚锯面"Royal Forest Pennant"（或相似的、经认证的）铺装石材（景观图纸）
14mm水泥砂浆垫层
混凝土路基，参照工程细节
MOT类型1参照具体工程要求

■ 剖面图DD

■ 位置图

■ 展开立面A

■ 剖面图02

■ 剖面图03

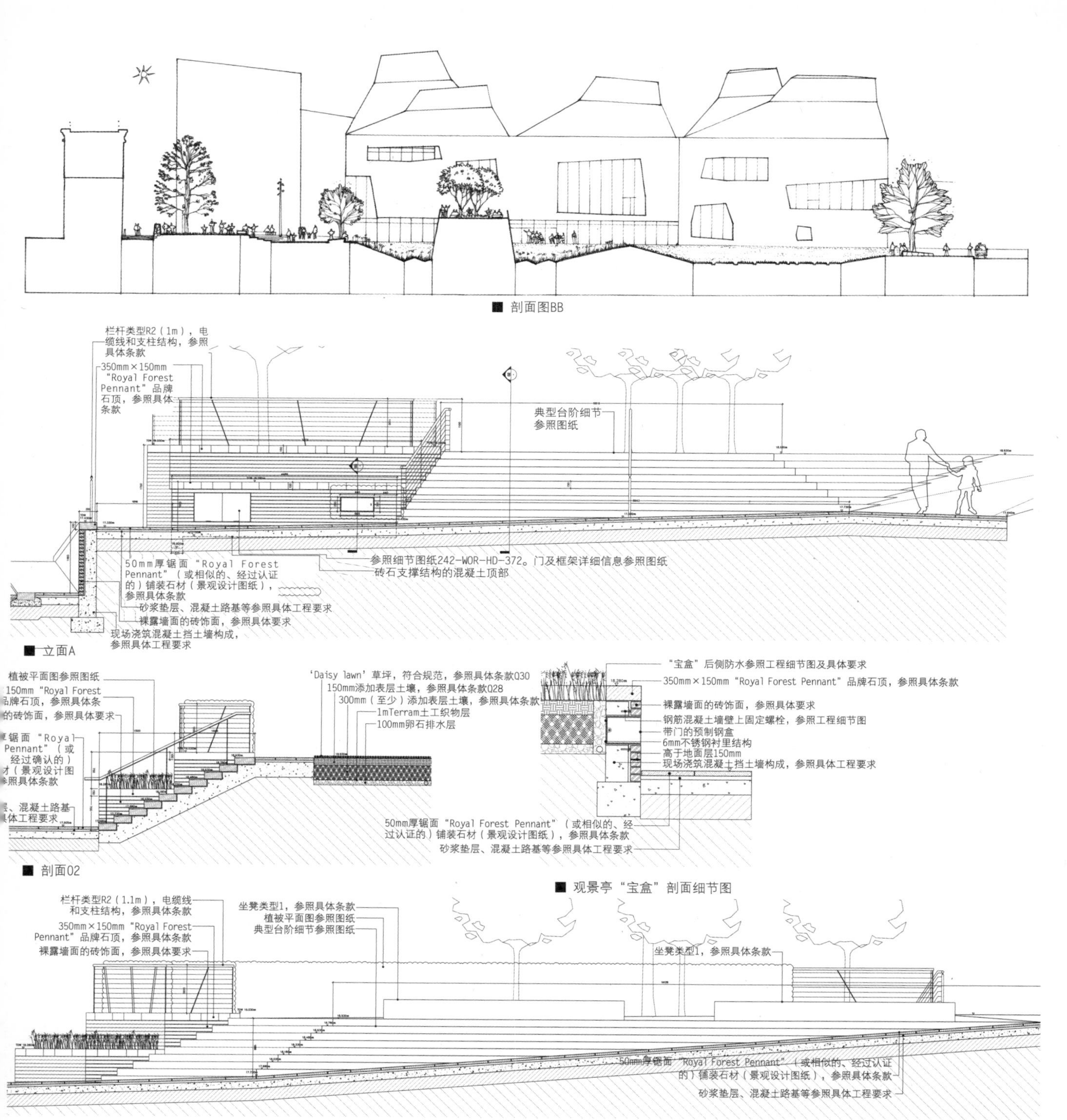
栏杆类型R2（1m），电缆线和支柱结构，参照具体条款
350mm×150mm "Royal Forest Pennant" 品牌石顶，参照具体条款
典型台阶细节参照图纸
50mm厚锯面 "Royal Forest Pennant"（或相似的、经过认证的）铺装石材（景观设计图纸），参照具体条款
参照细节图纸242-WOR-HD-372。门及框架详细信息参照图纸
砖石支撑结构的混凝土顶部
砂浆垫层、混凝土路基等参照具体工程要求
裸露墙面的砖饰面，参照具体要求
现场浇筑混凝土挡土墙构成，参照具体工程要求
植被平面图参照图纸
'Daisy lawn' 草坪，符合规范，参照具体条款Q30
150mm添加表层土壤，参照具体条款Q28
300mm（至少）添加表层土壤，参照具体条款
1mTerram土工织物层
100mm卵石排水层
"宝盒"后侧防水参照工程细节图及具体要求
350mm×150mm "Royal Forest Pennant" 品牌石顶，参照具体条款
裸露墙面的砖饰面，参照具体要求
钢筋混凝土墙壁上固定螺栓，参照工程细节图
带门的预制钢盒
6mm不锈钢衬里结构
高于地面层150mm
现场浇筑混凝土挡土墙构成，参照具体工程要求
50mm厚锯面 "Royal Forest Pennant"（或相似的、经过认证的）铺装石材（景观设计图纸），参照具体条款
砂浆垫层、混凝土路基等参照具体工程要求
栏杆类型R2（1.1m），电缆线和支柱结构，参照具体条款
350mm×150mm "Royal Forest Pennant" 品牌石顶，参照具体条款
裸露墙面的砖饰面，参照具体要求
坐凳类型1，参照具体条款
植被平面图参照图纸
典型台阶细节参照图纸
坐凳类型1，参照具体条款
50mm厚锯面 "Royal Forest Pennant"（或相似的、经过认证的）铺装石材（景观设计图纸），参照具体条款
砂浆垫层、混凝土路基等参照具体工程要求

■ 剖面图BB

■ 立面A

■ 剖面02

■ 观景亭"宝盒"剖面细节图

■ 立面B

新加坡·政府工艺教育学校

景观设计: 格兰特联营公司 (Grant Associates) 摄影师: 克雷格·谢泼德 (Craig Sheppard) 客户: 新加坡政府工艺教育学校

项目简介
Information

中央学院是新加坡政府工艺教育学校的第三期也是最后一期工程，是专为创意和创新性教育所创办的学校。建筑和景观紧密结合，确保了学校内每一层空间都能得到充分的利用。一楼空间被用作通道，作为停车场和提供各种服务类需求而存在，同时也被视为通向12座教学楼的中心地带，连接着空中走廊和露台。该中心地带设有花园和植被，其中包括树木标本和色彩斑斓的、由金属制成的树木模型。这些花园和植被营造出一系列不同的空间并且成了环绕垂直的空中走廊的关键性流通节点。环流的水绕花园流淌着，为树荫下的豆荚形花园创造了凉爽的休息区域。中央区域的连接处是一系列用于休息的露台和下沉花园，为学生和教职员工提供了更为多样性的校园景观。

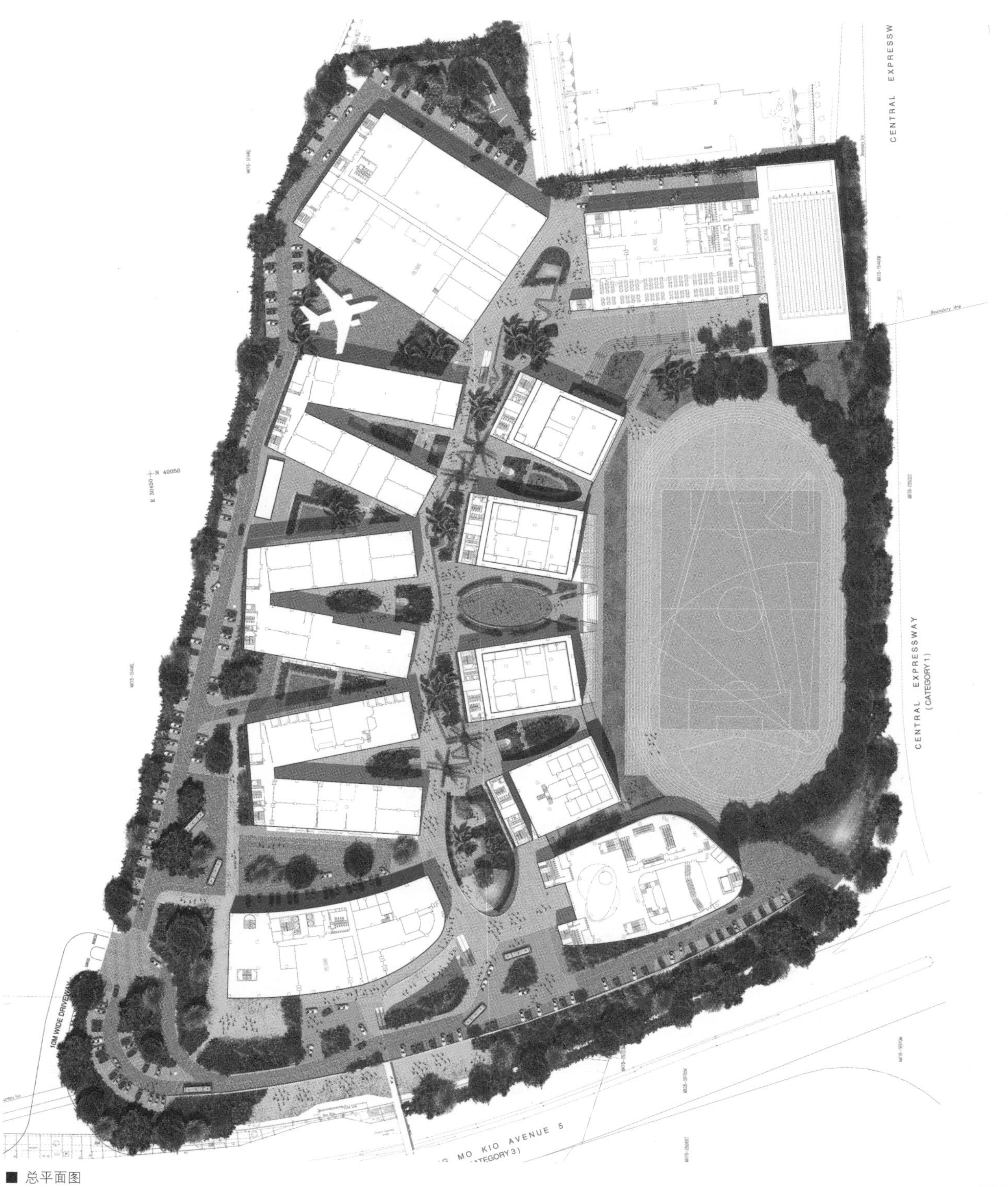
CENTRAL EXPRESSW
CENTRAL EXPRESSWAY
(CATEGORY 1)
MO KIO AVENUE 5

■ 总平面图

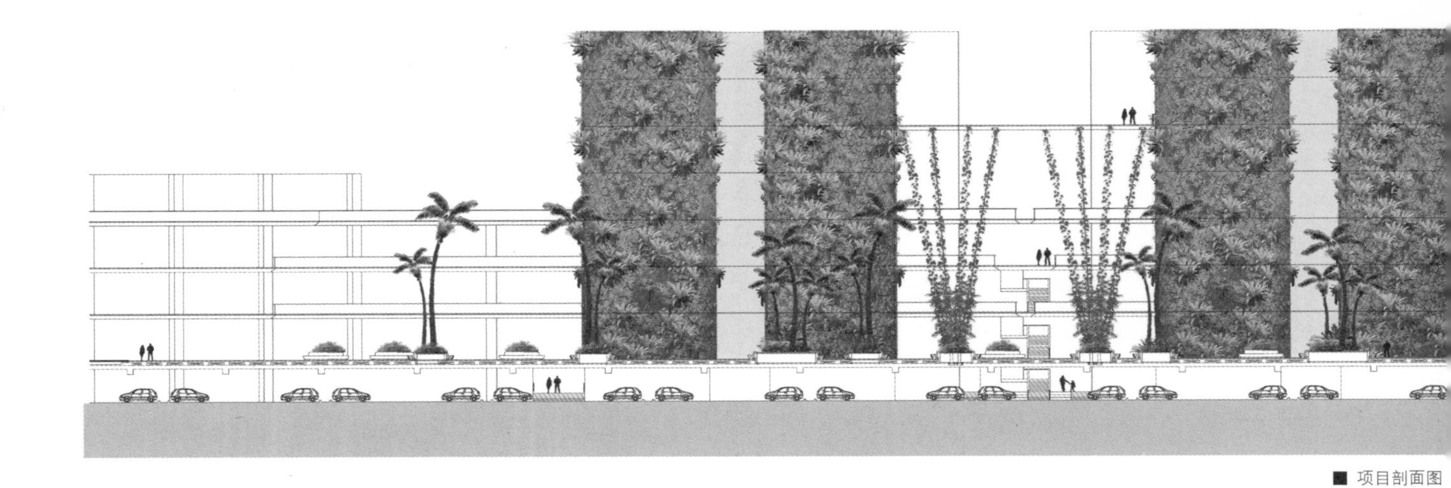

■ 项目剖面图

■ 项目剖面图

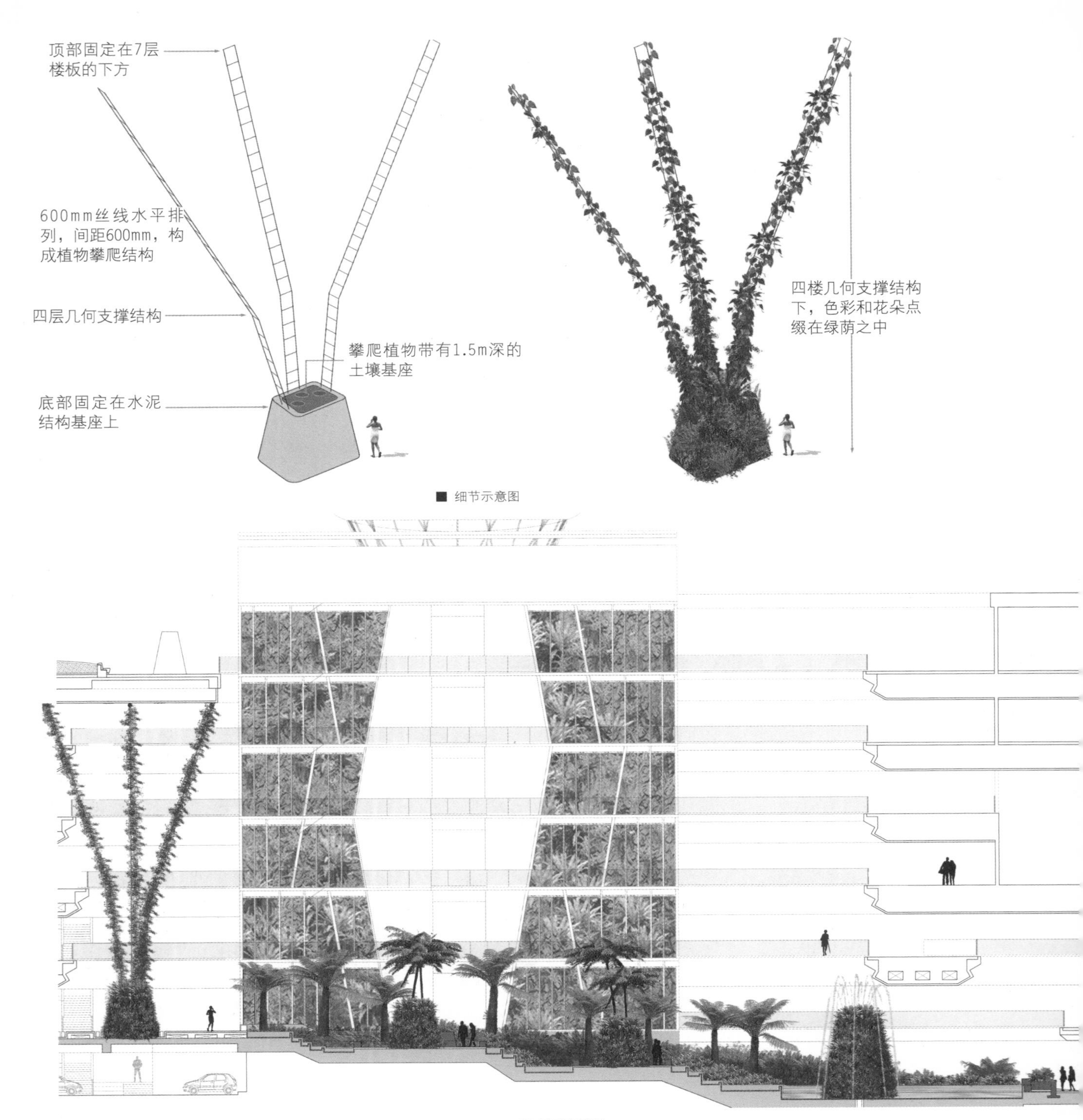
顶部固定在7层
楼板的下方
600mm丝线水平排
列，间距600mm，构
成植物攀爬结构
四层几何支撑结构
攀爬植物带有1.5m深的
土壤基座
底部固定在水泥
结构基座上
四楼几何支撑结构
下，色彩和花朵点
缀在绿荫之中

■ 细节示意图

■ 景观剖面图

平视角度
3rd Floor
3层
仰视角度
小花树
边缘种植
特色植被
基础植被
强调品种

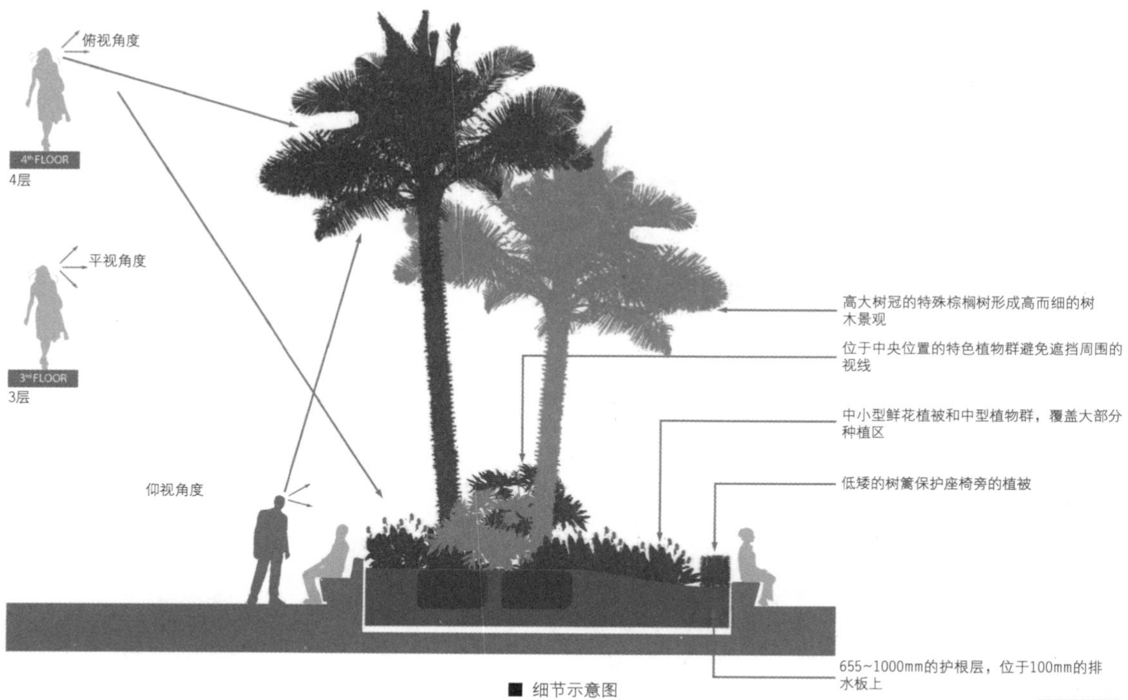
俯视角度
4th FLOOR
4层
平视角度
3rd FLOOR
3层
仰视角度
高大树冠的特殊棕榈树形成高而细的树木景观
位于中央位置的特色植物群避免遮挡周围的视线
中小型鲜花植被和中型植物群，覆盖大部分种植区
低矮的树篱保护座椅旁的植被
655~1000mm的护根层，位于100mm的排水板上

■ 细节示意图

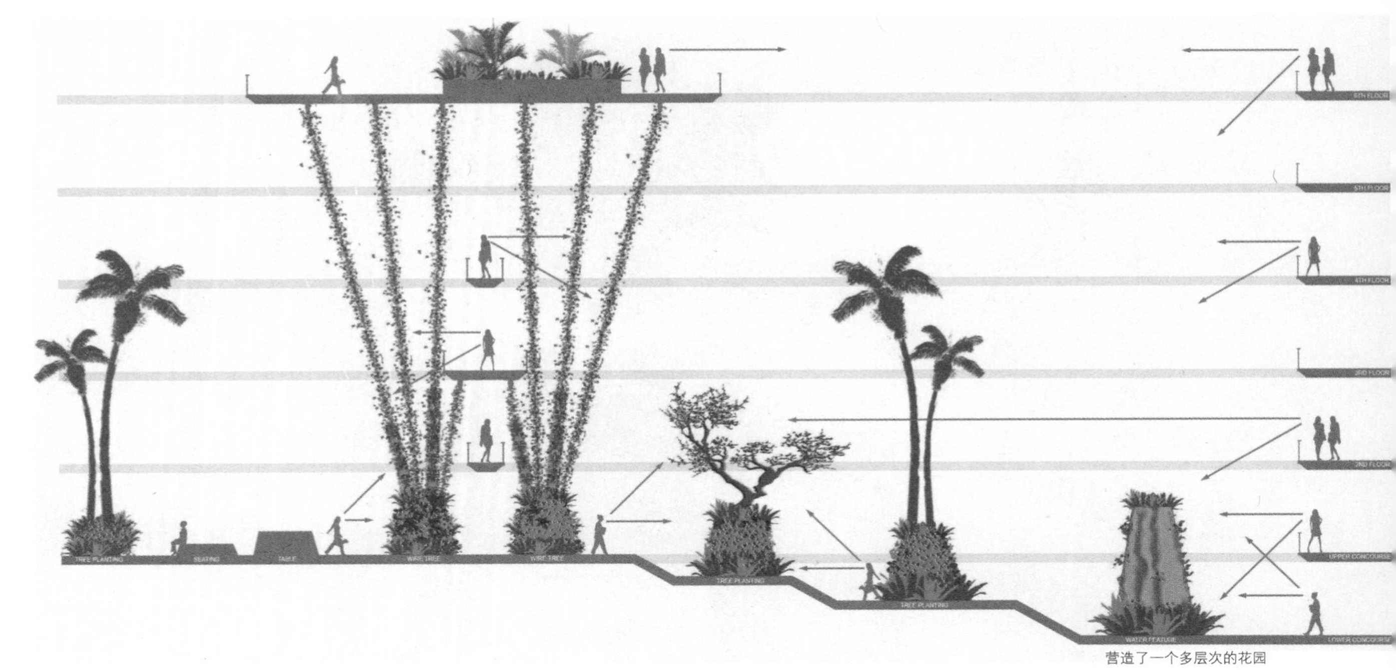

6TH FLOOR
5TH FLOOR
4TH FLOOR
3RD FLOOR
2ND FLOOR
UPPER CONCOURSE
LOWER CONCOURSE
TREE PLANTING
SEATING
TABLE
WIRE TREE
WIRE TREE
TREE PLANTING
TREE PLANTING
WATER FEATURE

营造了一个多层次的花园

■ 景观剖面图

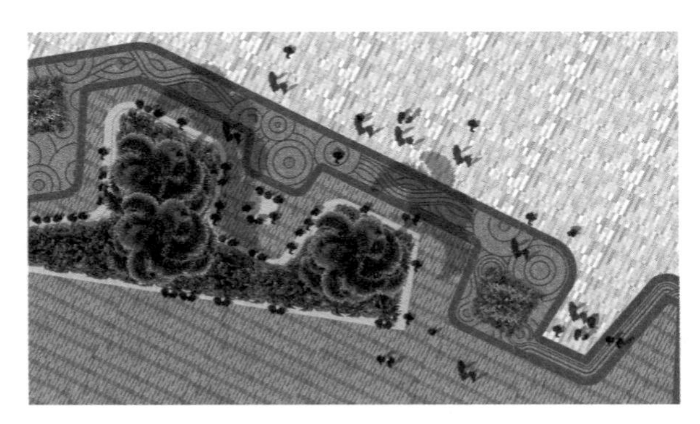

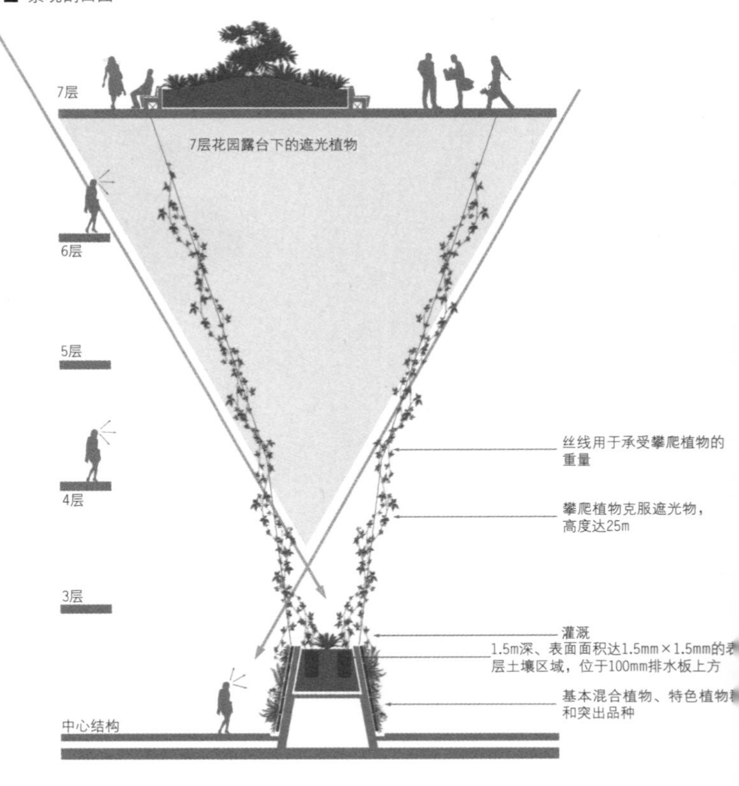

7层
7层花园露台下的遮光植物
6层
5层
4层
3层
中心结构
丝线用于承受攀爬植物的重量
攀爬植物克服遮光物，高度达25m
灌溉
1.5m深、表面面积达1.5mm×1.5mm的表
层土壤区域，位于100mm排水板上方
基本混合植物、特色植物
和突出品种

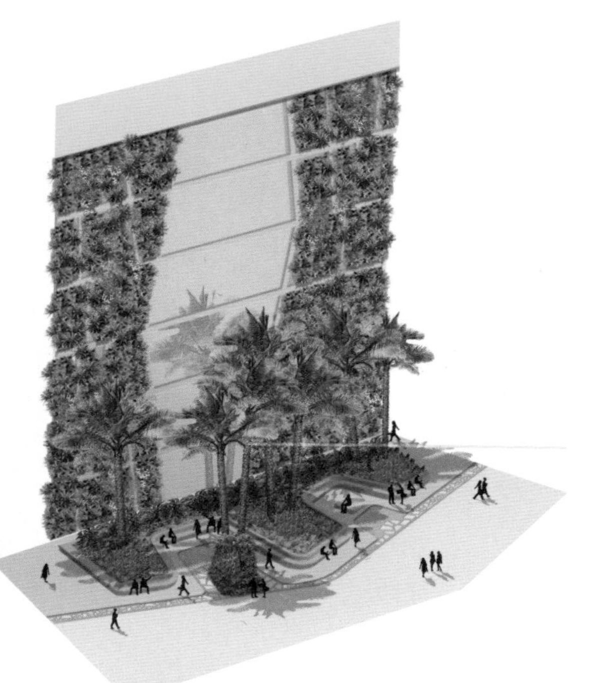

■ 景观效果图

■ 景观效果图

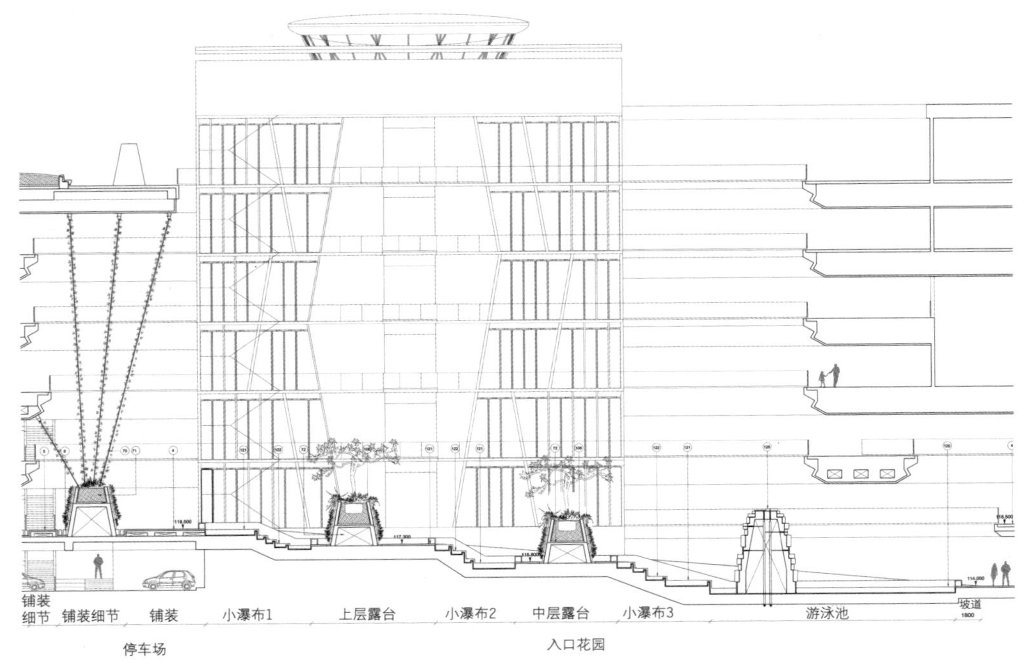
铺装
细节
铺装细节
铺装
小瀑布1
上层露台
小瀑布2
中层露台
小瀑布3
游泳池
坡道
停车场
入口花园

■ 庭院剖面：中心结构南北剖面，东侧

植被
车道
铺装
植被
活动区
植被
植被
阶梯式植被
铺装
水道
植被
坡道
侧倾植被
入口花园

■ 庭院剖面：西南入口庭院，北向

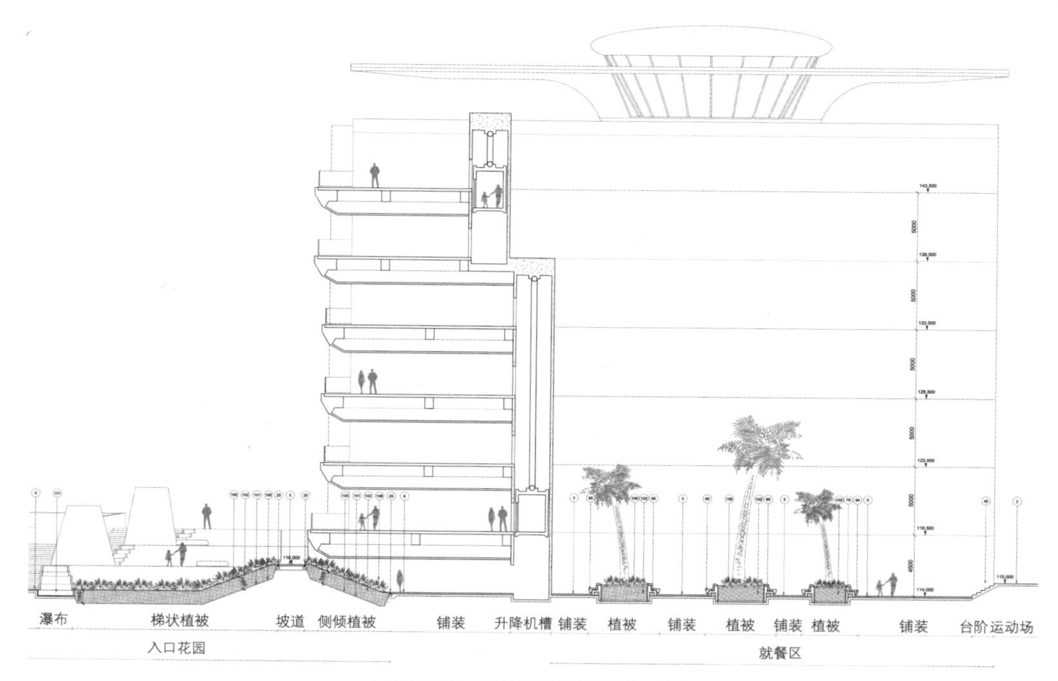
瀑布
梯状植被
坡道
侧倾植被
铺装
升降机槽
铺装
植被
铺装
植被
铺装
植被
铺装
台阶运动场
入口花园
就餐区

■ 庭院剖面：就餐露台和升降机槽，北向

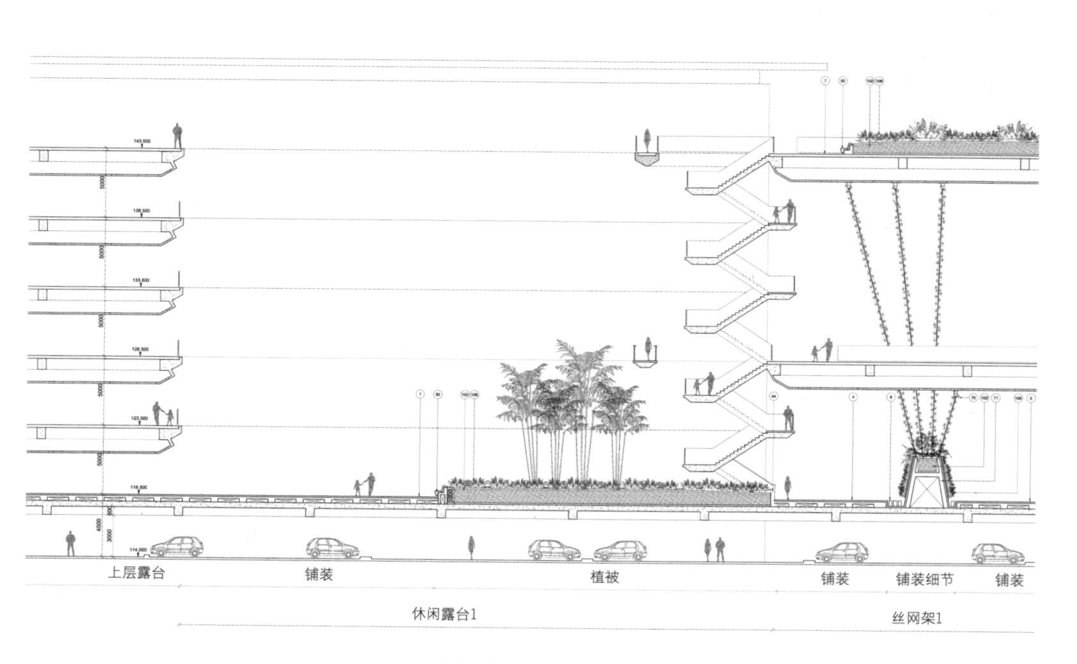
上层露台
铺装
植被
铺装
铺装细节
铺装
休闲露台1
丝网架1

■ 庭院剖面：南侧庭院，北向

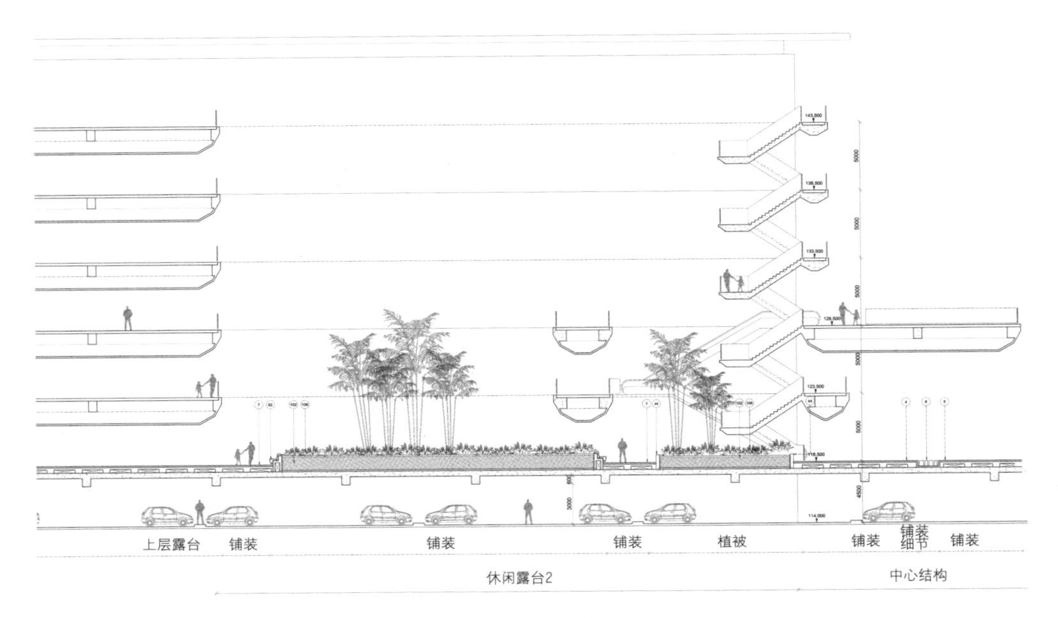
上层露台
铺装
铺装
铺装
植被
铺装
铺装
细节
铺装
休闲露台2
中心结构

■ 庭院剖面：中部庭院剖面，北向

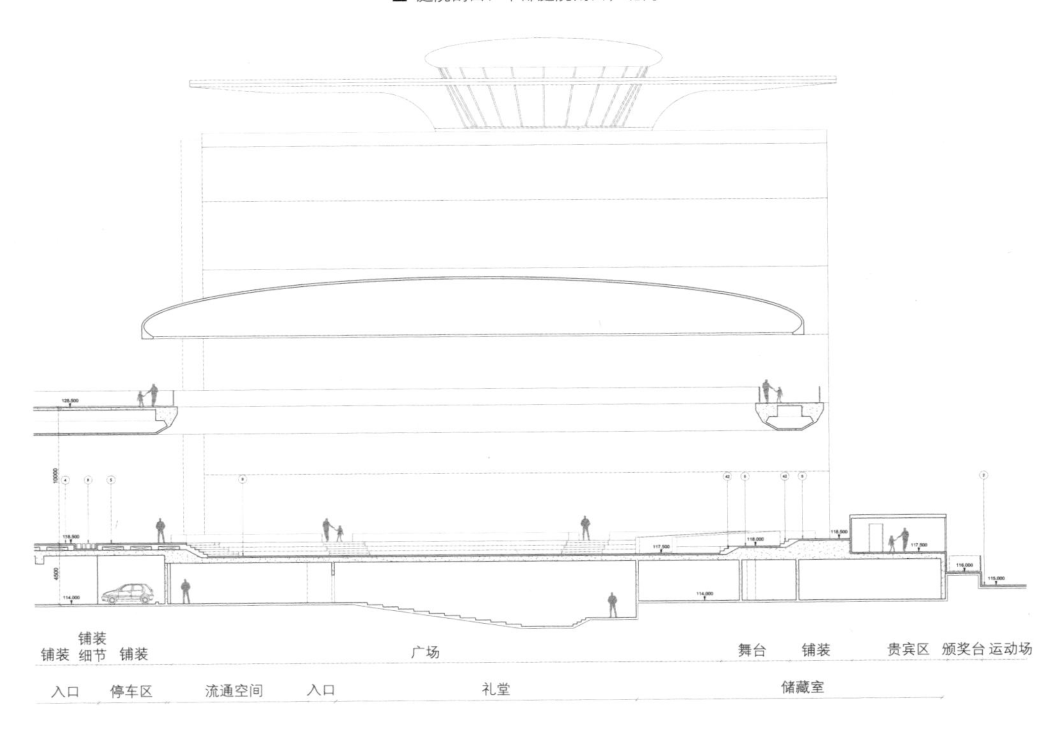
铺装
铺装
细节
铺装
广场
舞台
铺装
贵宾区
颁奖台
运动场
入口
停车区
流通空间
入口
礼堂
储藏室

■ 庭院剖面：中央广场，北向

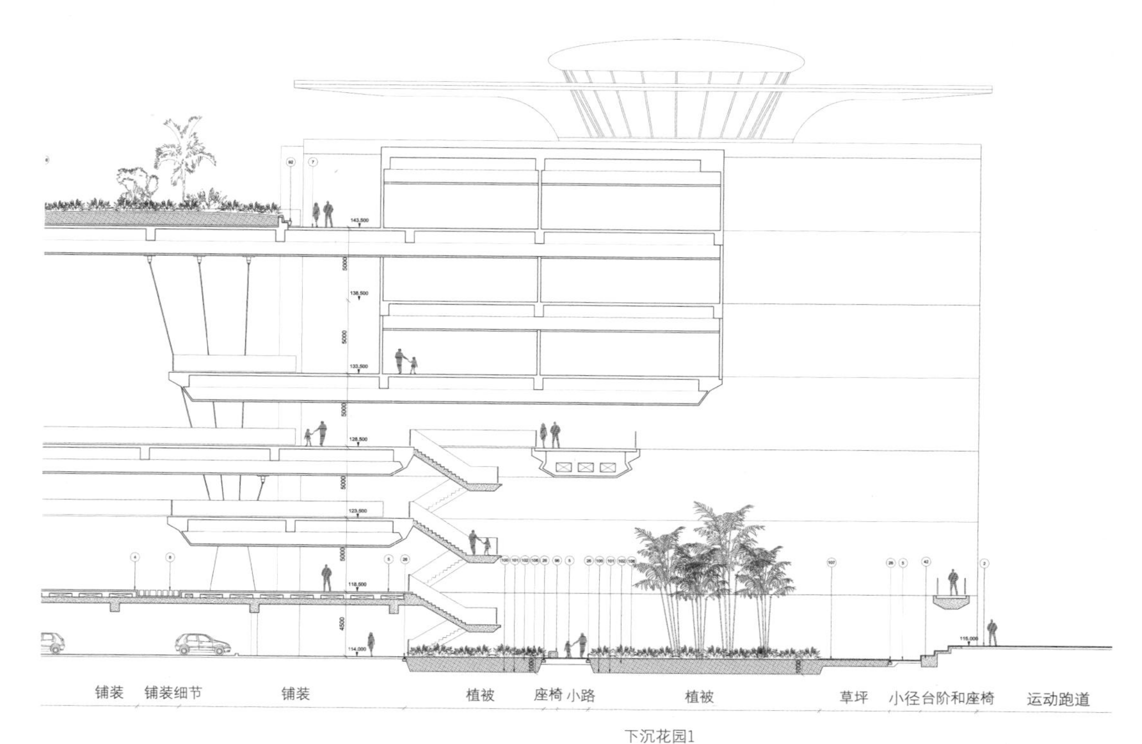
铺装
铺装细节
铺装
植被
座椅
小路
植被
草坪
小径台阶和座椅
运动跑道
下沉花园1

■ 庭院剖面：西南入口庭院，北向

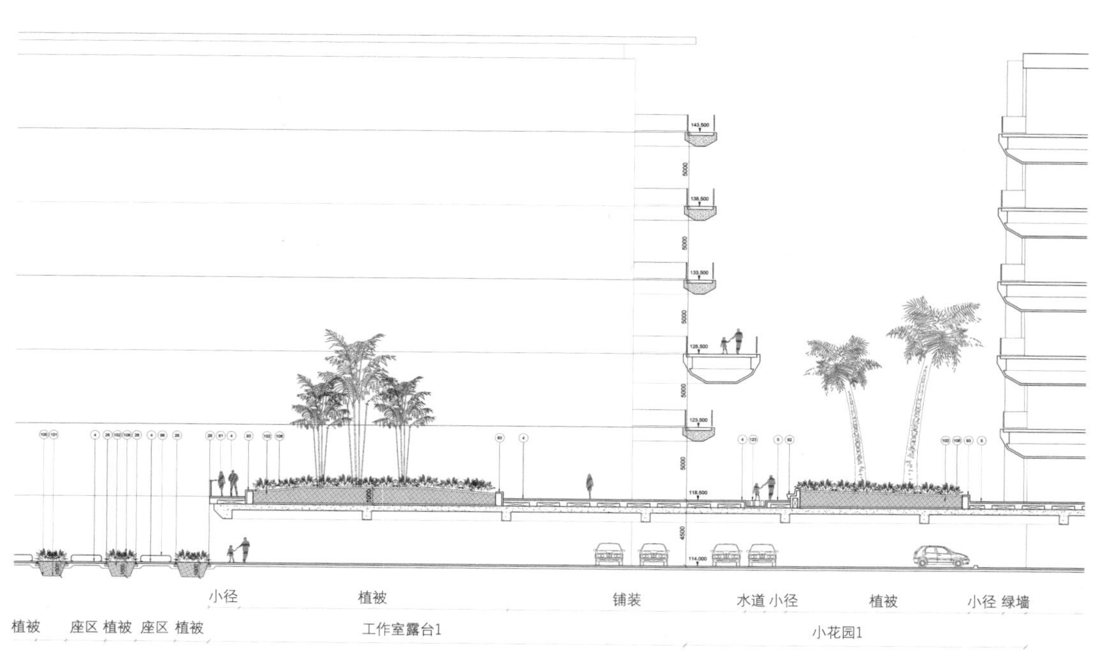
小径
植被
铺装
水道
小径
植被
小径
绿墙
植被
座区
植被
座区
植被
工作室露台1
小花园1

■ 庭院剖面：西南学习花园，北向

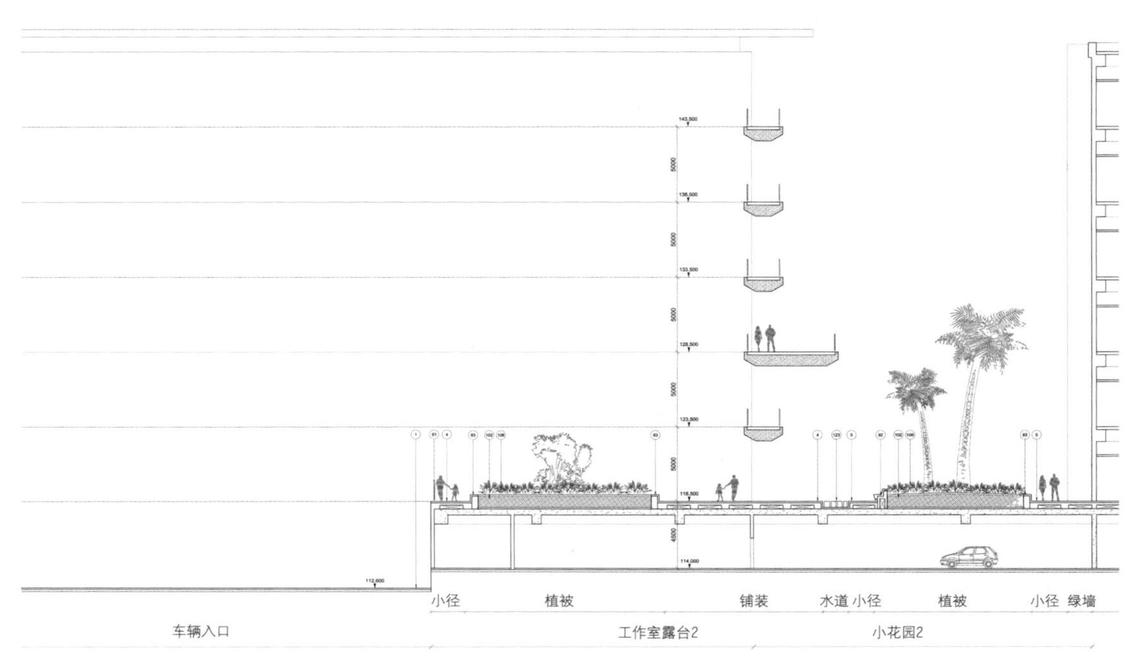
小径
植被
铺装
水道
小径
植被
小径
绿墙
车辆入口
工作室露台2
小花园2

■ 庭院剖面：西南学习花园，北向

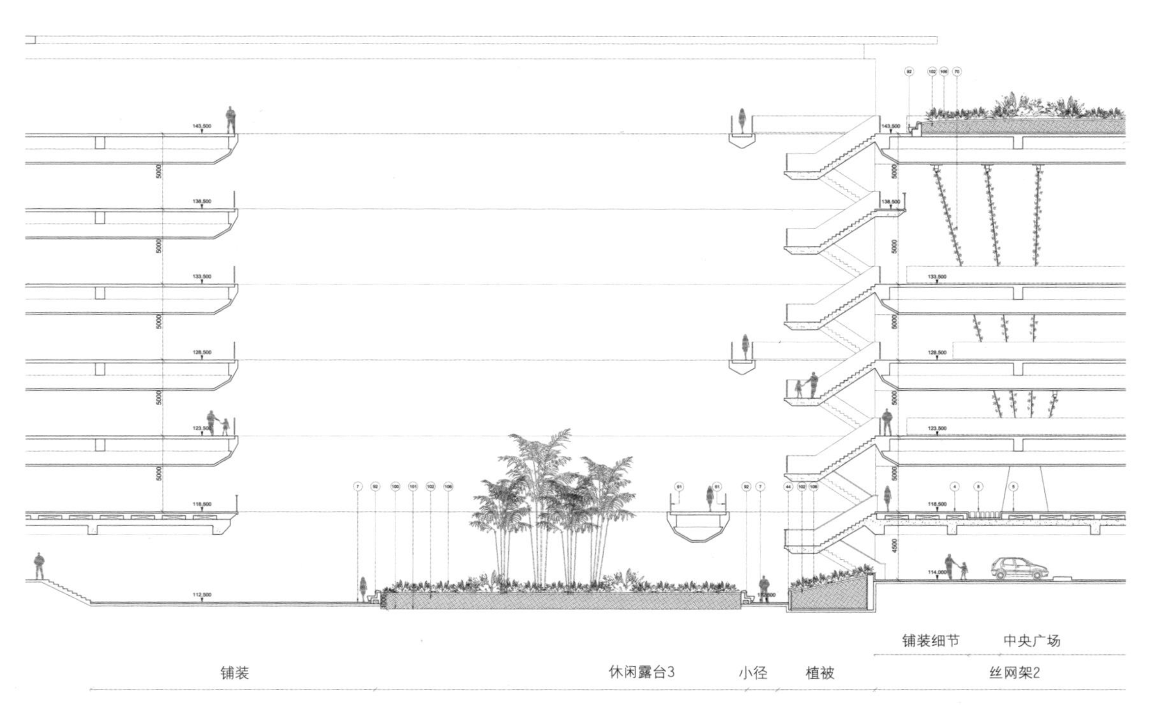
铺装细节
中央广场
铺装
休闲露台3
小径
植被
丝网架2

■ 庭院剖面：北侧庭院剖面，北向

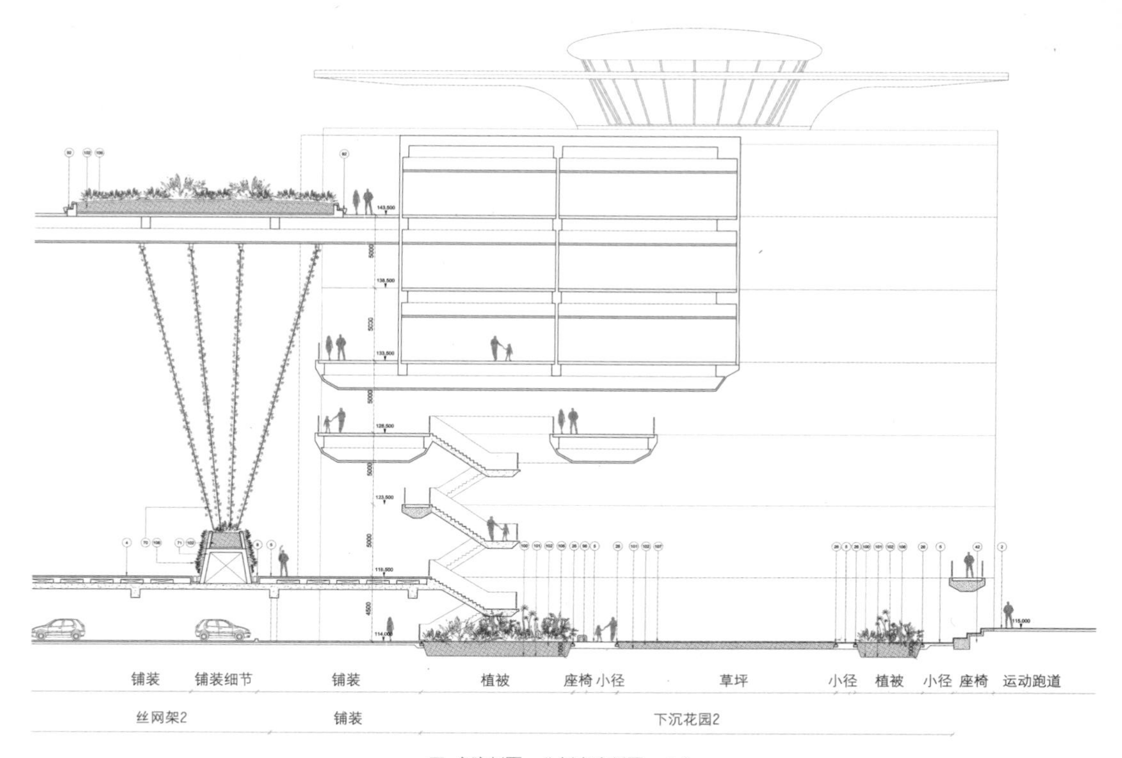
铺装
铺装细节
铺装
植被
座椅 小径
草坪
小径
植被
小径 座椅
运动跑道
丝网架2
铺装
下沉花园2

■ 庭院剖面：北侧庭院剖面，北向

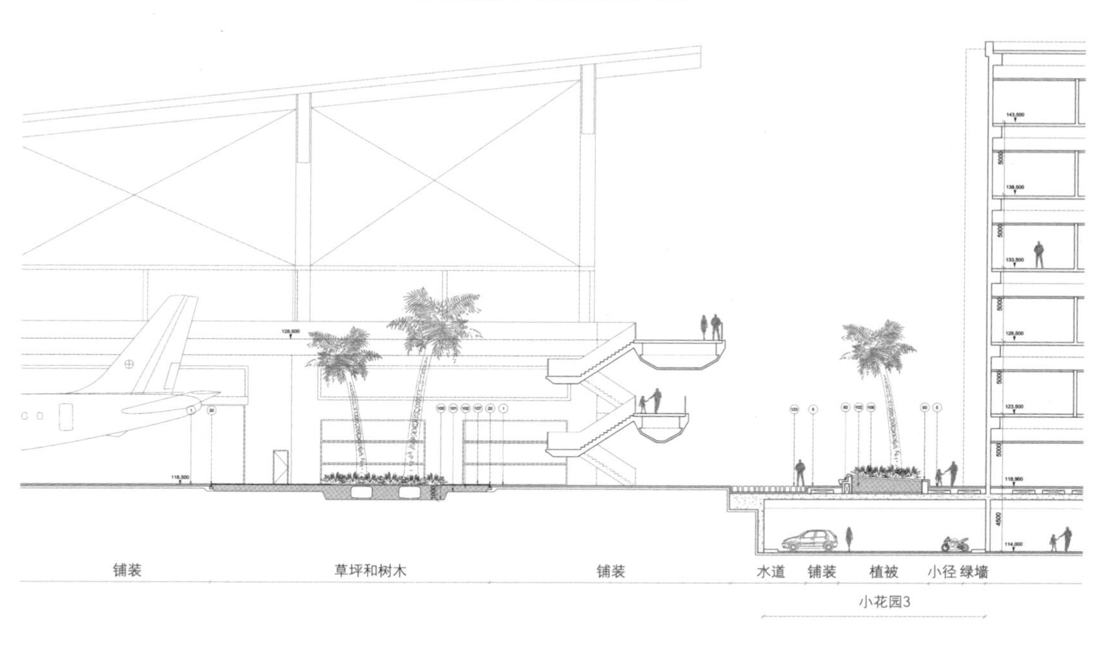
铺装
草坪和树木
铺装
水道
铺装
植被
小径 绿墙
小花园3

■ 庭院剖面：教学露台，北向

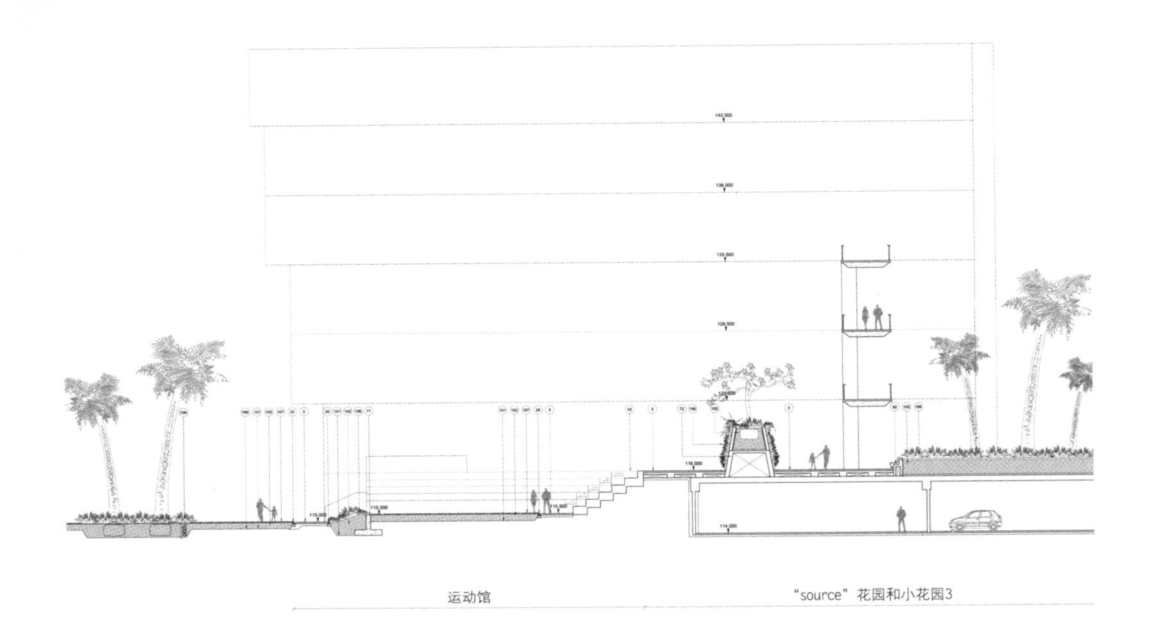
运动馆
“source”花园和小花园3

■ 庭院剖面：东北运动馆，北向

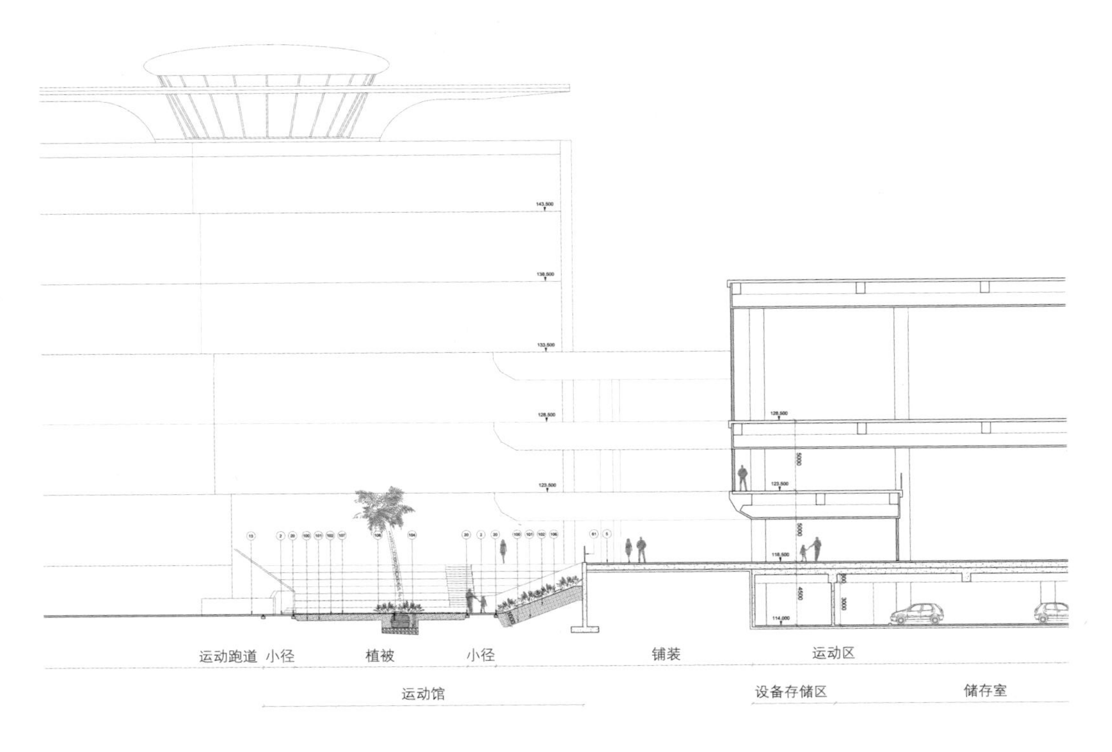
运动跑道
小径
植被
小径
铺装
运动区
运动馆
设备存储区
储存室

■ 庭院剖面：东北运动馆，东向

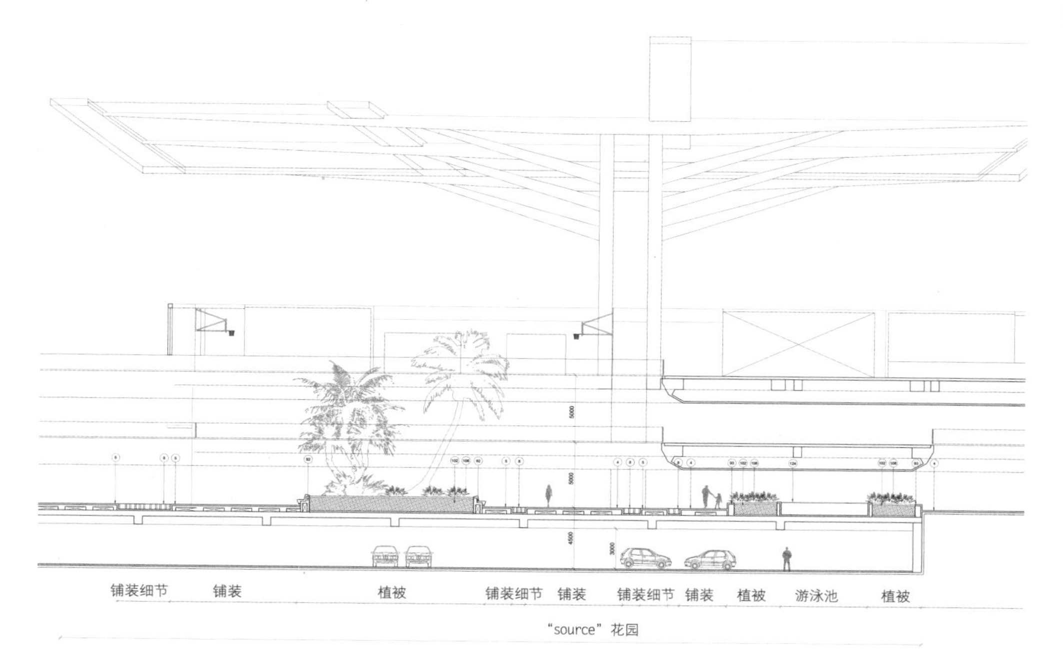
铺装细节
铺装
植被
铺装细节
铺装
铺装细节
铺装
植被
游泳池
植被
“source”花园

■ 庭院剖面：“source”花园北侧中心结构，西向

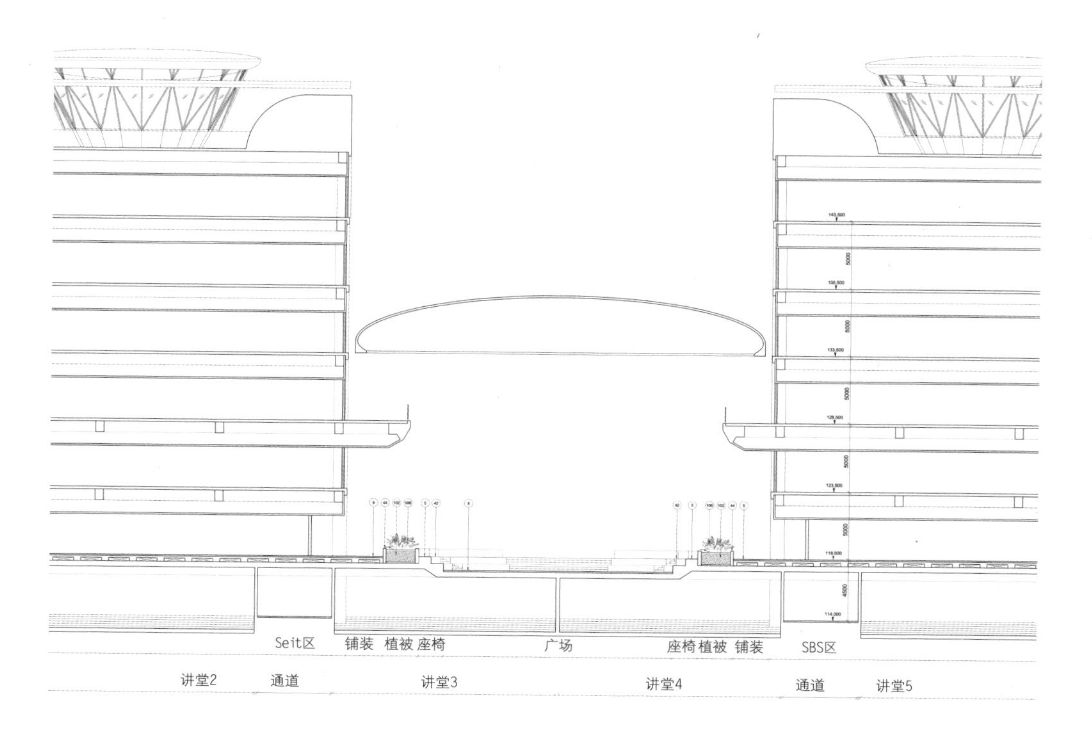
Seit区
铺装
植被
座椅
广场
座椅
植被
铺装
SBS区
讲堂2
通道
讲堂3
讲堂4
通道
讲堂5

■ 庭院剖面：中央广场，西向

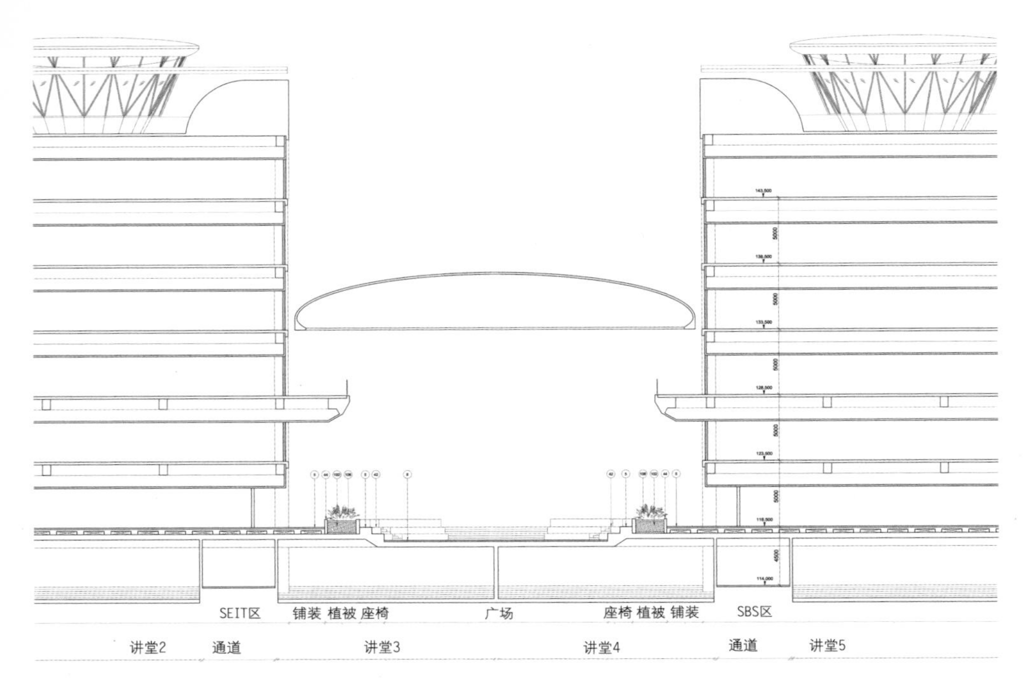
SEIT区
铺装 植被 座椅
广场
座椅 植被 铺装
SBS区
讲堂2
通道
讲堂3
讲堂4
通道
讲堂5

■ 庭院剖面：中央广场，西向

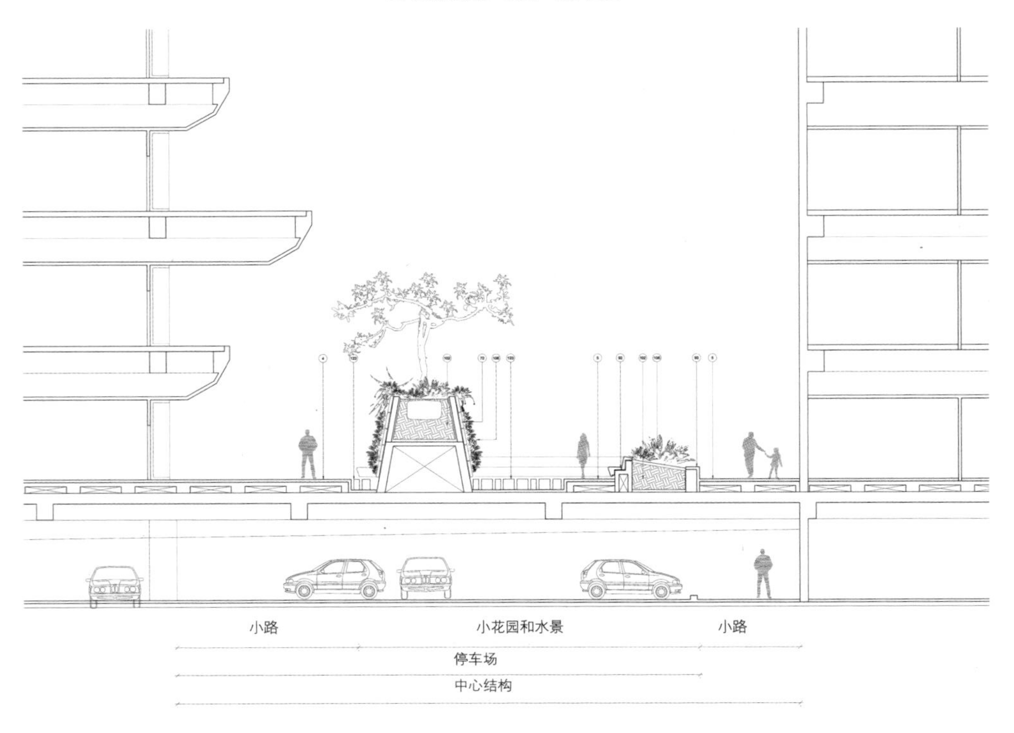
小路
小花园和水景
小路
停车场
中心结构

■ 庭院剖面：小花园1， 北向

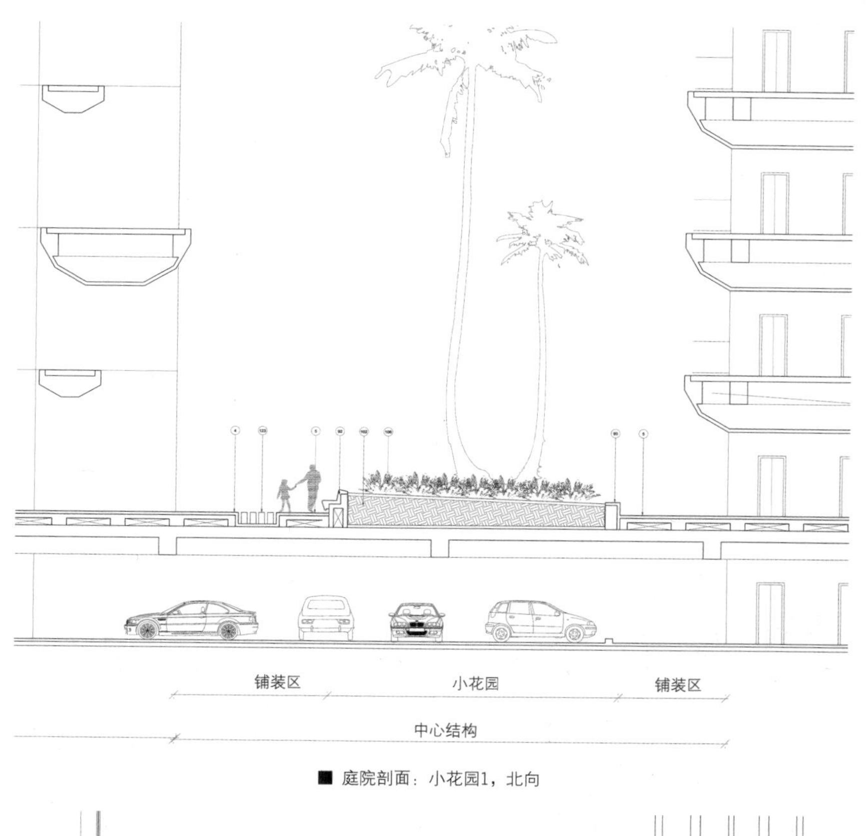
铺装区
小花园
铺装区
中心结构

■ 庭院剖面：小花园1，北向

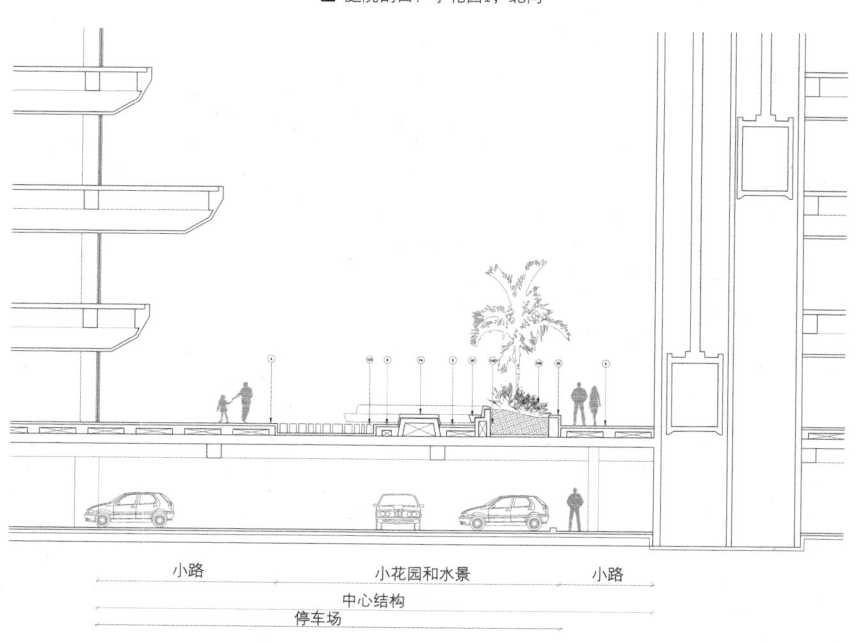
小路
小花园和水景
小路
中心结构
停车场

■ 庭院剖面：小花园1，北向

澳大利亚·克里夫顿山铁路工程景观

景观设计: 杰文斯景观建筑公司 (Jeavons Landscape Architects) 摄影师: 安德鲁·劳埃德 (Andrew Lloyd Photography) 客户: 交通管理局

项目简介
Information

克里夫顿山和韦斯特嘉斯车站之间的铁轨重建工作是改善墨尔本地区公共交通服务的重要举措，同时需要在梅里河上建造第二座铁路桥（桥梁工程于2009年竣工）。设计公司负责本项目此处复杂的景观规划工作，并且负责设计新铁轨及相邻的梅里河流沿岸的基础绿化工作。该项目需要把技术上的美学设计与较高的社会期望结合在一起，项目将建造在铁路桥下。设计师在公园充满艺术性的弧形墙上梯田式地种植了很多植被，并且在大桥的基柱处设置了一些篮球场、沥青材质的丘陵、堆砌的石堆和一个雨水花园，这处位于大桥正下方的空间被当地的年轻人很好地利用起来。本项目涉及几乎景观行业的所有领域，包括设计、施工和解决专业技术的问题，设计师很好地完成了这个具有代表性的小溪景观的重建，这里的景观同时满足了不同人群的复杂需求。

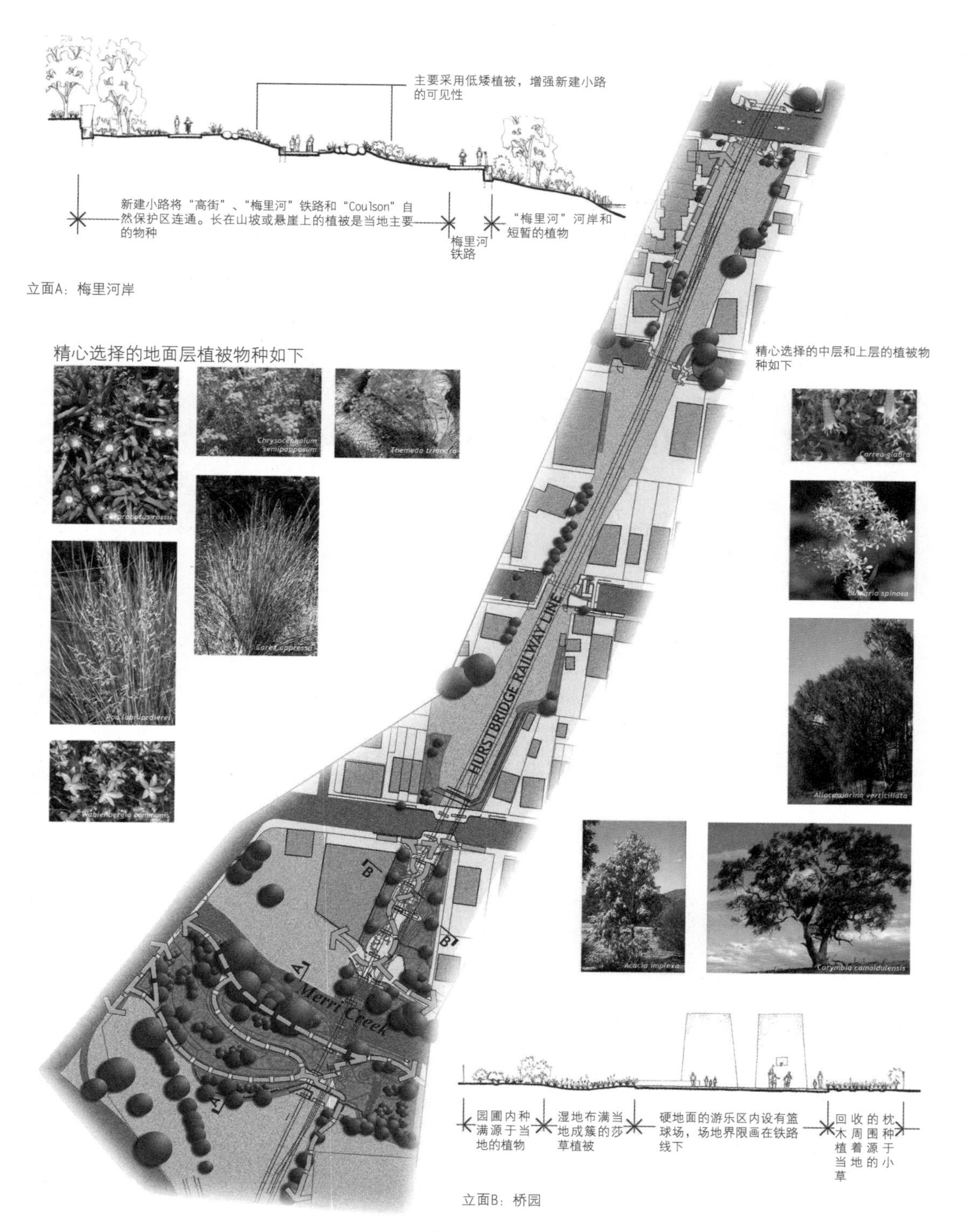

主要采用低矮植被，增强新建小路的可见性
新建小路将“高街”、“梅里河”铁路和“Coulson”自然保护区连通。长在山坡或悬崖上的植被是当地主要的物种
梅里河铁路
“梅里河”河岸和短暂的植物
立面A：梅里河岸
精心选择的地面层植被物种如下
Chrysocephalum semipapposum
Themeda triandra
Poa labillardierei
Wahlenbergia communis
精心选择的中层和上层的植被物种如下
Correa glabra
Allocasuarina verticillata
Acacia implexa
Corymbia camaldulensis
HURSTBRIDGE RAILWAY LINE
Merri Creek
园圃内种满源于当地的植物
湿地布满当地成簇的莎草植被
硬地面的游乐区内设有篮球场，场地界限画在铁路线下
回收的枕木周围种植着源于当地的小草
立面B：桥园

■ 景观总平面图

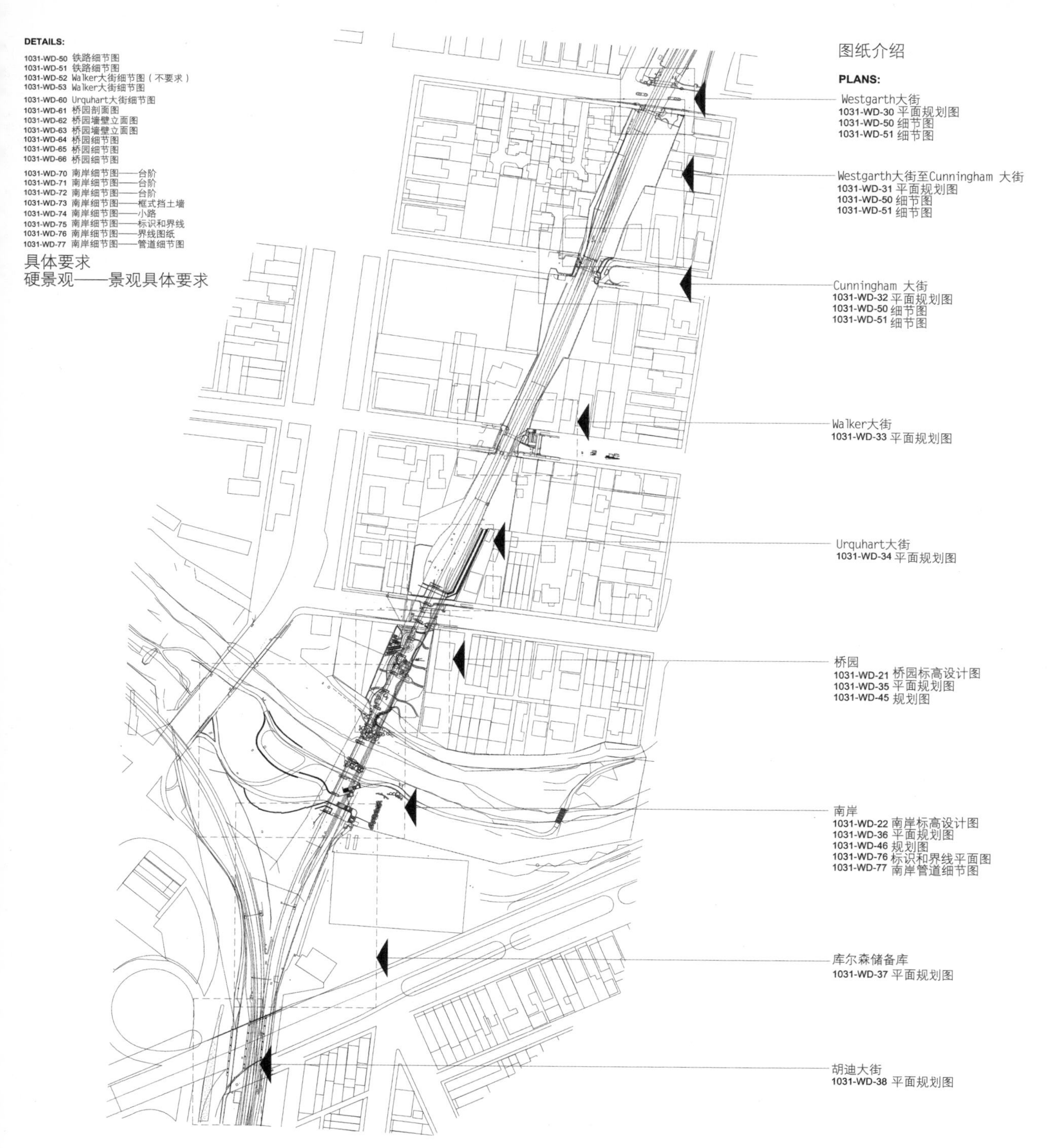
DETAILS:
1031-WD-50 铁路细节图
1031-WD-51 铁路细节图
1031-WD-52 Walker大街细节图（不要求）
1031-WD-53 Walker大街细节图
1031-WD-60 Urquhart大街细节图
1031-WD-61 桥园剖面图
1031-WD-62 桥园墙壁立面图
1031-WD-63 桥园墙壁立面图
1031-WD-64 桥园细节图
1031-WD-65 桥园细节图
1031-WD-66 桥园细节图
1031-WD-70 南岸细节图——台阶
1031-WD-71 南岸细节图——台阶
1031-WD-72 南岸细节图——台阶
1031-WD-73 南岸细节图——框式挡土墙
1031-WD-74 南岸细节图——小路
1031-WD-75 南岸细节图——标识和界线
1031-WD-76 南岸细节图——界线图纸
1031-WD-77 南岸细节图——管道细节图
具体要求
硬景观——景观具体要求
图纸介绍
PLANS:
Westgarth大街
1031-WD-30 平面规划图
1031-WD-50 细节图
1031-WD-51 细节图
Westgarth大街至Cunningham 大街
1031-WD-31 平面规划图
1031-WD-50 细节图
1031-WD-51 细节图
Cunningham 大街
1031-WD-32 平面规划图
1031-WD-50 细节图
1031-WD-51 细节图
Walker大街
1031-WD-33 平面规划图
Urquhart大街
1031-WD-34 平面规划图
桥园
1031-WD-21 桥园标高设计图
1031-WD-35 平面规划图
1031-WD-45 规划图
南岸
1031-WD-22 南岸标高设计图
1031-WD-36 平面规划图
1031-WD-46 规划图
1031-WD-76 标识和界线平面图
1031-WD-77 南岸管道细节图
库尔森储备库
1031-WD-37 平面规划图
胡迪大街
1031-WD-38 平面规划图

■ 整体规划图

桥园材料列表

硬景观元素	描述
园区内铁轨	AA级回收赤桉树或铁皮木枕木
水泥台阶	青石台面的水泥台阶
沿河床排列鹅卵石	泥土色鹅卵石嵌在水泥中
桥园内水泥小路	灰白色水泥与20mm石英石混合，表面进行木抹休整
混凝土边饰	水泥，表面进行木抹休整
护岸	灰白色现场浇筑水泥护岸，采用巴克斯马什碎石和喷砂装饰
碎砖表面	回收碎砖材质和Sta-Lok稳定剂
碎石路	200mm夯实深度，20mm二级Envirocrete材质
人行路	标准灰色水泥，符合政府标准
铁路护栏	Gryffin Fencing 公司打造的彩色Tango铁路护栏
安全护柱	140mm×140mm炭色回收塑料安全护柱，Bolland #B0599

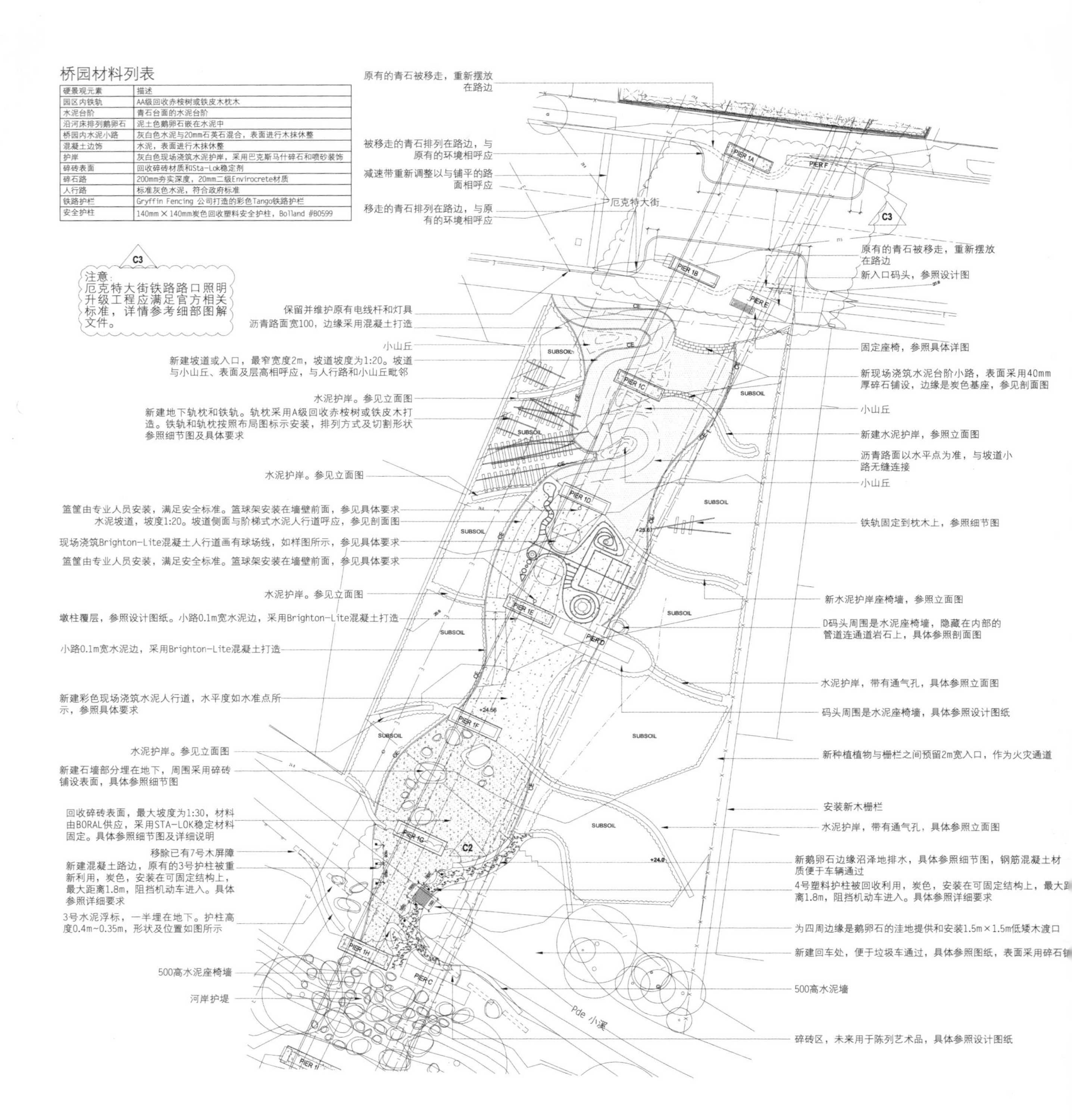
C3
注意：
厄克特大街铁路路口照明升级工程应满足官方相关标准，详情参考细部图解文件。
原有的青石被移走，重新摆放在路边
被移走的青石排列在路边，与原有的环境相呼应
减速带重新调整以与铺平的路面相呼应
移走的青石排列在路边，与原有的环境相呼应
厄克特大街
保留并维护原有电线杆和灯具
沥青路面宽100，边缘采用混凝土打造
小山丘
新建坡道或入口，最窄宽度2m，坡道坡度为1:20。坡道与小山丘、表面及层高相呼应，与人行路和小山丘毗邻
水泥护岸。参见立面图
新建地下轨枕和铁轨。轨枕采用A级回收赤桉树或铁皮木打造。铁轨和轨枕按照布局图标示安装，排列方式及切割形状参照细节图及具体要求
水泥护岸。参见立面图
篮筐由专业人员安装，满足安全标准。篮球架安装在墙壁前面，参见具体要求
水泥坡道，坡度1:20。坡道侧面与阶梯式水泥人行道呼应，参见剖面图
现场浇筑Brighton-Lite混凝土人行道画有球场线，如样图所示，参见具体要求
篮筐由专业人员安装，满足安全标准。篮球架安装在墙壁前面，参见具体要求
水泥护岸。参见立面图
墩柱覆层，参照设计图纸。小路0.1m宽水泥边，采用Brighton-Lite混凝土打造
小路0.1m宽水泥边，采用Brighton-Lite混凝土打造
新建彩色现场浇筑水泥人行道，水平度如水准点所示，参照具体要求
水泥护岸。参见立面图
新建石墙部分埋在地下，周围采用碎砖铺设表面，具体参照细节图
回收碎砖表面，最大坡度为1:30，材料由BORAL供应，采用STA-LOK稳定材料固定。具体参照细节图及详细说明
移除已有7号木屏障
新建混凝土路边，原有的3号护柱被重新利用，炭色，安装在可固定结构上，最大距离1.8m，阻挡机动车进入。具体参照详细要求
3号水泥浮标，一半埋在地下。护柱高度0.4m~0.35m，形状及位置如图所示
500高水泥座椅墙
河岸护堤
PIER 1A
PIER F
PIER 1B
PIER E
PIER 1C
PIER 1D
PIER 1E
PIER D
PIER 1F
PIER 1G
PIER 1H
PIER C
PIER 1I
SUBSOIL
C2
+24.56
+24.0
Pde 小溪
原有的青石被移走，重新摆放在路边
新入口码头，参照设计图
固定座椅，参照具体详图
新现场浇筑水泥台阶小路，表面采用40mm厚碎石铺设，边缘是炭色基座，参见剖面图
小山丘
新建水泥护岸，参照立面图
沥青路面以水平点为准，与坡道小路无缝连接
小山丘
铁轨固定到枕木上，参照细节图
新水泥护岸座椅墙，参照立面图
D码头周围是水泥座椅墙，隐藏在内部的管道连通道岩石上，具体参照剖面图
水泥护岸，带有通气孔，具体参照立面图
码头周围是水泥座椅墙，具体参照设计图纸
新种植植物与栅栏之间预留2m宽入口，作为火灾通道
安装新木栅栏
水泥护岸，带有通气孔，具体参照立面图
新鹅卵石边缘沿泽地排水，具体参照细节图，钢筋混凝土材质便于车辆通过
4号塑料护柱被回收利用，炭色，安装在可固定结构上，最大
离1.8m，阻挡机动车进入。具体参照详细要求
为四周边缘是鹅卵石的洼地提供和安装1.5m×1.5m低矮木渡口
新建回车处，便于垃圾车通过，具体参照图纸，表面采用碎石
500高水泥墙
碎砖区，未来用于陈列艺术品，具体参照设计图纸

■ 景观整体规划图

意事项

责声明
些技术图纸并非施工图，施工图请参照具体图纸
件。

术
保护周边设施，如道路、分界线标识等，以免其
施工过程中损坏。
在没有硬景观或园圃的区域栽种小草。
施工完成时候，必须清除场地上所有的建筑材
料，并保证场地未受任何损坏，否则要通知监理人。

施
维护并保护现存设施，承包人负责在施工开始之
前防止、鉴别并保护所有设施。
对任何设施进行更改，都应得到相关部门的允许
并参照细节施工图文件。

路工程
所有铁路工程，包括铁路设施改动需参照细节施
工图文件。
应得到铁路相关结构确认，所有工程需满足要
求。施工开始之前，承包人应对任何改动通知并
获得监理人许可。

部工作
所有内部工程，包括路标线、排水、设施等须参
照细节施工图文件。
所有新建水泥路、车道及路边休整应与原有工程
相呼应。所有新工程与四周环境装饰相呼应。
最终设计参照图纸。

械工程
所有基础机构必须标示出来，参照机械施工图纸。

明工程
所有照明设施应满足当局相关部门要求，并符合
相关标准，参照细节施工图纸。

已有树木
1. 对原有树木进行保护或者移除应遵循树艺师的要求和详细图纸。
2. 原有树木需保护的区域，硬景观承包人应在周围规划一个临时的保护区，确保在整个施工期间满足相关要求。

土木工事
1. 所有区域界线和水平基准线如图所示。
2. 园圃表层土壤供应和添加由软景观承包人负责。
3. 硬景观承包人负责装饰园圃0.3m以下区域。
4. 硬景观承包人负责新建园圃石膏材料供应，在软景观承包人引进表层土壤后，硬景观承包人在表层土壤上覆盖25mm盖草层。
5. 在结构设施和人行道施工之前，硬景观承包人需向建筑师提供景观水平基准线并取得其同意。硬景观承包人需重新评估和调查场地，确保所有工作满足相关及景观设计师的要求，并符合场地条件。

标准
所有工作营遵循澳大利亚现行相关标准及主管部门要求
——AS 1428，入口及移动性设计
——AS 1742 交通控制设施手册
——所有自行车道应遵循Ausroads第14部分：系行车相关规定

75深沥青人行道，路基同样是75深

水泥人行道：米色水泥。100mm厚人行道，路基75深，参照工程文件和具体要求

回收碎砖路面，75mm深，由Boral公司供应，采用STA-LOK稳定剂加固。

环保鹅卵石涂抹在排水结构或河床，颜色、尺寸及排列方式参照细节图及具体要求

青石饰面水泥护岸，参照细节图

1.8m高饰面护岸，参照细节图

Tango铁路护栏，1.2m高，黑色

木边/塑料边

水泥或青石路边

100宽光滑水泥边缘

500宽现场浇筑水泥坐骑墙，参照立面图及细节图

Furphy Foundry公园座椅

篮筐

现场浇筑水泥台阶采用40mm厚青石饰面

WSUD花园青石边缘，参照细节图

地下浮标，参照细节图

回收塑料护柱 B0599。炭色，安装在固定结构上，参照具体要求。

已有树木

已有水平基准线
预计水平基准线
墙顶部水平基准线
小山丘顶部水平基准线
水泥人行道上篮球场线，参照平面详图和具体要求。

表层土壤水平基准线并种植植物，参照具体要求。

参照

东侧斜坡参照南岸植被平面图

小路边缘参照图纸

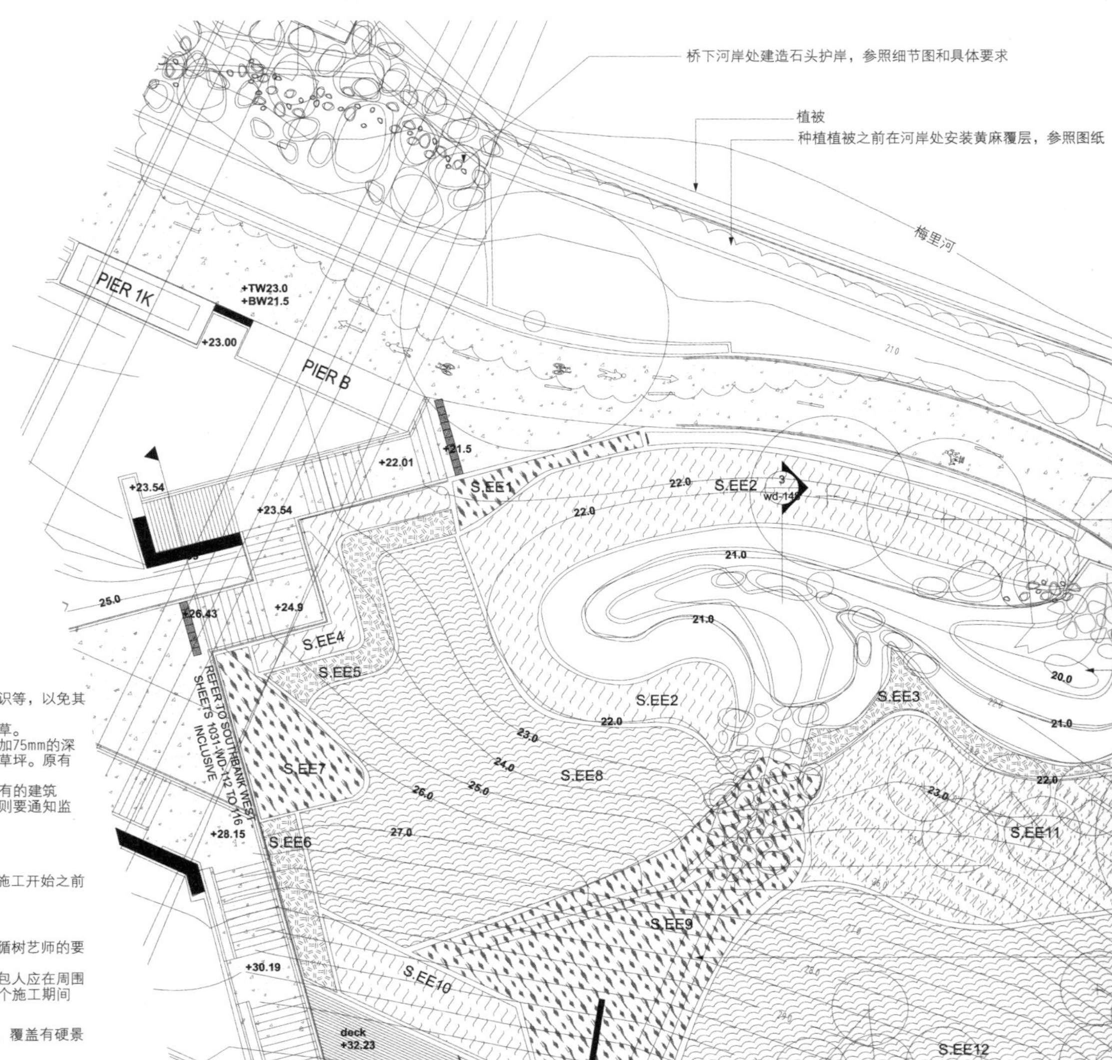

桥下河岸处建造石头护岸，参照细节图和具体要求
植被
种植植被之前在河岸处安装黄麻覆层，参照图纸
梅里河
PIER 1K
+TW23.0
+BW21.5
+23.00
PIER B
+21.5
+22.01
+23.54
+23.54
S.EE1
22.0
S.EE2
22.0
wd-148
21.0
25.0
+26.43
+24.9
21.0
S.EE4
S.EE5
20.0
REFER TO SOUTHBANK WEST SHEETS 1031-WD-112 TO 116 INCLUSIVE
S.EE2
S.EE3
22.0
21.0
23.0
S.EE7
24.0
S.EE8
25.0
26.0
22.0
23.0
+28.15
27.0
S.EE6
S.EE11
S.EE9
+30.19
S.EE10
deck
+32.23
S.EE12
+32.23
deck
+32.23
库尔森储备库

注意事项

概述

1. 保护周边设施，如道路、分界线标识等，以免其在施工过程中损坏。
2. 在没有硬景观或园圃的区域栽种小草。
3. 承包人需在现有植被区供提供和添加75mm的深松树皮（如南岸河岸护堤），代替草坪。原有植被区需得到监理人确认。
4. 施工完成时候，必须清除场地上所有的建筑材料，并保证其未受任何损坏，否则要通知监理人。

设施

维护并保护现存设施，承包人负责在施工开始之前防止、鉴别并保护所有设施。

已有树木

1. 对原有树木进行保护或者移除应遵循树艺师的要求和详细图纸。
2. 原有树木需保护的区域，硬景观承包人应在周围规划一个临时的保护区，确保在整个施工期间满足相关要求。

园圃地下土壤层位于表层之下300mm，覆盖有硬景观承包人供应的临时覆草层。

软景观承包人工作

1. 施工开始前，软景观承包人需与监理人及景观建筑师确认下层土壤基准线。
2. 所有区域界线和水平基准线如图所示。注意：水平基准线高于四周。
3. 软景观承包人可以将区域内的表层土壤添加到园圃，如图上所示。
4. 如需要，软景观承包人需供应和添加表层土壤。

种植工作

1. 软景观承包人负责所有种植工作，包括园圃规划，如野草控制、栽培、种植和护根等。
2. 所有园圃规划应遵循图纸及软景观设计具体要求。
3. 种植工作开始前，软景观承包人要求与监理人现场确认园圃规划。
4. 所有种植工作都应遵循图纸、种植时间表和软景观设计的具体要求。

■ 景观整体规划图

标注

划线部分区域规划与植物栽种，参照植被规划图，包括物种数量和规模。
维护和保护现有树木
新植被，参照细节图
新灌木种植
SE 提供和安装钢材边缘，参照细节图
TE 提供和安装木材边缘，参照细节图
SPE 边缘规划，参照细节图
新Tango栅栏
原有轮廓线
MGG 草坪种植，参照具体要求
原有水平线
规划水平线，景观承包人需对其进行填充

里河岸小路下的原有雨水排水口

2号无叶豆科植被

雨水湿地。2个深深的泳池被低矮植被包围，参照细节图和具体要求

1号无叶豆科植被

岩石边植被区

5号金荆树

原有岩石漏斗通道，雨水排水区通往湿地。植被扩种区以及待确认的物种

4号黑木相思

8号黑荆

4号黑木相思

保现有的2个雨水排水渠安装垃圾排泄通，参照具体要求。
墨尔本水务机构、当地政府及相关部门询、设计并安装垃圾排泄通道，为工程提供图纸。
idelberg路毗邻的区域应确保充足的车辆入口，与雅拉市及墨尔本水务相关机构认具体位置，参照具体要求。

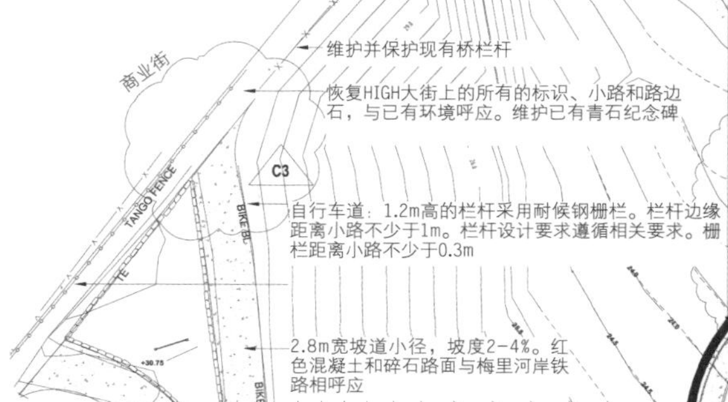

商业街
维护并保护现有桥栏杆
恢复HIGH大街上的所有的标识、小路和路边石，与已有环境呼应。维护已有青石纪念碑
C3
TANGO FENCE
BIKE BL
自行车道：1.2m高的栏杆采用耐候钢栅栏。栏杆边缘距离小路不少于1m。栏杆设计要求遵循相关要求。栅栏距离小路不少于0.3m
2.8m宽坡道小径，坡度2~4%。红色混凝土和碎石路面与梅里河岸铁路相呼应

0.1m高抬起的青石路边石

将小树和灌木移至树木保护区之外的南岸，确保树木免受施工工程的损害。树木移动之前确保树艺师和景观建筑师在现场，参照树艺师报告及具体要求。将树桩和树根及杂草根留下，参照具体要求。

维护并保护原有黑胡椒树，安装1.8m高的临时栅栏，参照具体要求

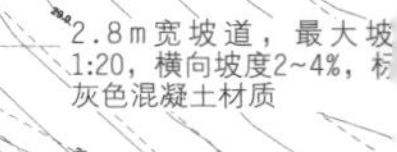

2.8m宽坡道，最大坡
1:20，横向坡度2~4%，
灰色混凝土材质

1.2m高Tango铁路栅栏。产品型号：TR500，适于斜坡，参照具体要求

新建1.2m高车闸门，与Tangorail TR500相呼应，参照具体要求

框式
建造

材料清单

南岸	
硬景观元素	描述
通往斜坡的护岸	青石饰面护岸，带有炭色底座
框式挡土墙	热浸镀锌网框架，青石骨料填充
梅里河岸小径	参照雅拉市政府要求
入口斜坡处的水泥人行路	标准灰色混凝土
碎砖饰面	回收碎砖，采用Sta-Lok稳定剂固定
人行路	标准灰色混凝土饰面，满足市政府要求
铁路护栏	提供Tango铁路护栏：灰色

道路等级与原来等级相呼应

当土墙不高于临近路面0.5m，墙面坡
0与小路呼应，参照剖面图

当土墙旨在保护梅里河岸铁路，参照
图

车道：路边采用双栅栏，铁路边缘距
路不少于1m。铁路设计遵循奥斯汀路
部分要求，参照细节图和剖面图

提升坡度——在小路旁新建通道和
脊线，参照剖面图

已有树木
1. 对原有树木进行保护或者移除应遵循树艺师要求和详细图纸。
2. 原有树木需保护的区域，硬景观承包人应在周围规划一个临时的保护区，确保在整个施工期间满足相关要求。

土木工事
1. 所有区域界线和水平基准线如图所示。
2. 园圃表层土壤供应和添加由软景观承包人负责。
3. 硬景观承包人负责装饰园圃0.3m以下区域。
4. 硬景观承包人负责新建园圃石膏材料供应，在软景观承包人引进表层土壤后，硬景观承包人在表层土壤上覆盖25mm盖草层
5. 在结构设施和人行道施工之前，硬景观承包人需向建筑师提供景观水平基准线并取得其同意。硬景观承包人需重新评估和调查场地，确保所有工作满足相关及景观设计师的要求，并符合场地条件。

标准
所有工作营遵循澳大利亚现行相关标准及当局要求
——AS 1428，入口及移动性设计
——AS 1742 交通控制设施手册
——所有自行车道应遵循奥斯汀路第14部分：系行车相关规定

其他工程
1. 参照标识和线条图纸，多有彩色线条代表小路和新标识的位置。
2. 小路宽度不少于2.5m。所有公共小路上，挡土墙、座椅墙、栏杆和扶手等结构旁预留0.3m缓冲。小路一侧有建造结构，小路宽2.8m；小路两侧均有建造结构，小路宽3.1m。
3. 栅栏/栏杆边缘距离小路不少于1m。栅栏距离小路一侧不少于0.3m。

标注

- 水泥人行道：梅里河岸小径——红色，与原有小路相呼应。台阶——褐色混凝土。100mm厚人行道，路基75深，参照工程文件和具体要求。
- 回收碎砖路面，75mm深，由Boral公司供应，采用STA-LOK稳定剂加固
- 回收碎石饰面铁路道岔，参照具体要求
- 碎石饰面，参照具体要求
- 回收塑料材质平台，参照细节图和具体要求
- 框式挡土墙，参照细节图
- 桥下青石饰面，参照细节图
- TE PE：木边/塑料边
- CE：小路边缘不高于0.2m，Brighton-Lite混凝土，参照细节图
- TANGO：Tango铁路栅栏：高，1.2m；产品型号，TR500；颜色，灰色。由Gryffin提供，参照细节图
- BL BIKE BL：耐候钢护栏，台阶旁，参照自行车路和坡道旁细节图
- HR BIKE HR：台阶旁扶手，自行车小径旁双轨道，参照细节图
- Furphy Foundry公园座椅
- 已有树木

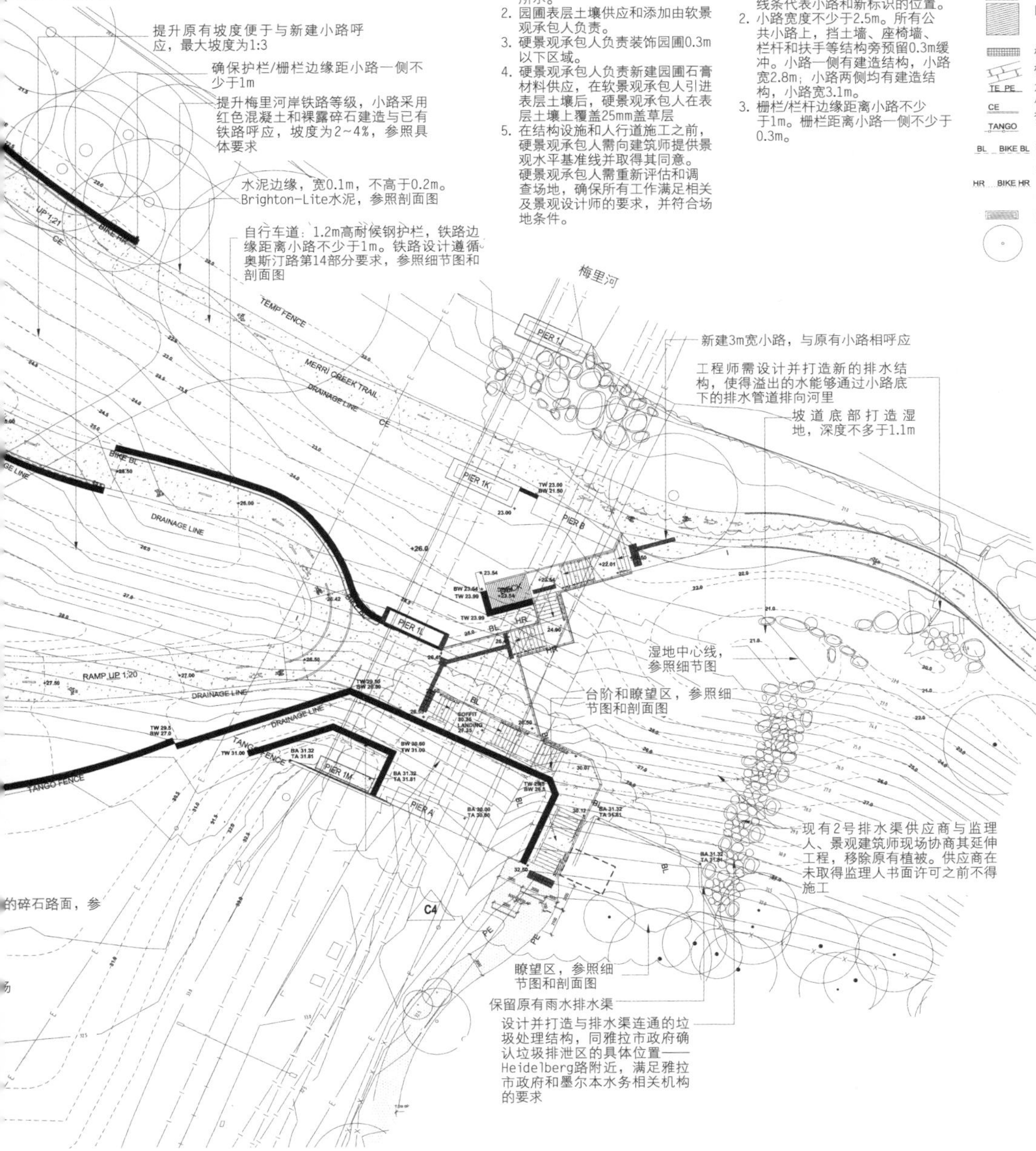

提升原有坡度便于与新建小路呼应，最大坡度为1:3

确保护栏/栅栏边缘距小路一侧不少于1m

提升梅里河岸铁路等级，小路采用红色混凝土和裸露碎石建造与已有铁路呼应，坡度为2~4%，参照具体要求

水泥边缘，宽0.1m，不高于0.2m。Brighton-Lite水泥，参照剖面图

自行车道：1.2m高耐候钢护栏，铁路边缘距离小路不少于1m。铁路设计遵循奥斯汀路第14部分要求，参照细节图和剖面图

梅里河

新建3m宽小路，与原有小路相呼应

工程师需设计并打造新的排水结构，使得溢出的水能够通过小路底下的排水管道排向河里

坡道底部打造湿地，深度不多于1.1m

湿地中心线，参照细节图

台阶和瞭望区，参照细节图和剖面图

现有2号排水渠供应商与监理人、景观建筑师现场协商其延伸工程，移除原有植被。供应商在未取得监理人书面许可之前不得施工

的碎石路面，参

瞭望区，参照细节图和剖面图

保留原有雨水排水渠

设计并打造与排水渠连通的垃圾处理结构，同雅拉市政府确认垃圾排泄区的具体位置——Heidelberg路附近，满足雅拉市政府和墨尔本水务相关机构的要求

■ 景观整体规划图

标高设计图：
桥园，标高和整地细节图
南岸东侧，标高和整地细节图
南岸西侧，标高和整地细节图

栽种规划图：
桥园，栽种规划图
南岸，栽种规划图

软景观细节图：
桥园，植被剖面和细节图
南岸，植被剖面图
铁路通道植被
典型植被和路边细节图
沼泽地植被细节图
悬崖植被细节图
Coulson湿地保护区细节图
Hoddle大街景观细节图

图纸介绍

规划图：
Westgrath大街
种植规划图
种植时间规划表

Westgarth大街至Cunningham大街
种植规划图
种植时间规划表

Cunningham大街
种植规划图
种植时间规划表

Urquhart大街到Cunningham大街
种植规划图
种植时间规划表

Planting schedule
Walker大街种植规划图
种植时间规划表

Urquhart大街到Cunningham大街
种植规划图
种植时间规划表

Urquhart大街
种植规划图
种植时间规划表

桥园
西侧种植规划图
种植时间规划表
东侧种植规划图
种植时间规划表
WSUD和梅里河北岸种植规划图
种植时间规划表
桥园标高设计图
桥园规划图

南岸西侧
悬崖种植规划图
种植时间规划表
矮坡、河岸、湿地种植规划图
种植时间规划表
南岸东侧标高设计图
南岸规划图

Coulson保护区
种植规划图
种植时间规划表

Hoddle大街南侧
种植规划图
种植时间规划表

南岸西侧
较高岸边河岸种植规划图
种植时间规划表
低坡一侧悬崖种植规划图
种植时间规划表
主悬崖种植规划图
种植时间规划表
高处悬崖种植规划图
种植时间规划表
草坪种植规划图
种植时间规划表
路边种植规划图
种植时间规划表
南岸西侧标高设计图
种植时间规划表
南岸规划图

WESTGARTH ST
CUNNINGHAM ST
WALKER ST
HIGH ST
MERRI CK.
URQUHART ST
CREEK PDE
MERRI CK.
COULSON RESERVE
HEIDELBERG ROAD
HODDLE ST

■ 软景观整体规划图

2 TRACKS
DO NOT CROSS
WHILE LIGHTS
ARE FLASHING
OR ALARM
SOUNDING

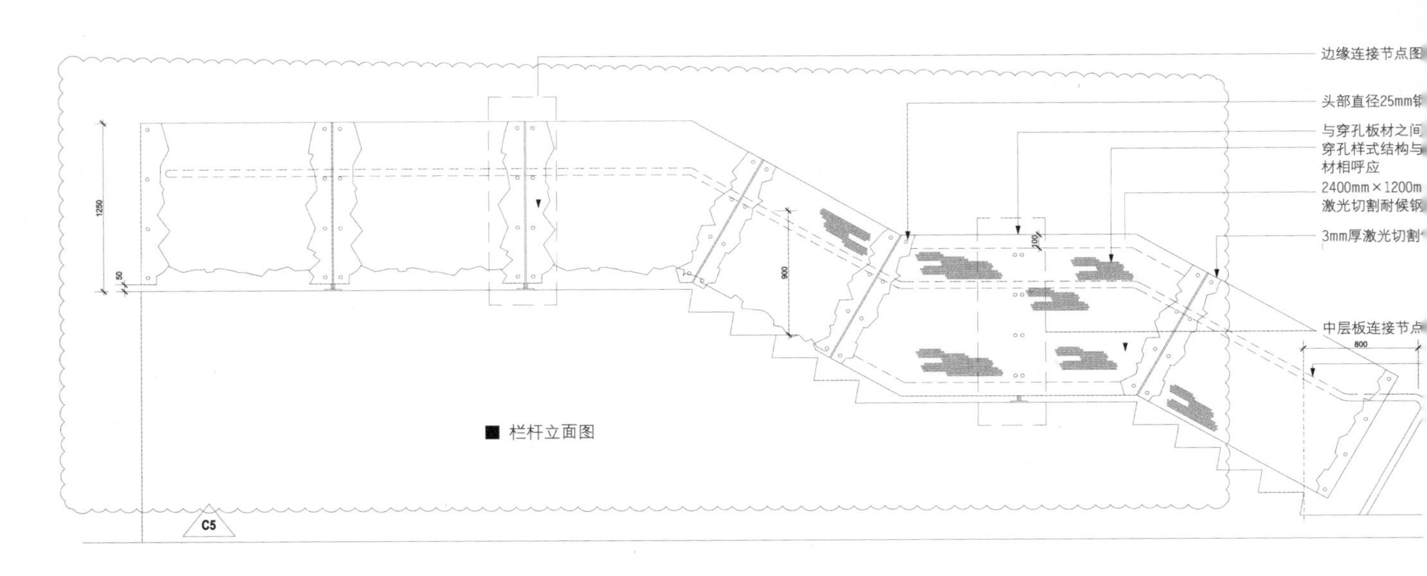
边缘连接节点图
头部直径25mm钢
与穿孔板材之间
穿孔样式结构与
材相呼应
2400mm×1200m
激光切割耐候钢
3mm厚激光切割
中层板连接节点
1250
50
900
100
800
C5
■ 栏杆立面图

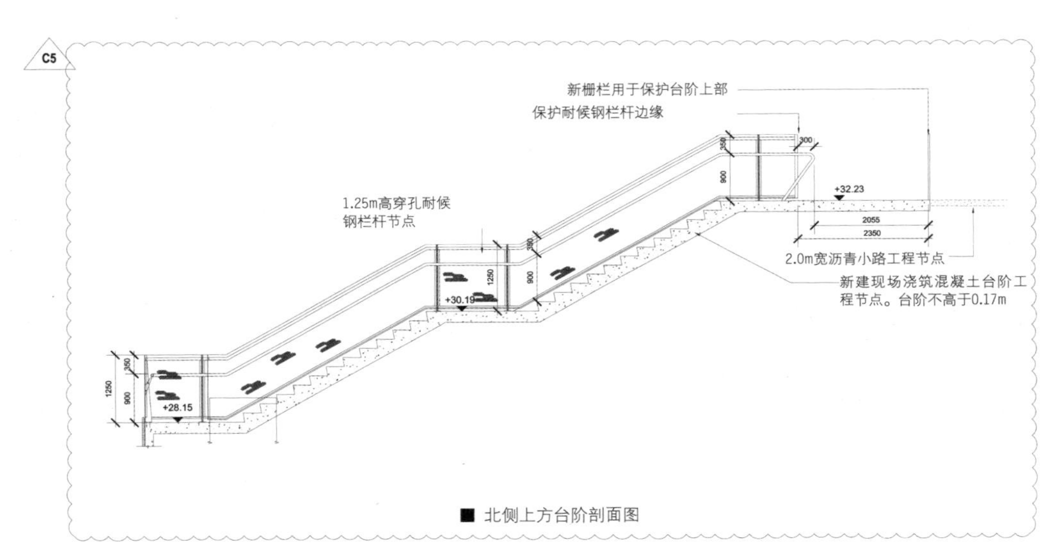
C5
新栅栏用于保护台阶上部
保护耐候钢栏杆边缘
1.25m高穿孔耐候
钢栏杆节点
+32.23
2055
2350
2.0m宽沥青小路工程节点
新建现场浇筑混凝土台阶工
程节点。台阶不高于0.17m
+30.19
+28.15
1250
900
300
■ 北侧上方台阶剖面图

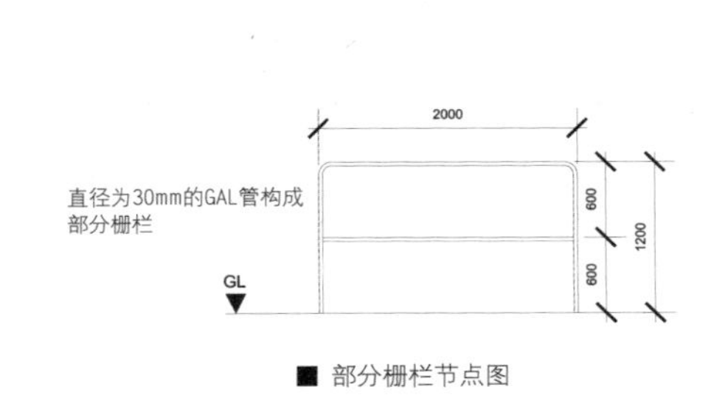
2000
直径为30mm的GAL管构成
部分栅栏
600
600
1200
GL
■ 部分栅栏节点图

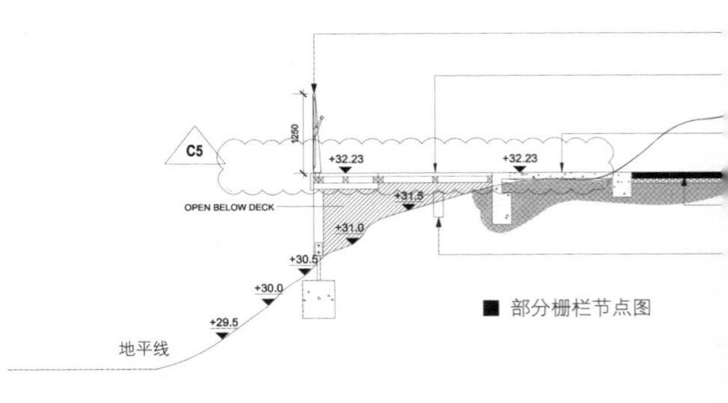
C5
1250
+32.23
+32.23
OPEN BELOW DECK
+31.5
+31.0
+30.5
+30.0
+29.5
地平线
■ 部分栅栏节点图

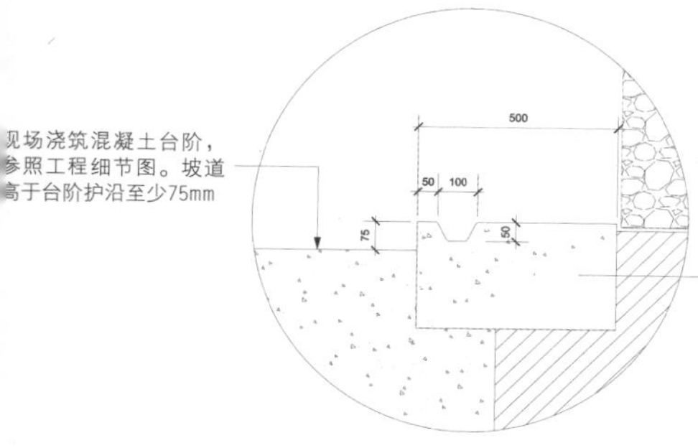
现场浇筑混凝土台阶，
参照工程细节图。坡道
高于台阶护沿至少75mm
500
50
100
75
50

0.5m宽现场浇筑混凝土自行车坡道，颜色与台阶相呼应

■ 自行车坡道剖面图

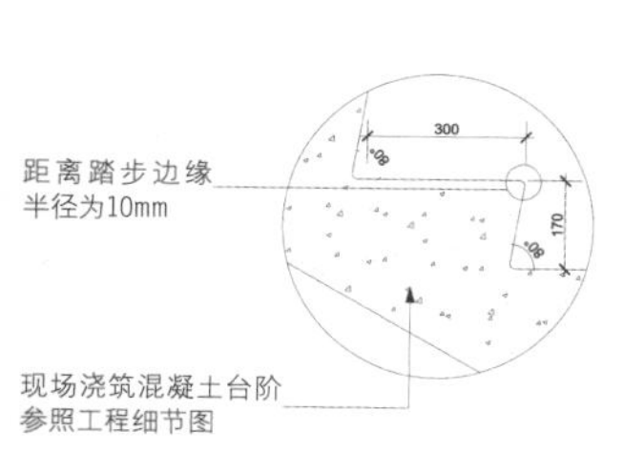
距离踏步边缘
半径为10mm
300
170
现场浇筑混凝土台阶
参照工程细节图

■ 台阶踏步剖面

1.25m高穿孔板栏杆，与台阶相呼应

190mm×50mm重复植被，参照具体要求及支柱、梁等结构细节图

新建现场浇筑灰色混凝土板，参照具体要求及细节图

新建沥青小路，参照具体要求

平台下原有雨水排水渠，一定坡度设置使其排向湿地

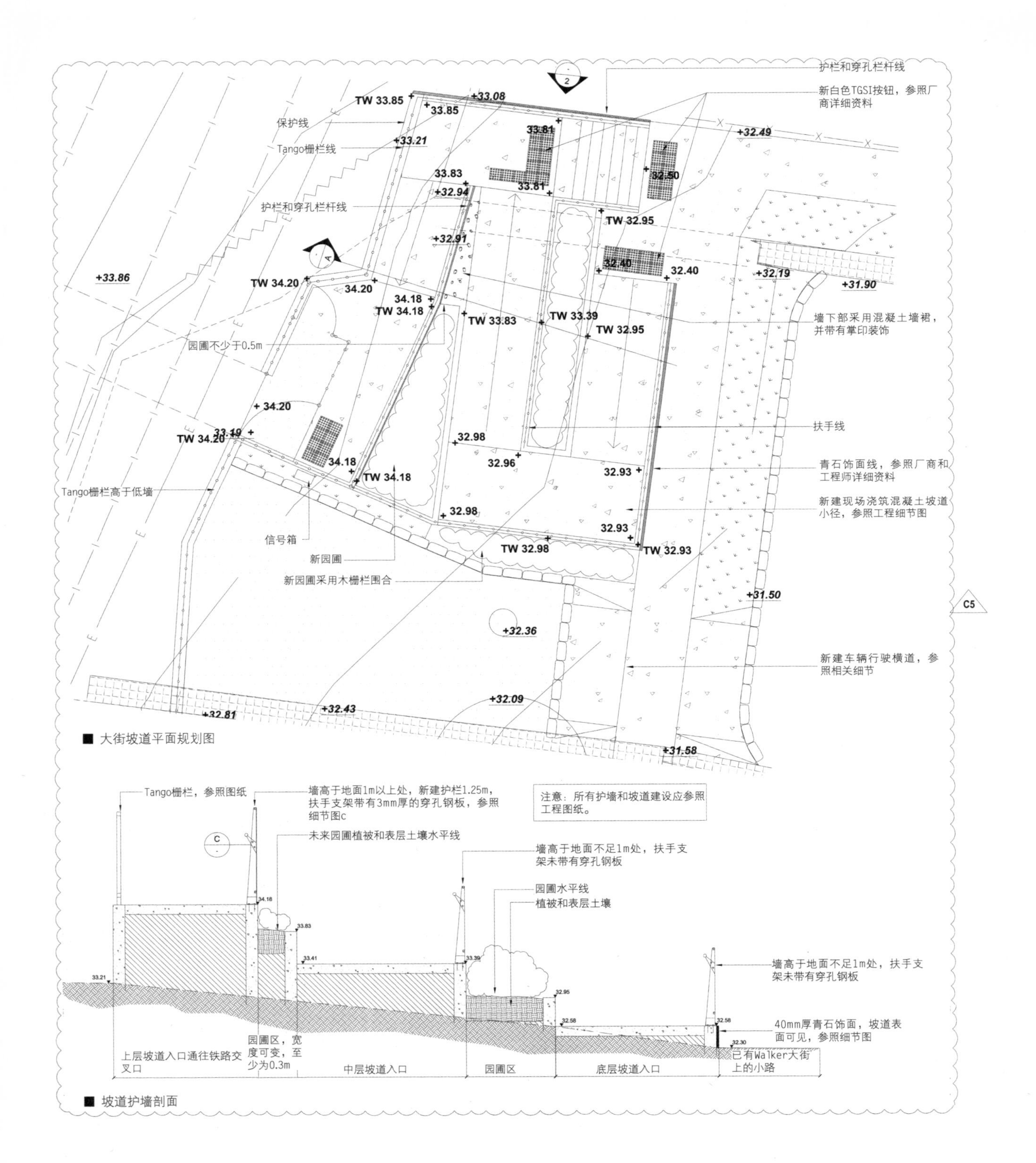
护栏和穿孔栏杆线
新白色TGSI按钮，参照厂商详细资料
保护线
Tango栅栏线
护栏和穿孔栏杆线
园圃不少于0.5m
墙下部采用混凝土墙裙，并带有掌印装饰
扶手线
青石饰面线，参照厂商和工程师详细资料
新建现场浇筑混凝土坡道小径，参照工程细节图
Tango栅栏高于低墙
信号箱
新园圃
新园圃采用木栅栏围合
新建车辆行驶横道，参照相关细节
TW 33.85
+33.08
33.85
+33.21
33.81
+32.49
32.50
33.83
+32.94
33.81
TW 32.95
+32.91
32.40
32.40
TW 34.20
34.20
34.18
TW 34.18
TW 33.83
TW 33.39
TW 32.95
+33.86
+32.19
+31.90
+34.20
TW 34.20
33.19
32.98
32.96
34.18
TW 34.18
32.93
32.98
32.93
TW 32.98
TW 32.93
+31.50
C5
+32.36
+32.09
+32.81
+32.43
+31.58
Tango栅栏，参照图纸
墙高于地面1m以上处，新建护栏1.25m，扶手支架带有3mm厚的穿孔钢板，参照细节图c
未来园圃植被和表层土壤水平线
注意：所有护墙和坡道建设应参照工程图纸。
墙高于地面不足1m处，扶手支架未带有穿孔钢板
园圃水平线
植被和表层土壤
墙高于地面不足1m处，扶手支架未带有穿孔钢板
40mm厚青石饰面，坡道表面可见，参照细节图
34.18
33.83
33.41
33.39
33.21
32.95
32.58
32.58
32.30
上层坡道入口通往铁路交叉口
园圃区，宽度可变，至少为0.3m
中层坡道入口
园圃区
底层坡道入口
已有Walker大街上的小路

■ 大街坡道平面规划图

■ 坡道护墙剖面

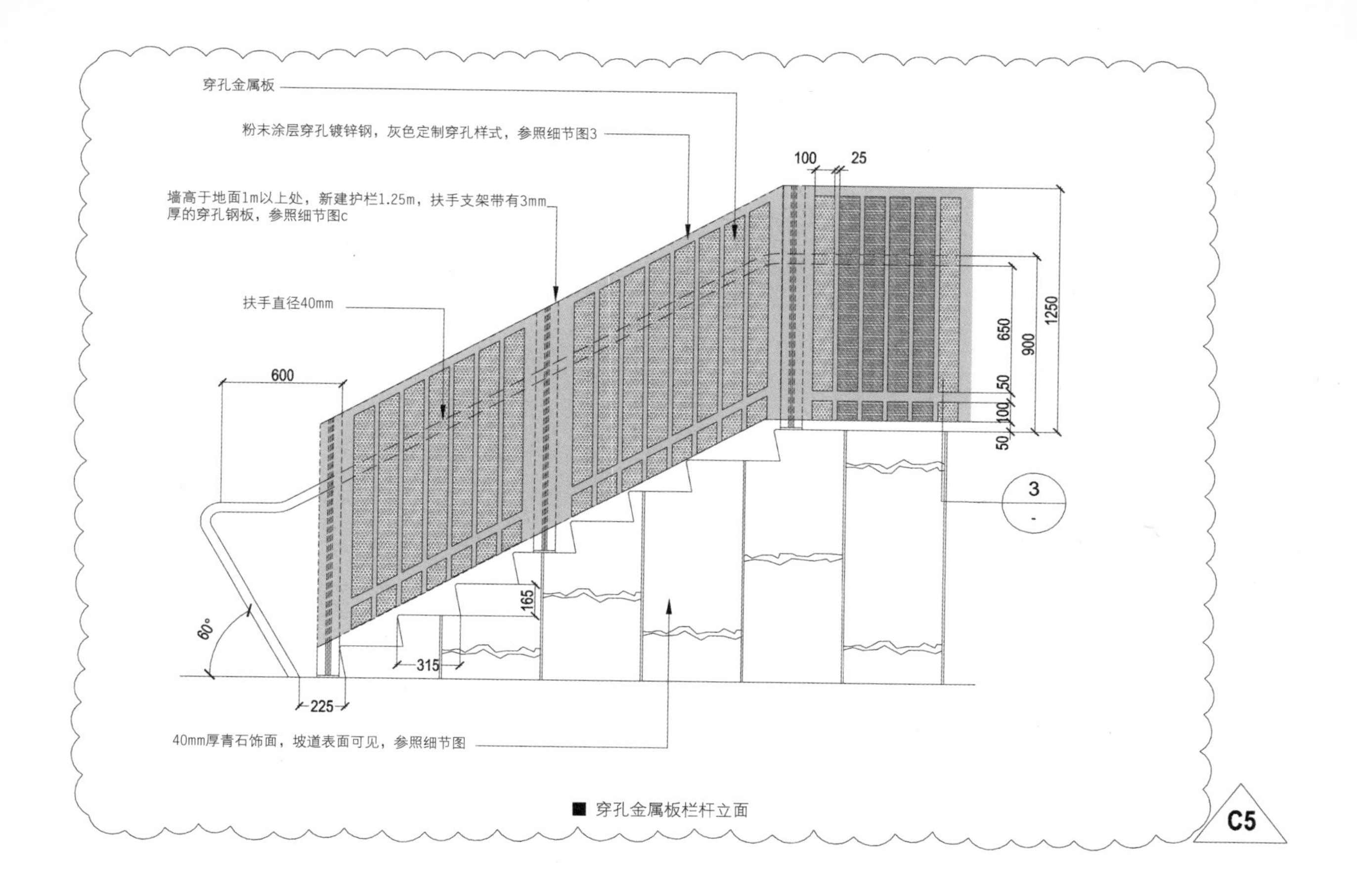
穿孔金属板
粉末涂层穿孔镀锌钢，灰色定制穿孔样式，参照细节图3
墙高于地面1m以上处，新建护栏1.25m，扶手支架带有3mm厚的穿孔钢板，参照细节图c
扶手直径40mm
600
100
25
1250
900
650
50
100
50
3
165
315
60°
225
40mm厚青石饰面，坡道表面可见，参照细节图
C5

■ 穿孔金属板栏杆立面

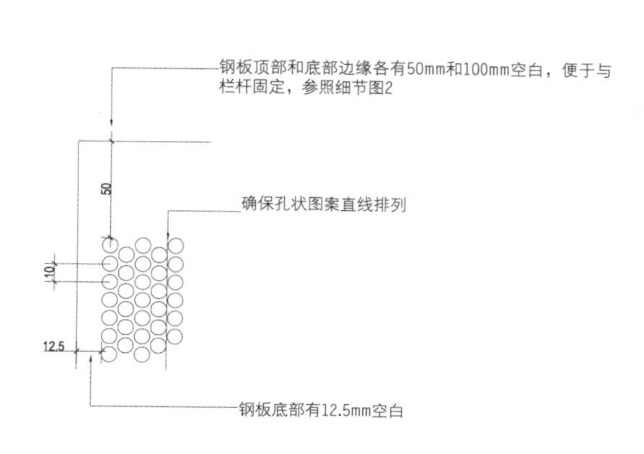
钢板顶部和底部边缘各有50mm和100mm空白，便于与栏杆固定，参照细节图2
50
确保孔状图案直线排列
10
12.5
钢板底部有12.5mm空白

■ 穿孔钢板细节图

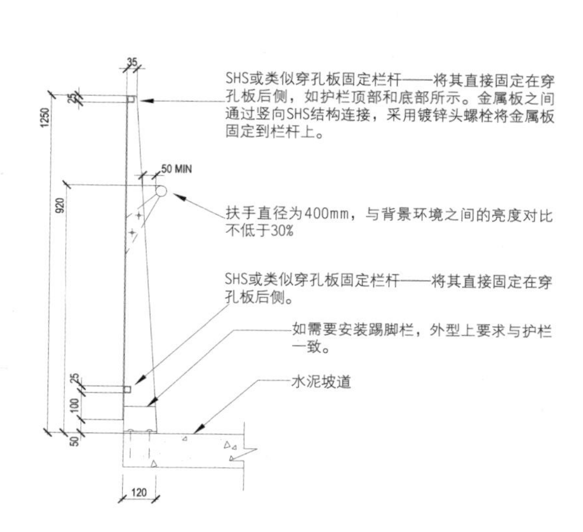
35
25
1250
SHS或类似穿孔板固定栏杆——将其直接固定在穿孔板后侧，如护栏顶部和底部所示。金属板之间通过竖向SHS结构连接，采用镀锌头螺栓将金属板固定到栏杆上。
50 MIN
920
扶手直径为400mm，与背景环境之间的亮度对比不低于30%
SHS或类似穿孔板固定栏杆——将其直接固定在穿孔板后侧。
如需要安装踢脚栏，外型上要求与护栏一致。
25
100
水泥坡道
50
120

■ 护栏细节图

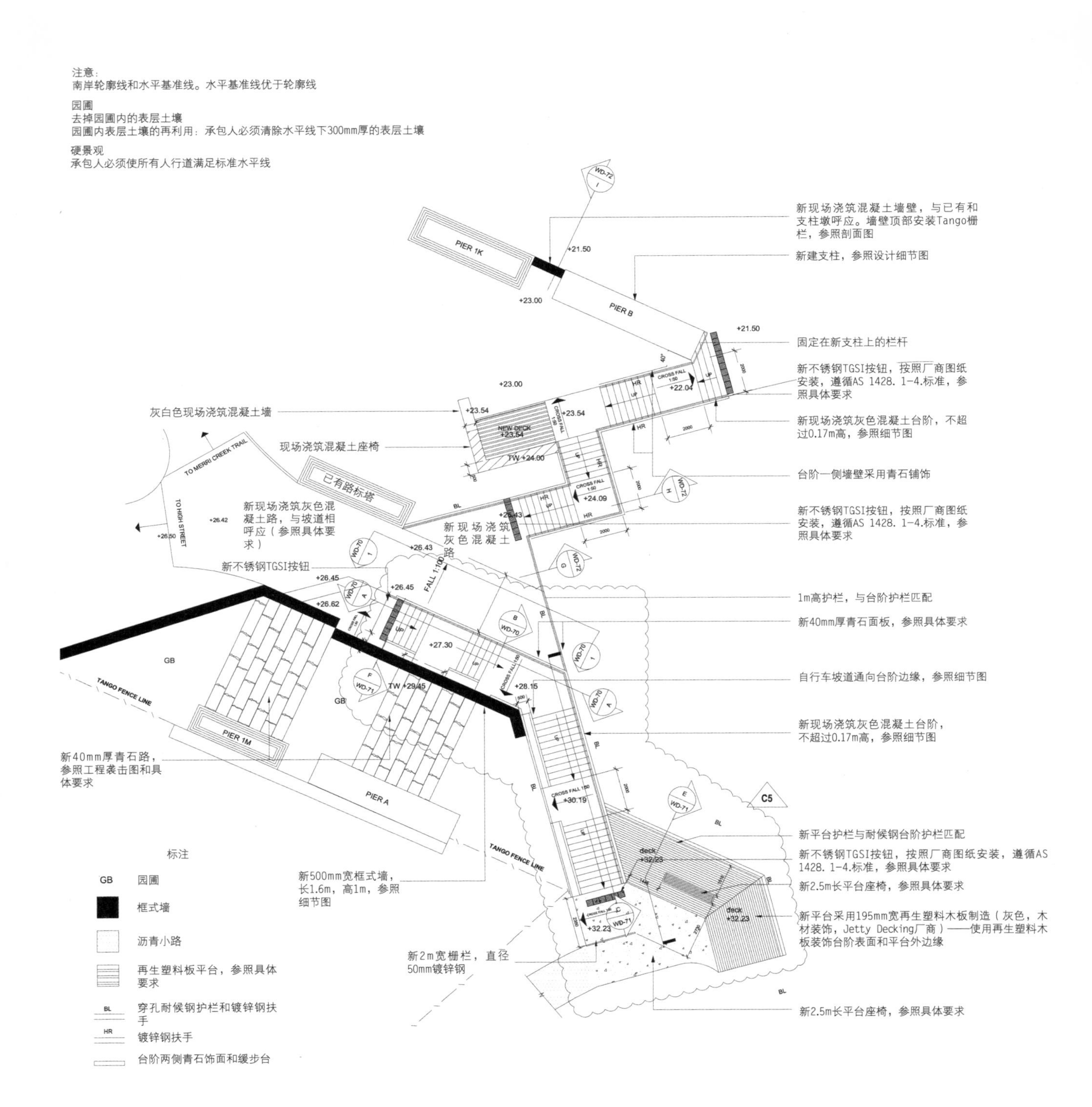
注意：
南岸轮廓线和水平基准线。水平基准线优于轮廓线
园圃
去掉园圃内的表层土壤
园圃内表层土壤的再利用：承包人必须清除水平线下300mm厚的表层土壤
硬景观
承包人必须使所有人行道满足标准水平线
新现场浇筑混凝土墙壁，与已有和支柱墩呼应。墙壁顶部安装Tango栅栏，参照剖面图
新建支柱，参照设计细节图
固定在新支柱上的栏杆
新不锈钢TGSI按钮，按照厂商图纸安装，遵循AS 1428. 1-4.标准，参照具体要求
新现场浇筑灰色混凝土台阶，不超过0.17m高，参照细节图
台阶一侧墙壁采用青石铺饰
新不锈钢TGSI按钮，按照厂商图纸安装，遵循AS 1428. 1-4.标准，参照具体要求
1m高护栏，与台阶护栏匹配
新40mm厚青石面板，参照具体要求
自行车坡道通向台阶边缘，参照细节图
新现场浇筑灰色混凝土台阶，不超过0.17m高，参照细节图
新平台护栏与耐候钢台阶护栏匹配
新不锈钢TGSI按钮，按照厂商图纸安装，遵循AS 1428. 1-4.标准，参照具体要求
新2.5m长平台座椅，参照具体要求
新平台采用195mm宽再生塑料木板制造（灰色，木材装饰，Jetty Decking厂商）——使用再生塑料木板装饰台阶表面和平台外边缘
新2.5m长平台座椅，参照具体要求
灰白色现场浇筑混凝土墙
现场浇筑混凝土座椅
已有路标塔
新现场浇筑灰色混凝土路，与坡道相呼应（参照具体要求）
新现场浇筑灰色混凝土路
新不锈钢TGSI按钮
新40mm厚青石路，参照工程袭击图和具体要求
新500mm宽框式墙，长1.6m，高1m，参照细节图
新2m宽栅栏，直径50mm镀锌钢
PIER 1K
PIER B
PIER 1M
PIER A
NEW DECK
TO MERRI CREEK TRAIL
TO HIGH STREET
TANGO FENCE LINE
CROSS FALL 1:50
FALL 1:100
C5
+21.50
+23.00
+22.04
+23.54
+24.09
+26.43
+26.45
+26.62
+27.30
+28.15
+30.19
+32.23
TW +24.00
TW +29.45
标注
GB 园圃
框式墙
沥青小路
再生塑料板平台，参照具体要求
BL 穿孔耐候钢护栏和镀锌钢扶手
HR 镀锌钢扶手
台阶两侧青石饰面和缓步台

■ 南岸台阶详细规划图

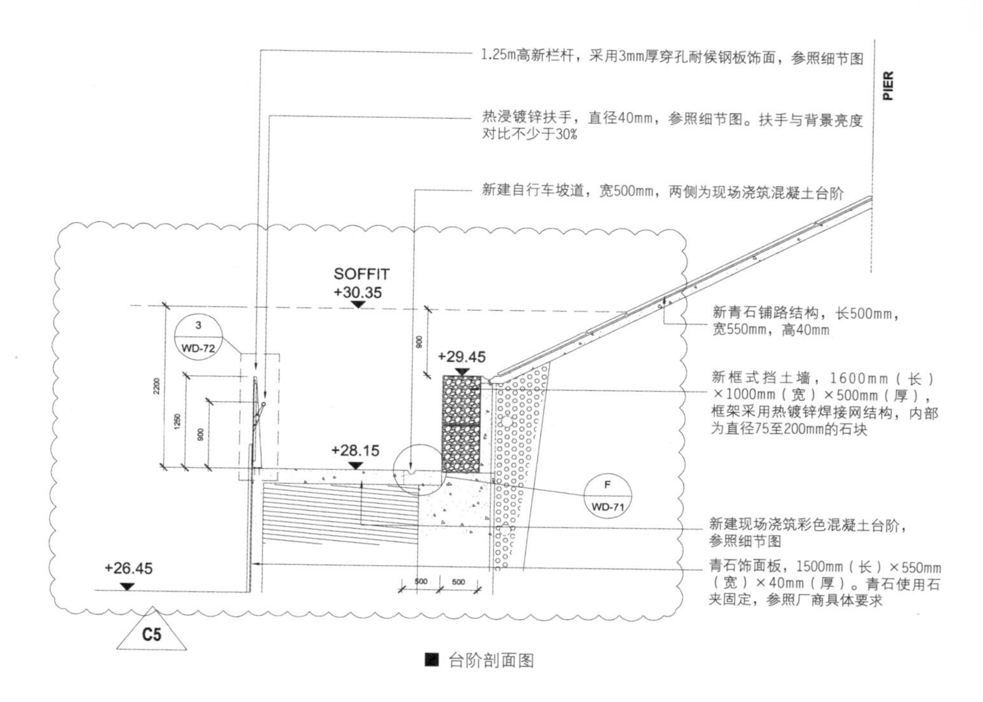
1.25m高新栏杆，采用3mm厚穿孔耐候钢板饰面，参照细节图
热浸镀锌扶手，直径40mm，参照细节图。扶手与背景亮度对比不少于30%
新建自行车坡道，宽500mm，两侧为现场浇筑混凝土台阶
PIER
SOFFIT
+30.35
+29.45
+28.15
+26.45
新青石铺路结构，长500mm，宽550mm，高40mm
新框式挡土墙，1600mm（长）×1000mm（宽）×500mm（厚），框架采用热镀锌焊接网结构，内部为直径75至200mm的石块
新建现场浇筑彩色混凝土台阶，参照细节图
青石饰面板，1500mm（长）×550mm（宽）×40mm（厚）。青石使用石夹固定，参照厂商具体要求
WD-72
WD-71
C5

■ 台阶剖面图

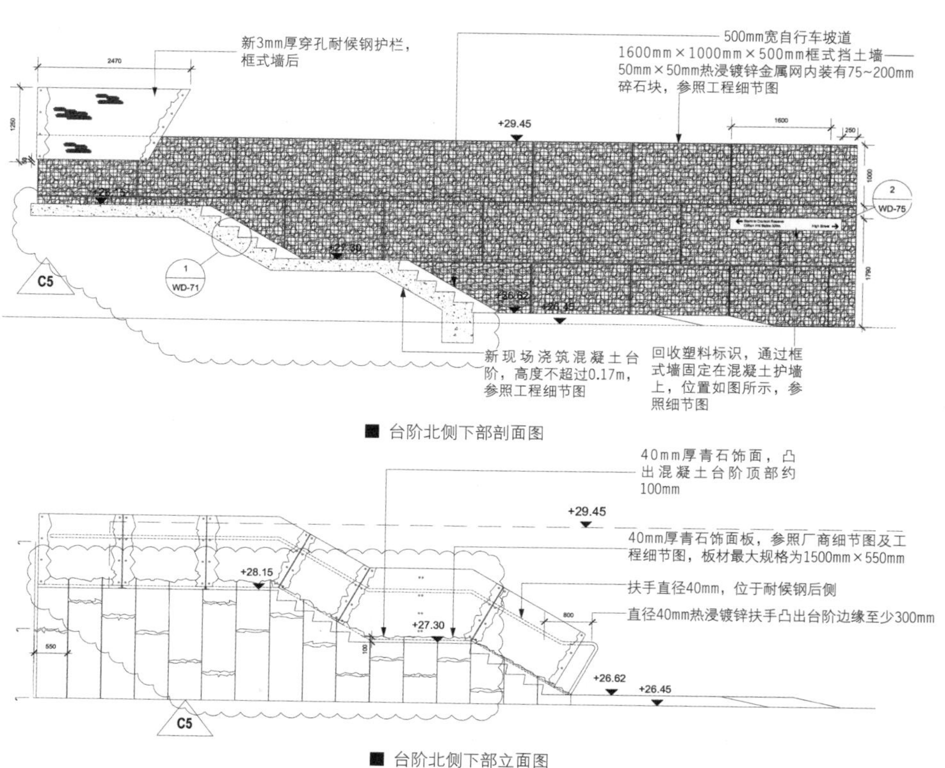
新3mm厚穿孔耐候钢护栏，框式墙后
500mm宽自行车坡道
1600mm×1000mm×500mm框式挡土墙——50mm×50mm热浸镀锌金属网内装有75~200mm碎石块，参照工程细节图
+29.45
+27.30
WD-71
WD-75
C5
新现场浇筑混凝土台阶，高度不超过0.17m，参照工程细节图
回收塑料标识，通过框式墙固定在混凝土护墙上，位置如图所示，参照细节图

■ 台阶北侧下部剖面图

40mm厚青石饰面，凸出混凝土台阶顶部约100mm
+29.45
40mm厚青石饰面板，参照厂商细节图及工程细节图，板材最大规格为1500mm×550mm
+28.15
扶手直径40mm，位于耐候钢后侧
+27.30
直径40mm热浸镀锌扶手凸出台阶边缘至少300mm
+26.62
+26.45
C5

■ 台阶北侧下部立面图

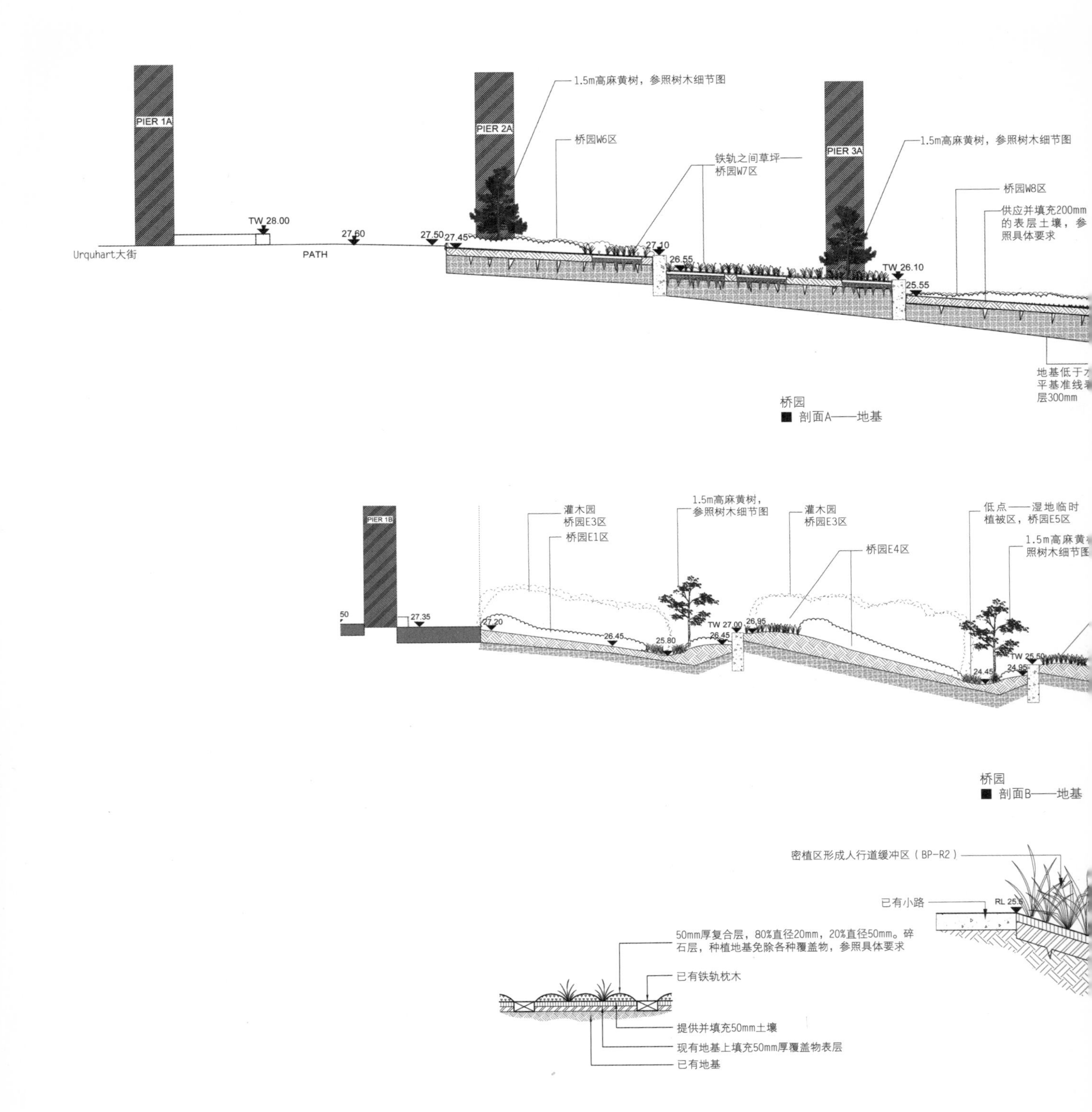

PIER 1A
PIER 2A
PIER 3A
1.5m高麻黄树，参照树木细节图
桥园W6区
铁轨之间草坪——
桥园W7区
1.5m高麻黄树，参照树木细节图
桥园W8区
供应并填充200mm
的表层土壤，参
照具体要求
TW 28.00
27.60
27.50
27.45
27.10
26.55
TW 26.10
25.55
Urquhart大街
PATH
地基低于
平基准线
层300mm
PIER 1B
50
27.35
灌木园
桥园E3区
桥园E1区
1.5m高麻黄树，
参照树木细节图
灌木园
桥园E3区
桥园E4区
低点——湿地临时
植被区，桥园E5区
1.5m高麻黄
照树木细节图
27.20
26.45
25.80
TW 27.00
26.45
26.95
24.45
TW 25.50
24.95
密植区形成人行道缓冲区（BP-R2）
已有小路
RL 25.5
50mm厚复合层，80%直径20mm，20%直径50mm。碎
石层，种植地基免除各种覆盖物，参照具体要求
已有铁轨枕木
提供并填充50mm土壤
现有地基上填充50mm厚覆盖物表层
已有地基

桥园
■ 剖面A——地基

桥园
■ 剖面B——地基

■ 铁轨枕木之间的植被

1.5m高麻黄树，参照树木细节图

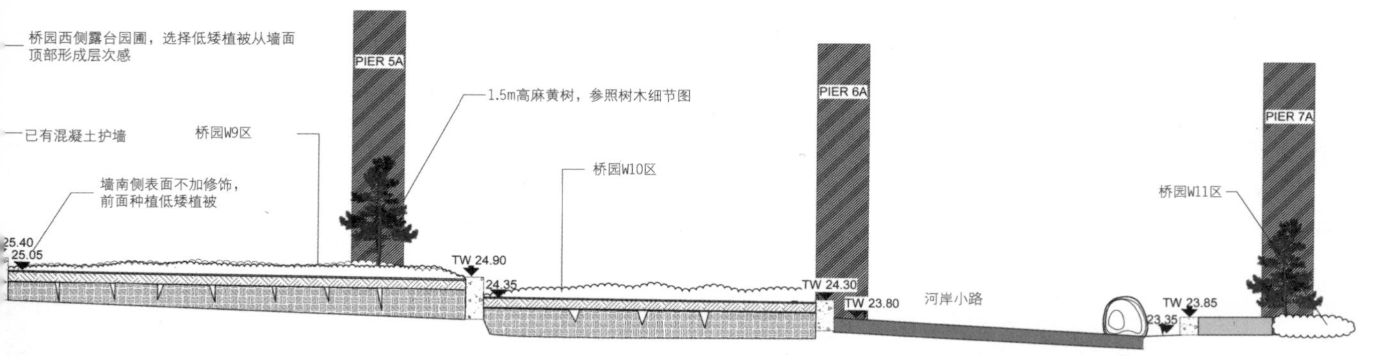
桥园西侧露台园圃，选择低矮植被从墙面顶部形成层次感
已有混凝土护墙
桥园W9区
PIER 5A
1.5m高麻黄树，参照树木细节图
PIER 6A
PIER 7A
墙南侧表面不加修饰，前面种植低矮植被
桥园W10区
桥园W11区
25.40
25.05
TW 24.90
24.35
TW 24.30
TW 23.80
河岸小路
TW 23.85
23.35

监理人和软景观承包人需在同桥园承包人交接时确认地基水平线。软景观承包人根据要求负责完成其他工作，提供并填充300mm表层土壤

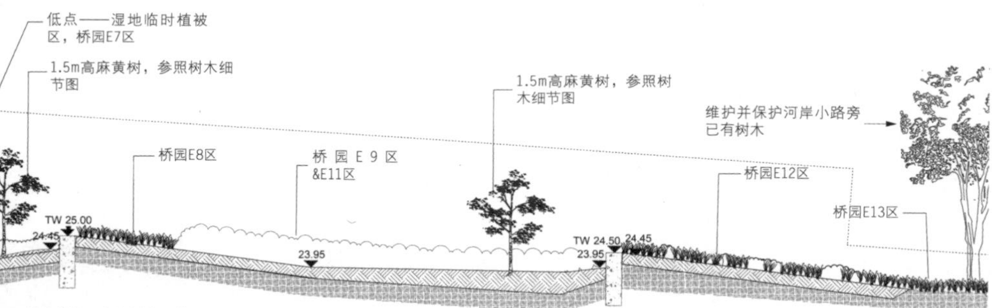
低点——湿地临时植被区，桥园E7区
桥
1.5m高麻黄树，参照树木细节图
1.5m高麻黄树，参照树木细节图
维护并保护河岸小路旁已有树木
桥园E8区
桥 园 E 9 区 &E11区
桥园E12区
桥园E13区
TW 25.00
24.45
23.95
TW 24.50
24.45
23.95

1.5m高麻黄树，参照树木细节图

监理人和软景观承包人需在同桥园承包人交接时确认地基水平线。软景观承包人根据要求负责完成其他工作，提供并填充300mm表层土壤

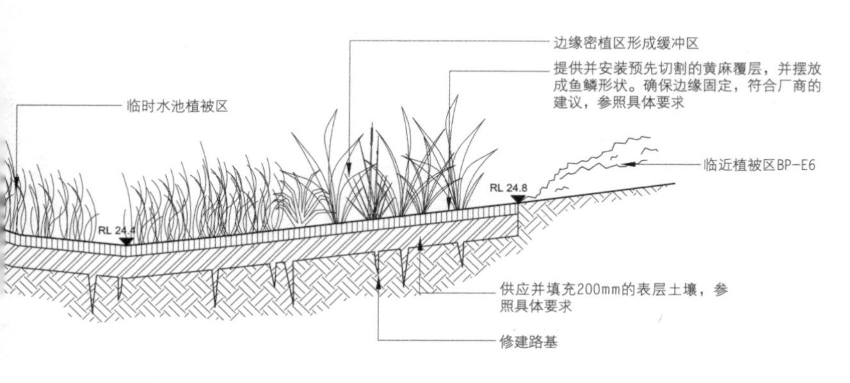
边缘密植区形成缓冲区
提供并安装预先切割的黄麻覆层，并摆放成鱼鳞形状。确保边缘固定，符合厂商的建议，参照具体要求
临时水池植被区
临近植被区BP-E6
RL 24.8
RL 24.4
供应并填充200mm的表层土壤，参照具体要求
修建路基

桥园湿地剖面图

新加坡 · 城市广场公园

景观设计: 王及王 (ONG&ONG Pte Ltd) 摄影师: 施志强 (See Chee Keong) 客户: 城市发展有限公司

项目简介
Information

城市广场公园面向城市广场购物中心的入口，为附近的居民及游客提供了一处休闲空间。此外，自然空间也起到了提醒人们保护环境的重要性的作用。下沉广场作为一处多功能空间，是该公园的设计焦点，同时也作为一处通道，连接了商场和地铁站之间的区域。一个由太阳能电池面板和低辐射面板构成的生态屋顶以及一处嵌入式生态屋顶可产生能量、调控温度、控制通风循环。

Q-LOG

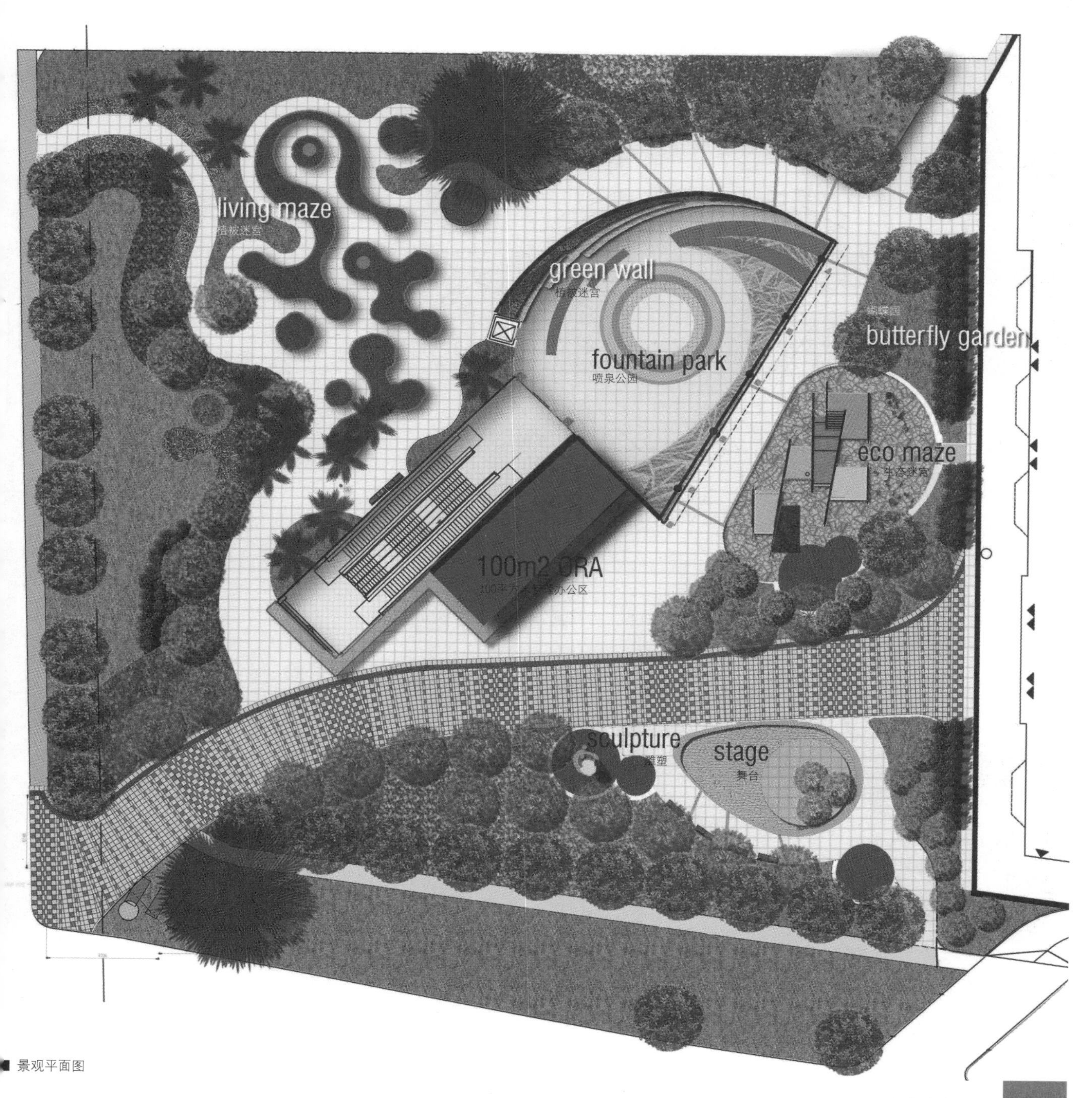
living maze
植被迷宫
green wall
植被迷宫
fountain park
喷泉公园
butterfly garden
eco maze
生态迷宫
100m2 ORA
sculpture
雕塑
stage
舞台

景观平面图

CITY SQUARE MALL

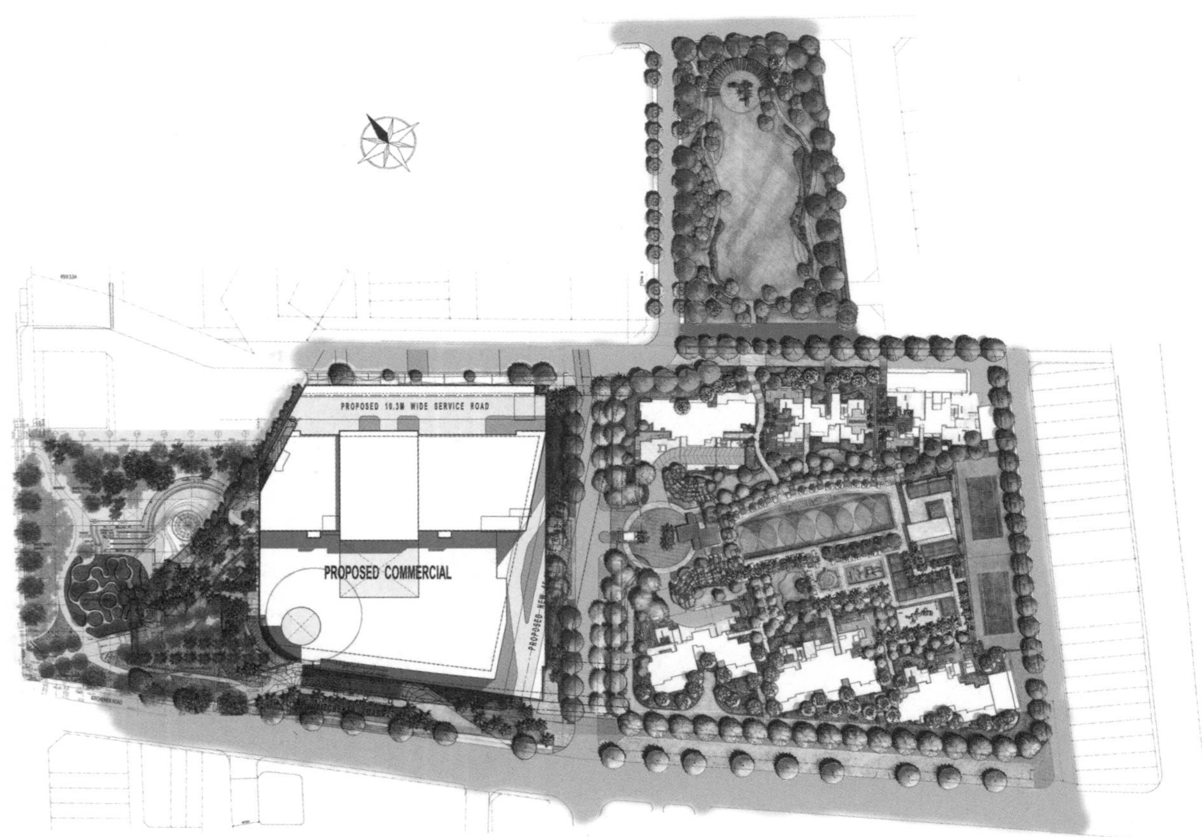
PROPOSED 10.3M WIDE SERVICE ROAD
PROPOSED COMMERCIAL

■ 景观总平面图

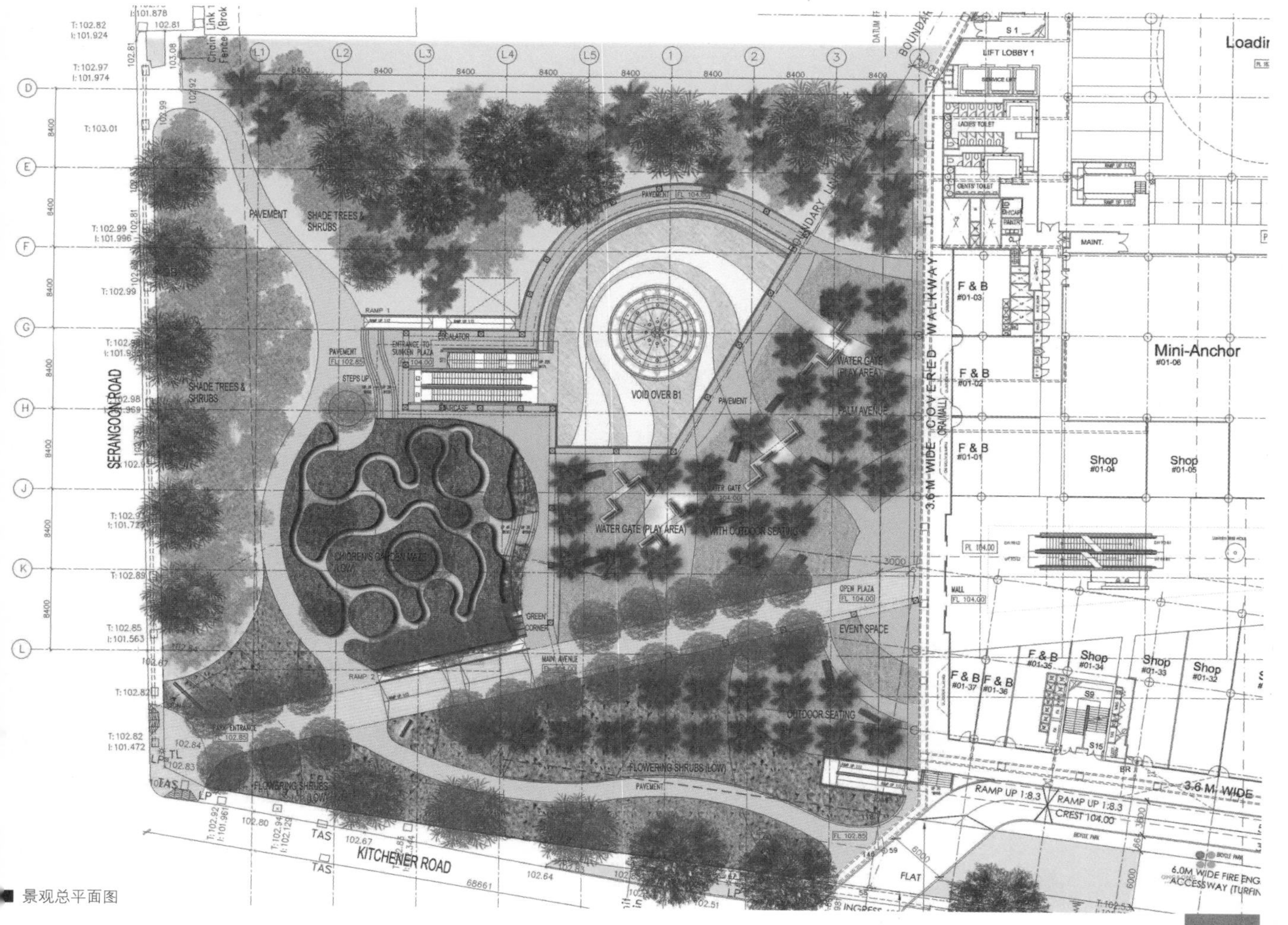
SERANGOON ROAD
KITCHENER ROAD
PAVEMENT
SHADE TREES & SHRUBS
RAMP 1
ESCALATOR
ENTRANCE TO SUNKEN PLAZA
STEPS UP
VOID OVER B1
WATER GATE (PLAY AREA)
PALM AVENUE
WITH OUTDOOR SEATING
'GREEN' CORNER
OPEN PLAZA
FL 104.00
EVENT SPACE
MAIN AVENUE
RAMP 2
PARK ENTRANCE
FLOWERING SHRUBS (LOW)
OUTDOOR SEATING
3.6 M WIDE COVERED WALKWAY
LIFT LOBBY 1
LADIES TOILET
GENTS TOILET
MAINT.
Loadin
F & B #01-03
F & B #01-02
F & B #01-01
Mini-Anchor #01-06
Shop #01-04
Shop #01-05
MALL
F & B #01-35
Shop #01-34
Shop #01-33
Shop #01-32
F & B #01-37
F & B #01-36
S9
S15
S1
RAMP UP 1:8.3
CREST 104.00
3.6 M WIDE
FLAT
6.0M WIDE FIRE ENG
ACCESSWAY (TURFIN
INGRESS
TAS
BOUNDARY

■ 景观总平面图

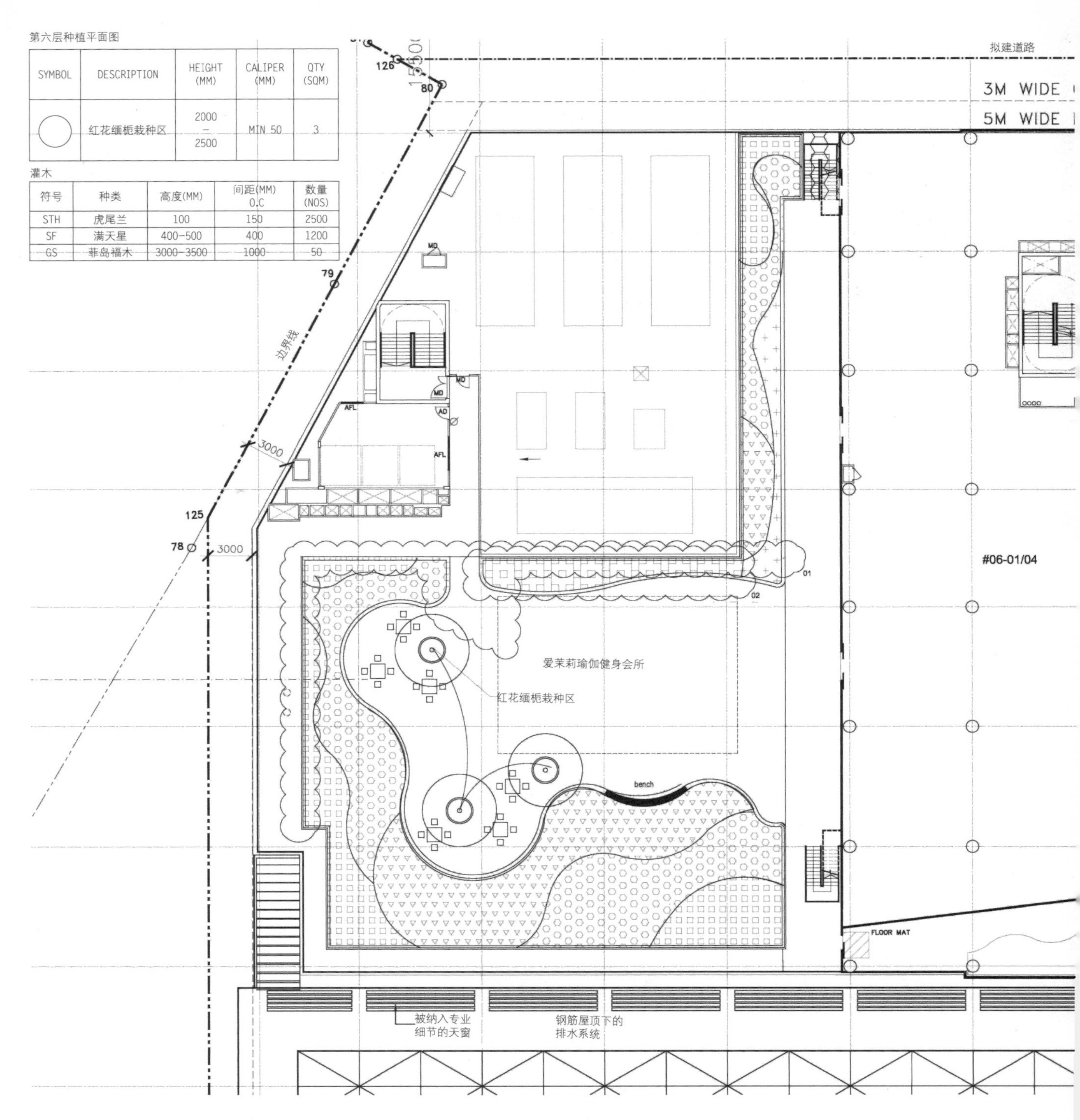

第六层种植平面图

SYMBOL	DESCRIPTION	HEIGHT (MM)	CALIPER (MM)	QTY (SQM)
○	红花缅栀栽种区	2000 – 2500	MIN 50	3

灌木

符号	种类	高度(MM)	间距(MM) O.C	数量 (NOS)
STH	虎尾兰	100	150	2500
SF	满天星	400-500	400	1200
GS	菲岛福木	3000-3500	1000	50

拟建道路
3M WIDE
5M WIDE
126
80
79
125
78
边界线
3000
3000
MD
AFL
AD
01
02
#06-01/04
爱茉莉瑜伽健身会所
红花缅栀栽种区
bench
FLOOR MAT
被纳入专业
细节的天窗
钢筋屋顶下的
排水系统

■ 植被示意平面图

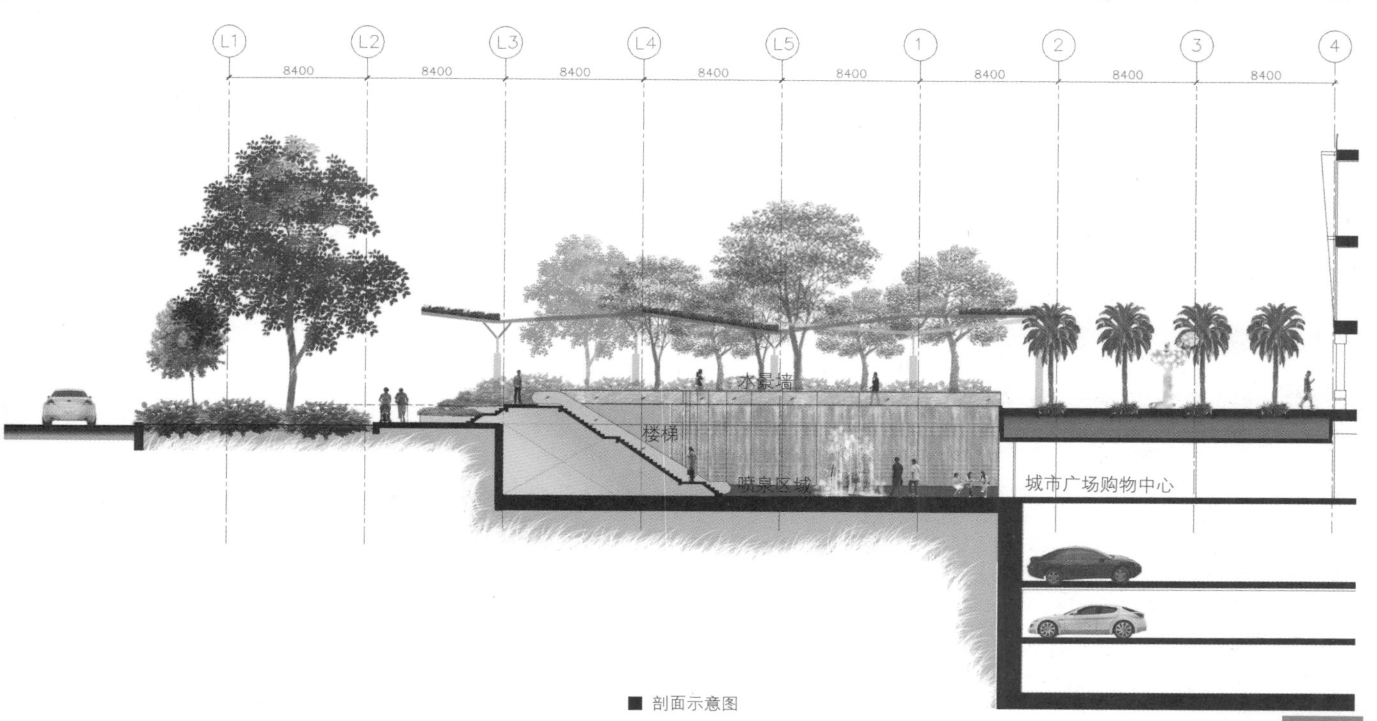
L1
L2
L3
L4
L5
1
2
3
4
8400
8400
8400
8400
8400
8400
8400
8400
水景墙
楼梯
喷泉区域
城市广场购物中心

■ 剖面示意图

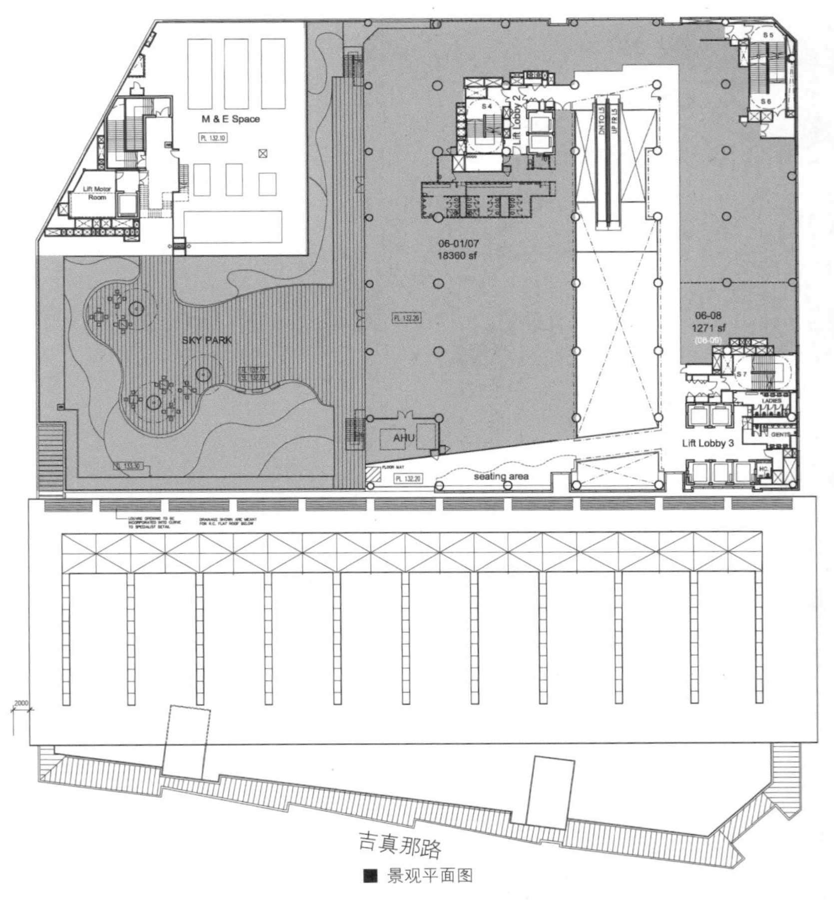
M & E Space
Lift Motor Room
SKY PARK
Lift Lobby 2
06-01/07
18360 sf
06-08
1271 sf
Lift Lobby 3
LADIES
GENTS
AHU
seating area
2000
吉真那路

■ 景观平面图

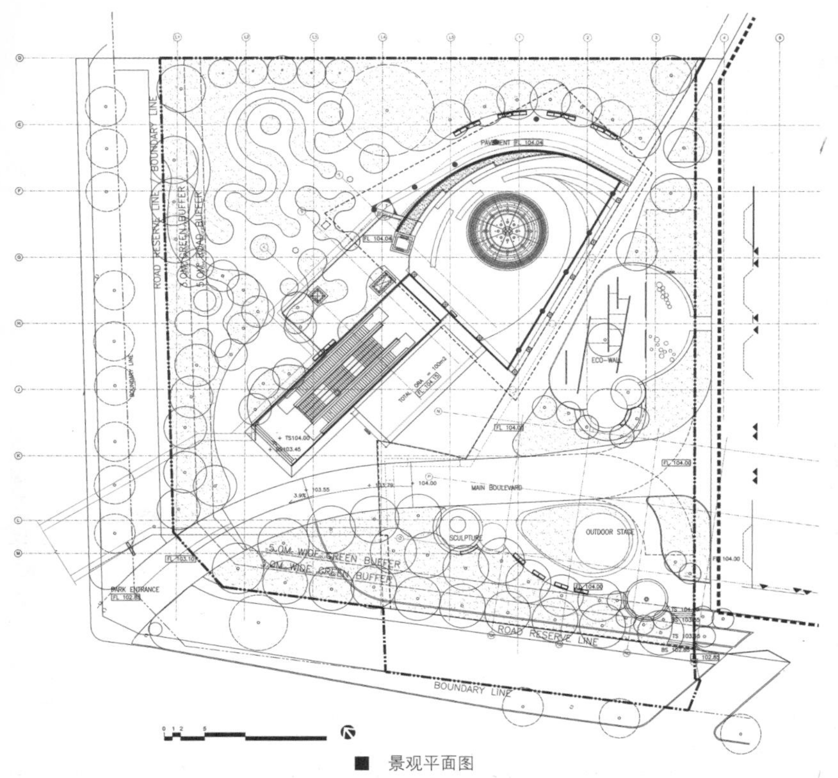
ROAD RESERVE LINE
BOUNDARY LINE
5.0M WIDE GREEN BUFFER
ECO-WALL
MAIN BOULEVARD
SCULPTURE
OUTDOOR STAGE
PARK ENTRANCE

■ 景观平面图

CITY
SQUARE
MALL
METRO

新加坡·裕廊中央公园麦当劳餐厅

景观设计: 王及王（ONG&ONG Pte Ltd）摄影师: 施志强 (See Chee Keong) 客户: 麦当劳餐厅

项目简介
Information

位于裕廊中央公园的麦当劳餐厅的设计符合快餐连锁店近期对保护友好生态环境的使命。位于裕廊西部800,000m^2的地区公园内，通过裕廊及裕廊西部公园极易到达该餐厅。公园坐落的选址是湿地栖息地，为多样的野生动植物种类提供生存空间。原始的植物大部分被保留，力求将自然融入到周围的城市环境之中。为使麦当劳餐厅融入环境，本案被苍翠繁茂的绿色植物所围绕，在蘑菇型的屋顶上格外显著。除体现美学要求及装饰功能之外，绿色屋顶保护屋顶的外表及防紫外线。本案采用Elmich绿色屋顶，该系统的VersiDrain® 25P水分保持及排水托盘有效地排除过量雨水，与此同时为干燥季节储存水分及营养物。此举降低频繁灌溉的需要也促进植物的健康生长。

McDonald's

McDonald's

McCafe

图注
1.花棚
2.山丘
3.露台
4.石阶
5.水景
6.泳池
7.景观区

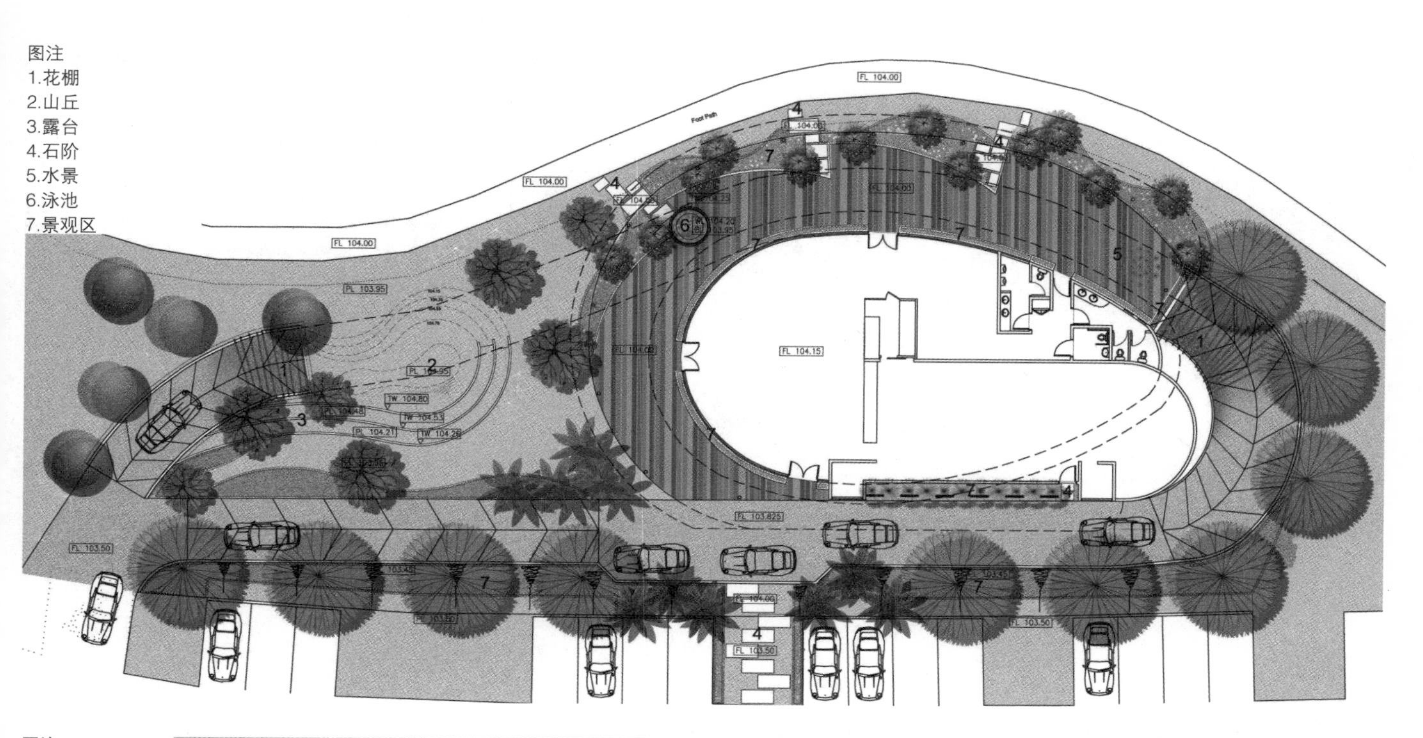
FL 104.00
Foot Path
FL 104.15
FL 103.825
FL 103.50

图注
1.山丘
2.露台
3.石阶
4.水景
5.泳池
6.景观区
7.车道
8.木甲板

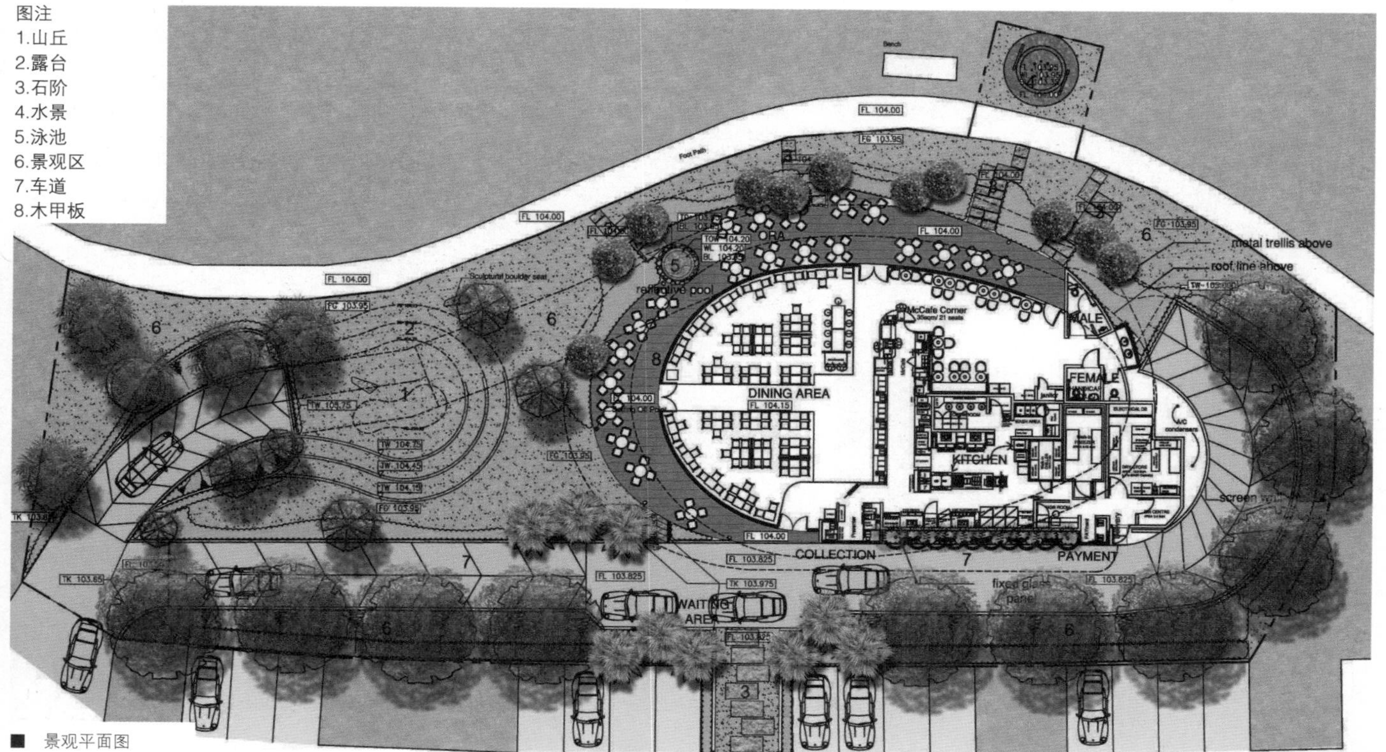
Bench
FL 104.00
Foot Path
Sculptural boulder seat
metal trellis above
roof line above
McCafe Corner
DINING AREA
FL 104.15
KITCHEN
FEMALE
MALE
COLLECTION
PAYMENT
WAITING AREA
fixed glass panel

■ 景观平面图

McDonald's

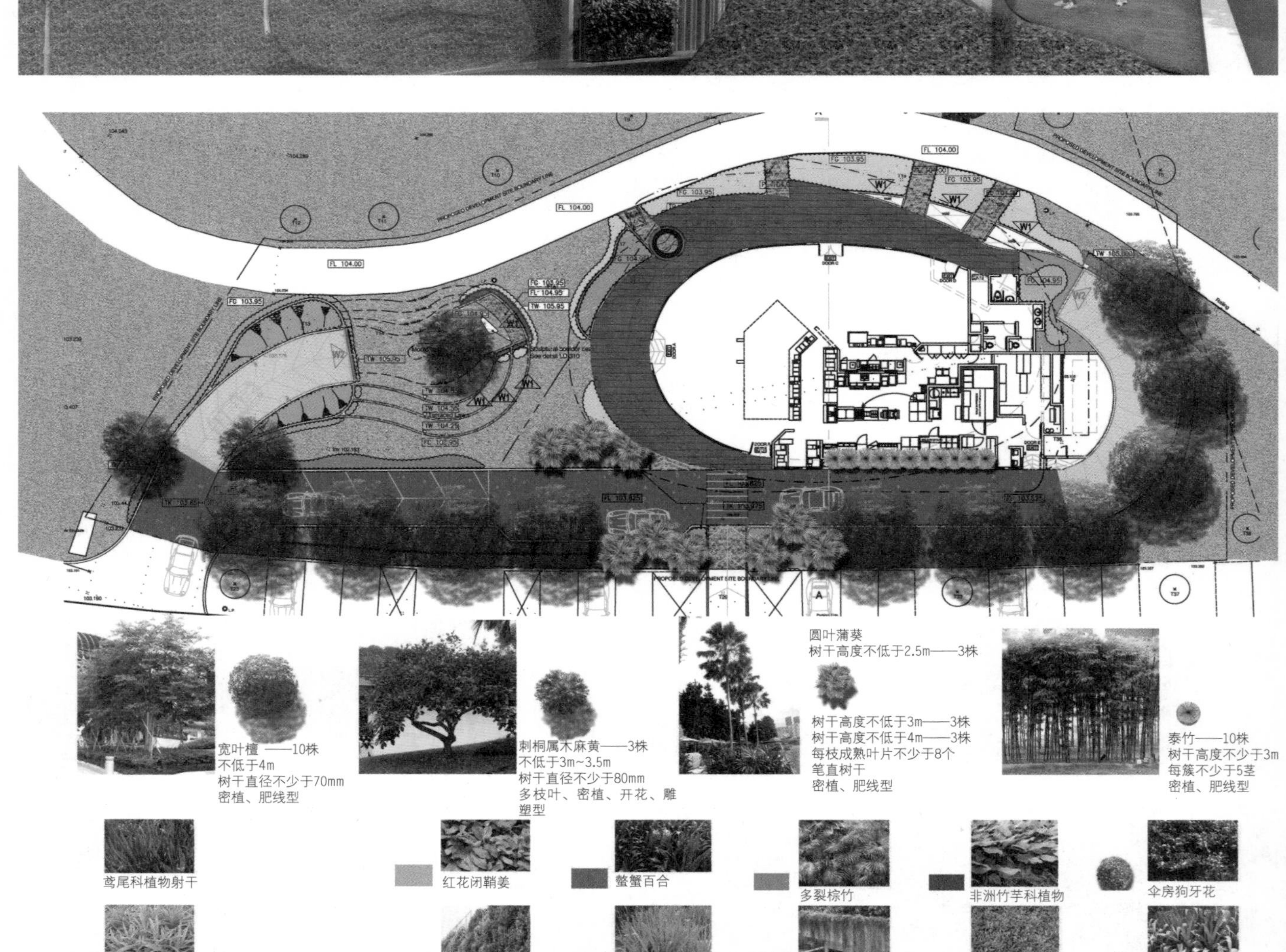
宽叶榄——10株
不低于4m
树干直径不少于70mm
密植、肥线型
刺桐属木麻黄——3株
不低于3m~3.5m
树干直径不少于80mm
多枝叶、密植、开花、雕塑型
圆叶蒲葵
树干高度不低于2.5m——3株
树干高度不低于3m——3株
树干高度不低于4m——3株
每枝成熟叶片不少于8个
笔直树干
密植、肥线型
泰竹——10株
树干高度不少于3m
每簇不少于5茎
密植、肥线型
鸢尾科植物射干
红花闭鞘姜
螯蟹百合
多裂棕竹
非洲竹芋科植物
伞房狗牙花
与香露兜混种
多色美人蕉
桃金娘科
黄花巴西鸢尾
光耀藤
地毯草
文殊兰

■ 植被平面图

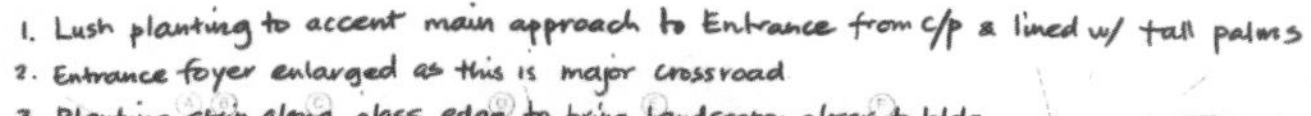
1. Lush planting to accent main approach to Entrance from c/p & lined w/ tall palms
2. Entrance foyer enlarged as this is major crossroad
3. Planting strip along glass edge to bring landscape closer to bldg
4. Deck edge profile has been staggered for following reasons:
a) create pockets of dining clusters
b) integrate better w/ the landscape
c) to setback further from the car pick-up queue
5. stepping pavers that playfully merge w/ wet play deck
6. Lush planting for 'Open' toilet concept
7. 1.8m high wall to enclose 'Toilet' garden

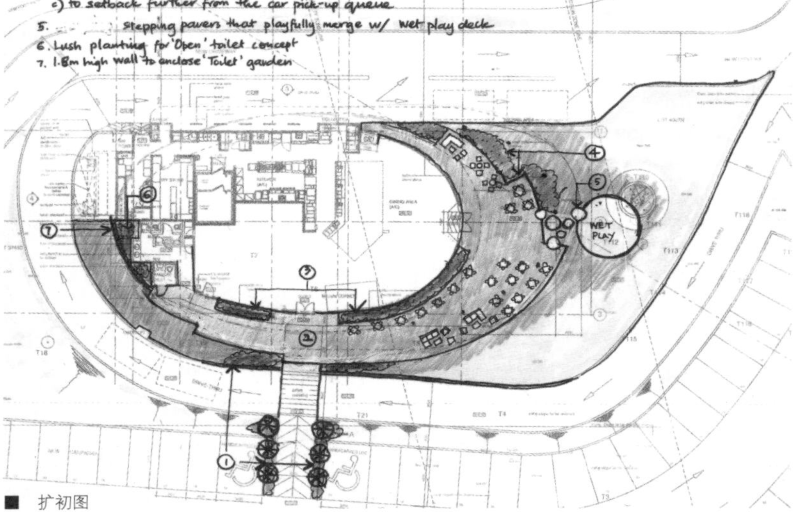
WET PLAY

■ 扩初图

■ 材质平面图

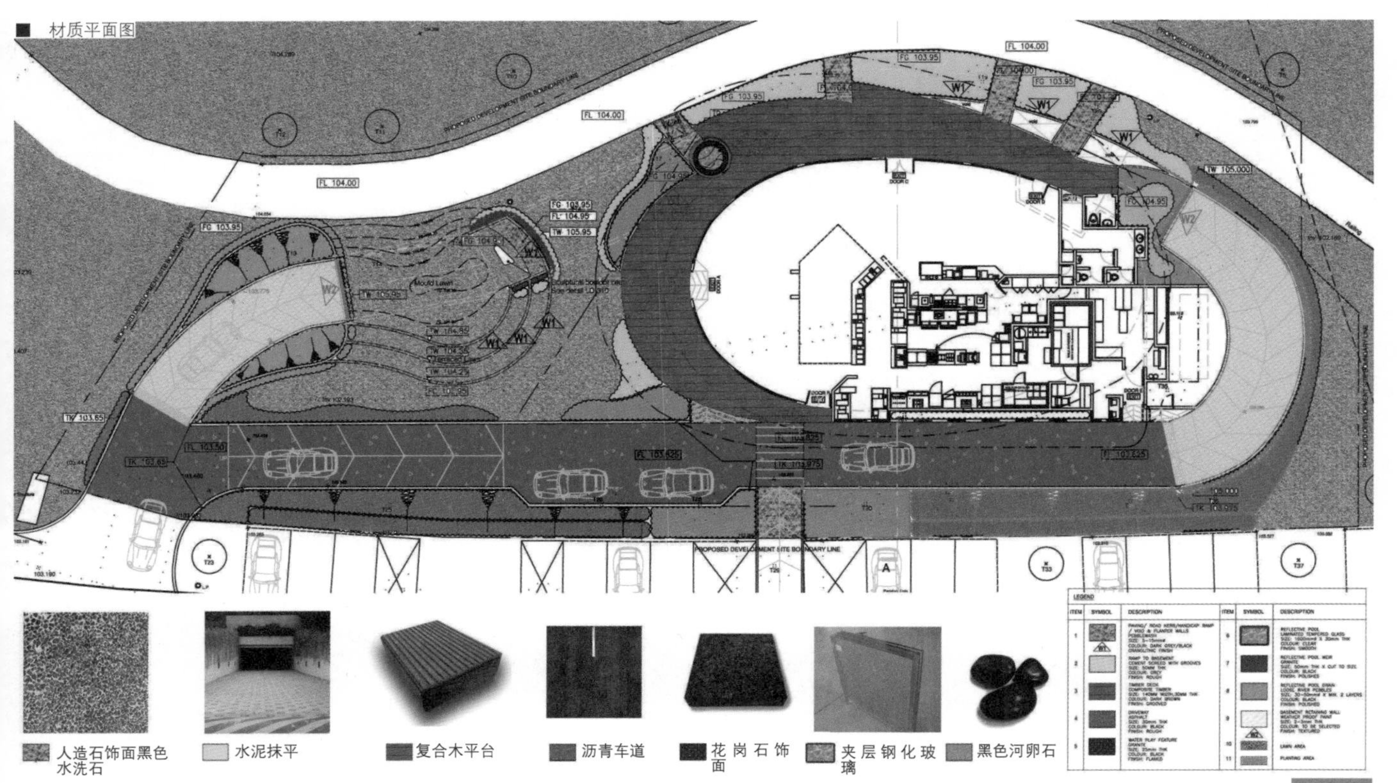
FL 104.00
FL 104.00
FG 103.95
W1
W2
TW 105.000
PROPOSED DEVELOPMENT SITE BOUNDARY LINE
LEGEND
ITEM
SYMBOL
DESCRIPTION

人造石饰面黑色水洗石　水泥抹平　复合木平台　沥青车道　花岗石饰面　夹层钢化玻璃　黑色河卵石

McDonald's
DRIVE
THRU
24HR

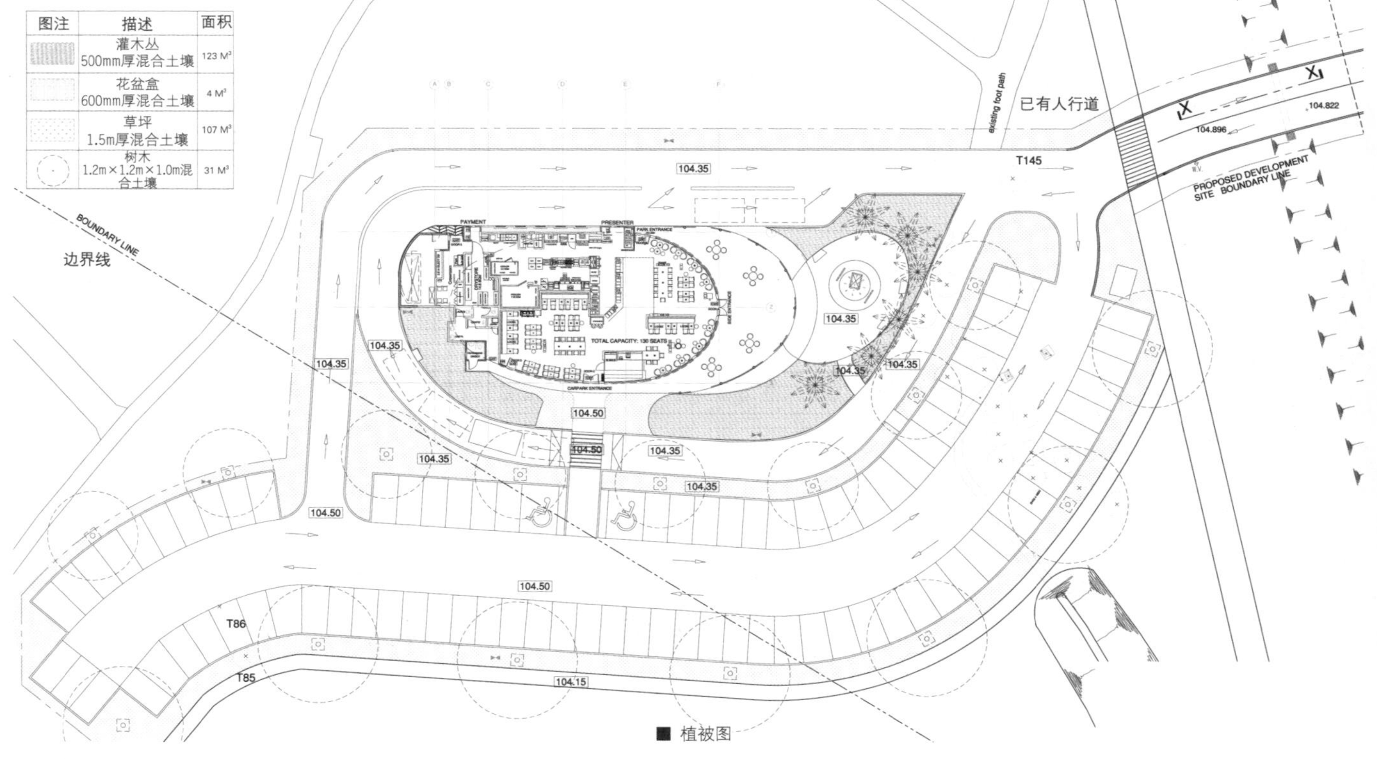
图注
描述
面积
灌木丛
500mm厚混合土壤
123 M²
花盆盒
600mm厚混合土壤
4 M²
草坪
1.5m厚混合土壤
107 M²
树木
1.2m×1.2m×1.0m混合土壤
31 M²
BOUNDARY LINE
边界线
existing foot path
已有人行道
PROPOSED DEVELOPMENT
SITE BOUNDARY LINE
T145
T86
T85
104.35
104.50
104.15
104.896
104.822
PAYMENT
PRESENTER
TOTAL CAPACITY: 130 SEATS
CARPARK ENTRANCE

■ 植被图

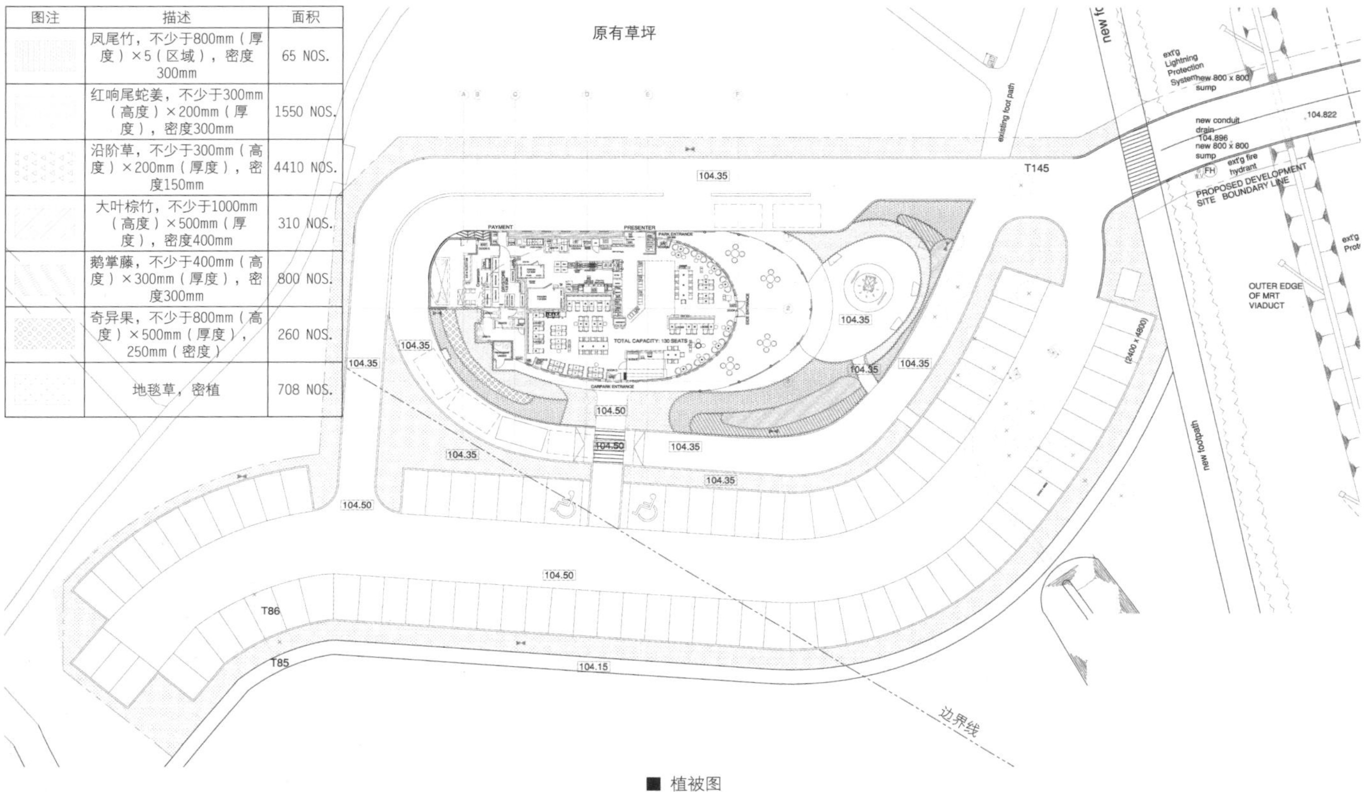

图注	描述	面积
	凤尾竹，不少于800mm（厚度）×5（区域），密度300mm	65 NOS.
	红响尾蛇姜，不少于300mm（高度）×200mm（厚度），密度300mm	1550 NOS.
	沿阶草，不少于300mm（高度）×200mm（厚度），密度150mm	4410 NOS.
	大叶棕竹，不少于1000mm（高度）×500mm（厚度），密度400mm	310 NOS.
	鹅掌藤，不少于400mm（高度）×300mm（厚度），密度300mm	800 NOS.
	奇异果，不少于800mm（高度）×500mm（厚度），250mm（密度）	260 NOS.
	地毯草，密植	708 NOS.

原有草坪
existing foot path
new footpath
T145
T86
T85
104.35
104.50
104.15
TOTAL CAPACITY: 130 SEATS
OUTER EDGE
OF MRT
VIADUCT
PROPOSED DEVELOPMENT
SITE BOUNDARY LINE
new conduit
drain
104.896
104.822
new 800 x 800
sump
ext'g fire
hydrant
ext'g
Lightning
Protection
System
(2400 x 4800)
边界线

■ 植被图

McDonald's

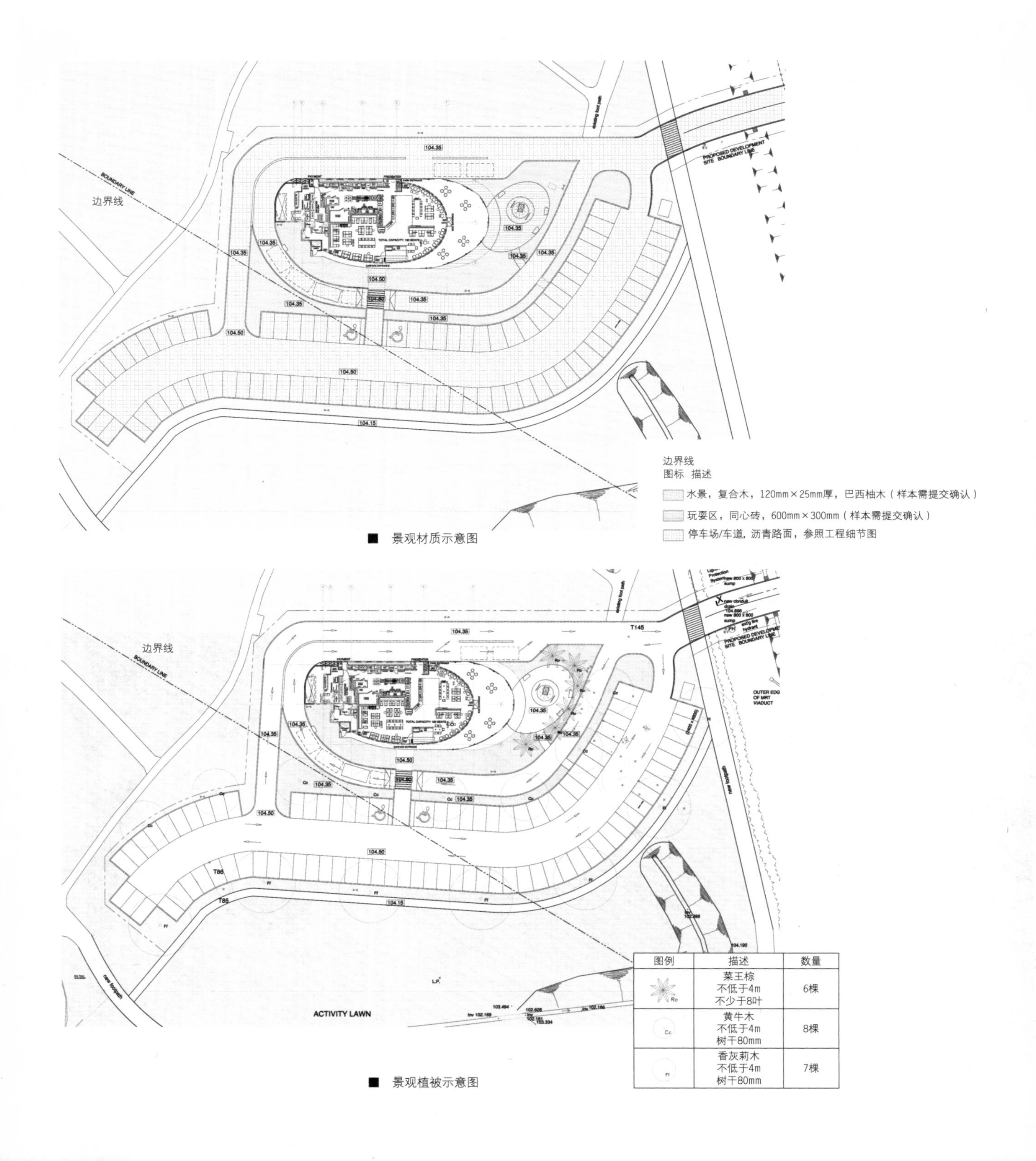
边界线
BOUNDARY LINE
PROPOSED DEVELOPMENT SITE BOUNDARY LINE
104.35
104.50
104.15
边界线
图标 描述
水景，复合木，120mm×25mm厚，巴西柚木（样本需提交确认）
玩耍区，同心砖，600mm×300mm（样本需提交确认）
停车场/车道，沥青路面，参照工程细节图
边界线
T145
T86
T85
OUTER EDG OF MRT VIADUCT
ACTIVITY LAWN

■ 景观材质示意图

图例	描述	数量
Ro	菜王棕 不低于4m 不少于8叶	6棵
Cc	黄牛木 不低于4m 树干80mm	8棵
Ff	香灰莉木 不低于4m 树干80mm	7棵

■ 景观植被示意图

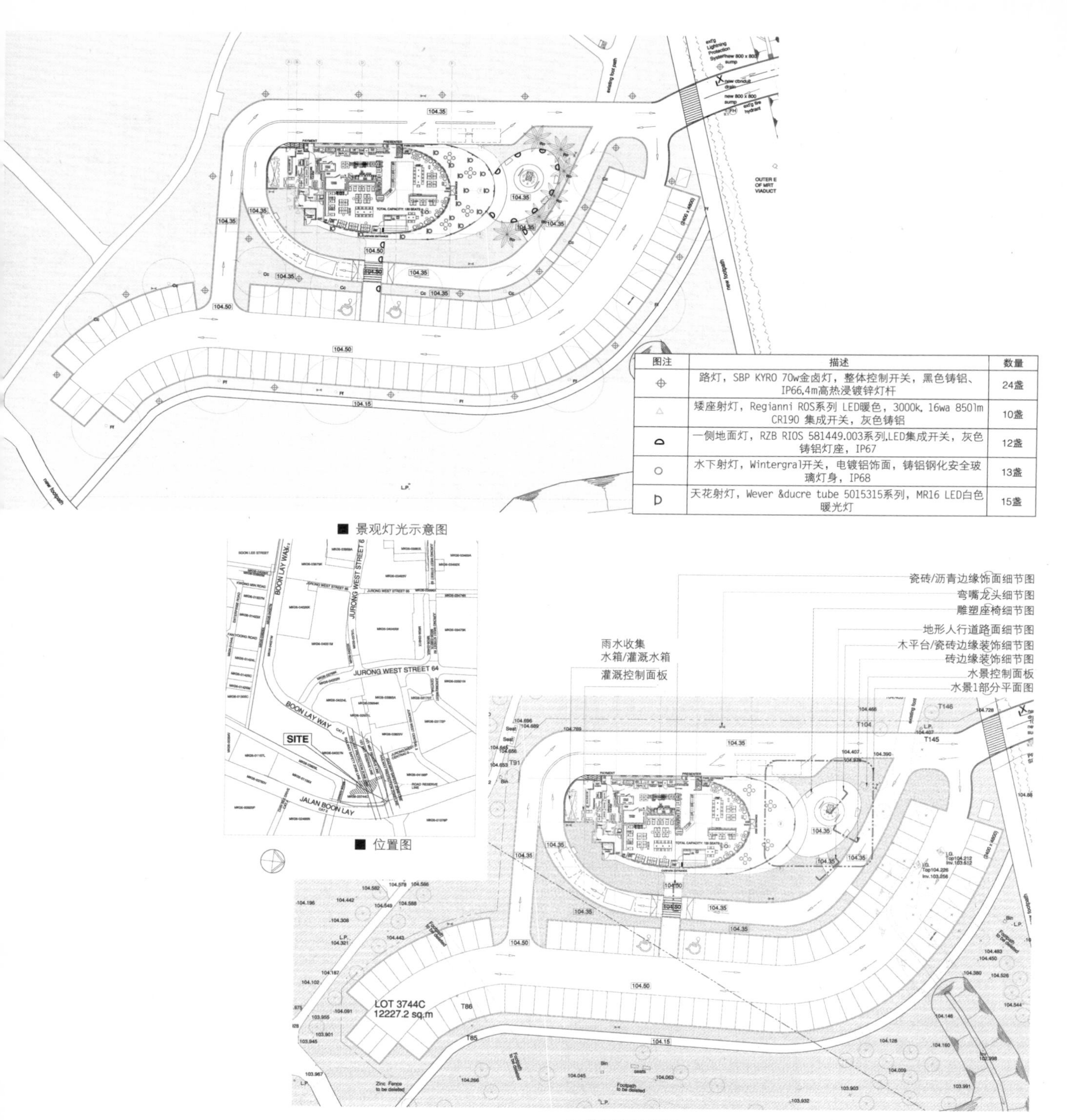
瓷砖/沥青边缘饰面细节图
弯嘴龙头细节图
雕塑座椅细节图
地形人行道路面细节图
木平台/瓷砖边缘装饰细节图
砖边缘装饰细节图
水景控制面板
水景1部分平面图
雨水收集
水箱/灌溉水箱
灌溉控制面板
SITE
BOON LAY WAY
JURONG WEST STREET 64
JALAN BOON LAY
LOT 3744C
12227.2 sq.m

图注	描述	数量
⌖	路灯，SBP KYRO 70w金卤灯，整体控制开关，黑色铸铝、IP66,4m高热浸镀锌灯杆	24盏
△	矮座射灯，Regianni ROS系列 LED暖色，3000k, 16wa 850lm CR190 集成开关，灰色铸铝	10盏
D	一侧地面灯，RZB RIOS 581449.003系列,LED集成开关，灰色铸铝灯座，IP67	12盏
○	水下射灯，Wintergral开关，电镀铝饰面，铸铝钢化安全玻璃灯身，IP68	13盏
D	天花射灯，Wever &ducre tube 5015315系列，MR16 LED白色暖光灯	15盏

■ 景观灯光示意图

■ 位置图

■ 景观植被示意图

Drive Thru
McDonald's
DRIVE
THRU
24HR

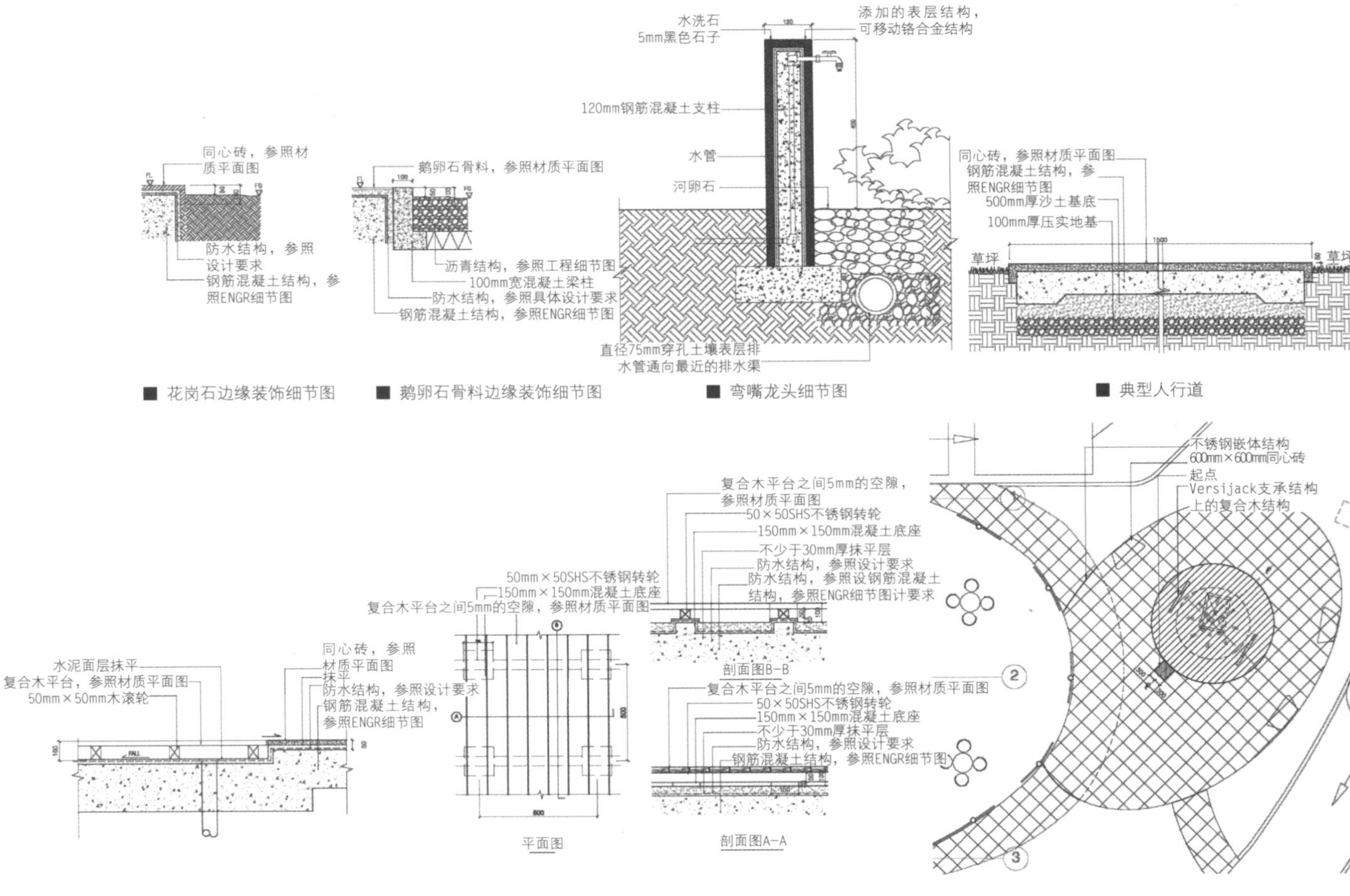

同心砖，参照材质平面图
防水结构，参照设计要求
钢筋混凝土结构，参照ENGR细节图
鹅卵石骨料，参照材质平面图
沥青结构，参照工程细节图
100mm宽混凝土梁柱
防水结构，参照具体设计要求
钢筋混凝土结构，参照ENGR细节图
水洗石
5mm黑色石子
添加的表层结构，
可移动铬合金结构
120mm钢筋混凝土支柱
水管
河卵石
直径75mm穿孔土壤表层排
水管通向最近的排水渠
同心砖，参照材质平面图
钢筋混凝土结构，参照ENGR细节图
500mm厚沙土基底
100mm厚压实地基
草坪
草坪
水泥面层抹平
复合木平台，参照材质平面图
50mm×50mm木滚轮
同心砖，参照材质平面图
抹平
防水结构，参照设计要求
钢筋混凝土结构，
参照ENGR细节图
50mm×50SHS不锈钢转轮
150mm×150mm混凝土底座
复合木平台之间5mm的空隙，参照材质平面图
平面图
复合木平台之间5mm的空隙，
参照材质平面图
50×50SHS不锈钢转轮
150mm×150mm混凝土底座
不少于30mm厚抹平层
防水结构，参照设计要求
防水结构，参照设钢筋混凝土
结构，参照ENGR细节图计要求
剖面图B-B
复合木平台之间5mm的空隙，参照材质平面图
50×50SHS不锈钢转轮
150mm×150mm混凝土底座
不少于30mm厚抹平层
防水结构，参照设计要求
钢筋混凝土结构，参照ENGR细节图
剖面图A-A
不锈钢嵌体结构
600mm×600mm同心砖
起点
Versijack支承结构
上的复合木结构

■ 花岗石边缘装饰细节图　■ 鹅卵石骨料边缘装饰细节图　■ 弯嘴龙头细节图　■ 典型人行道

■ 木平台/鹅卵石骨料装饰边缘　■ 典型木平台细节图　■ 铺装细节图

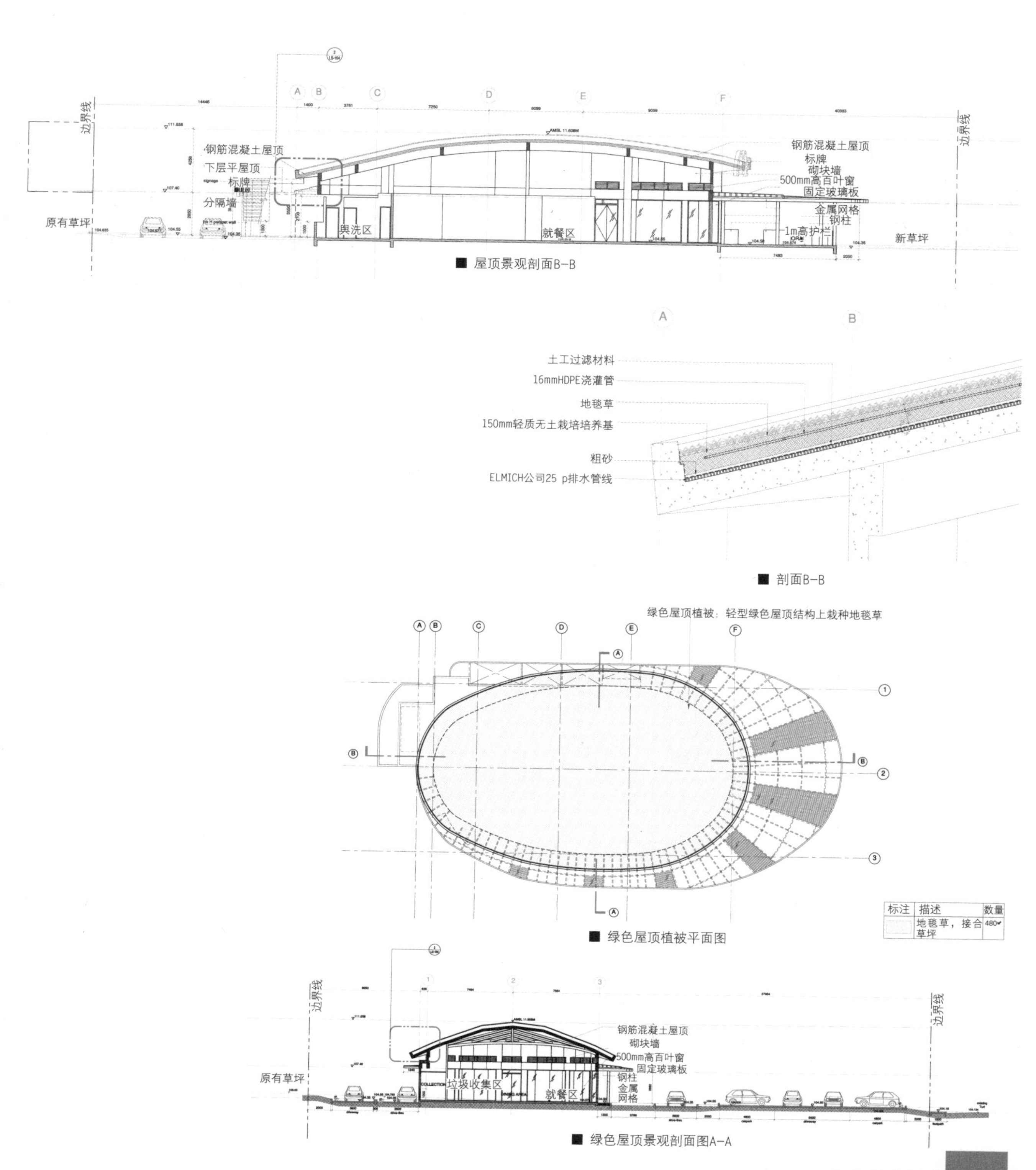
边界线
钢筋混凝土屋顶
下层平屋顶
标牌
分隔墙
原有草坪
舆洗区
就餐区
钢筋混凝土屋顶
标牌
砌块墙
500mm高百叶窗
固定玻璃板
金属网格
钢柱
1m高护栏
新草坪
边界线
土工过滤材料
16mmHDPE浇灌管
地毯草
150mm轻质无土栽培培养基
粗砂
ELMICH公司25 p排水管线
绿色屋顶植被：轻型绿色屋顶结构上栽种地毯草
标注 描述 数量
地毯草，接合草坪 480
边界线
钢筋混凝土屋顶
砌块墙
500mm高百叶窗
固定玻璃板
原有草坪
垃圾收集区
就餐区
钢柱
金属网格
边界线
■ 屋顶景观剖面B-B

■ 剖面B-B

■ 绿色屋顶植被平面图

■ 绿色屋顶景观剖面图A-A

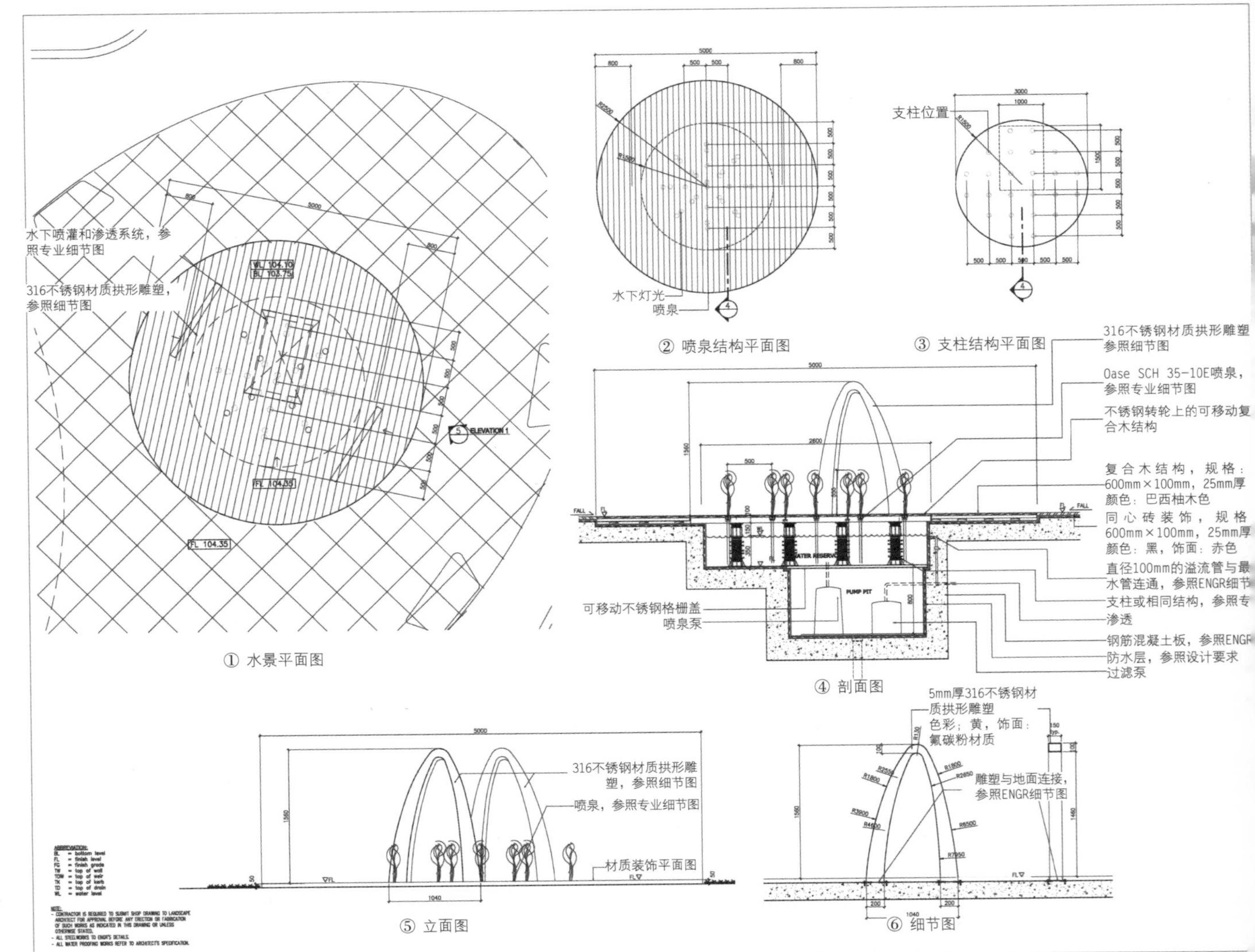

水下喷灌和渗透系统，参照专业细节图
316不锈钢材质拱形雕塑，参照细节图
WL 104.10
BL 103.75
FL 104.35
ELEVATION 1
① 水景平面图
水下灯光
喷泉
② 喷泉结构平面图
支柱位置
③ 支柱结构平面图
316不锈钢材质拱形雕塑
参照细节图
Oase SCH 35-10E喷泉，
参照专业细节图
不锈钢转轮上的可移动复
合木结构
复合木结构，规格：
600mm×100mm，25mm厚
颜色：巴西柚木色
同心砖装饰，规格
600mm×100mm，25mm厚
颜色：黑，饰面：赤色
直径100mm的溢流管与最
水管连通，参照ENGR细节
支柱或相同结构，参照专
渗透
钢筋混凝土板，参照ENGR
防水层，参照设计要求
过滤泵
PUMP PIT
可移动不锈钢格栅盖
喷泉泵
④ 剖面图
316不锈钢材质拱形雕
塑，参照细节图
喷泉，参照专业细节图
材质装饰平面图
⑤ 立面图
5mm厚316不锈钢材
质拱形雕塑
色彩：黄，饰面：
氟碳粉材质
雕塑与地面连接，
参照ENGR细节图
⑥ 细节图

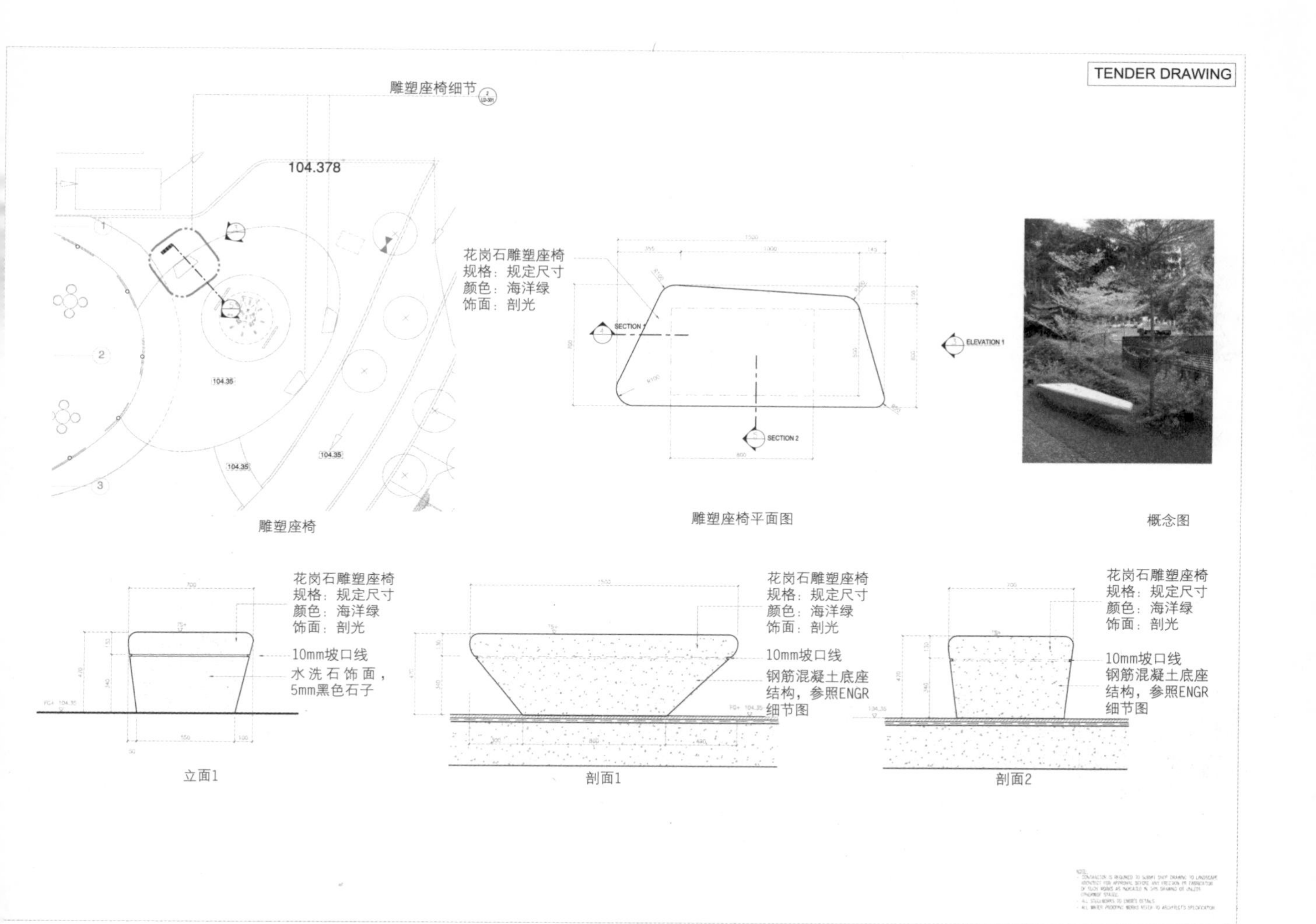
TENDER DRAWING
雕塑座椅细节
104.378
花岗石雕塑座椅
规格：规定尺寸
颜色：海洋绿
饰面：剖光
SECTION 1
SECTION 2
ELEVATION 1
雕塑座椅
雕塑座椅平面图
概念图
花岗石雕塑座椅
规格：规定尺寸
颜色：海洋绿
饰面：剖光
10mm坡口线
水洗石饰面，
5mm黑色石子
花岗石雕塑座椅
规格：规定尺寸
颜色：海洋绿
饰面：剖光
10mm坡口线
钢筋混凝土底座
结构，参照ENGR
细节图
花岗石雕塑座椅
规格：规定尺寸
颜色：海洋绿
饰面：剖光
10mm坡口线
钢筋混凝土底座
结构，参照ENGR
细节图
立面1
剖面1
剖面2

澳大利亚·澳大利亚国家美术馆-澳大利亚花园

景观设计: 艾德里安考科斯景观公司 (McGregor Coxall) 摄影师: 克里斯蒂安·博彻特 (Christian Borchert) , 西蒙·格雷米 (Simon Grimmett) , 约翰·高林斯 (John Gollings) 客户: 澳大利亚国家美术馆 (National Gallery of Australia)

项目简介
Information

获得众多奖项的占地25000m²的后工业滨水公园位于悉尼港Birchgrove半岛上之前受到污染的润滑剂生产基地。该选址具有丰富的历史，曾被本土人占有，19世纪60年代在此建造默勒维亚海滨别墅，也曾作为船舶压舱物采石场，从20世纪20年代至2002年由美国德士古石油公司进行石油蒸馏，等等。本案设计采用世界领先的可持续性理念，将碳排放量减少到最低，并从生态方面恢复选址场地，为当地居民恢复绿色海角公园。ESD技术通过本地生植物、雨水生物过滤、循环再利用的材料及创造能源再生的风力涡轮机的使用受到支持。

■ 景观鸟瞰图

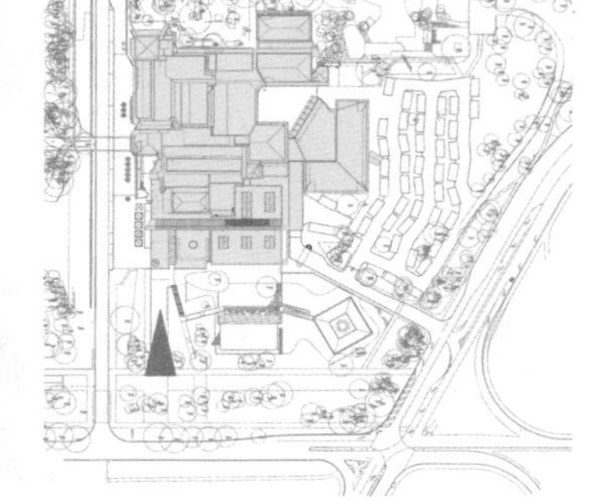

■ 景观效果图

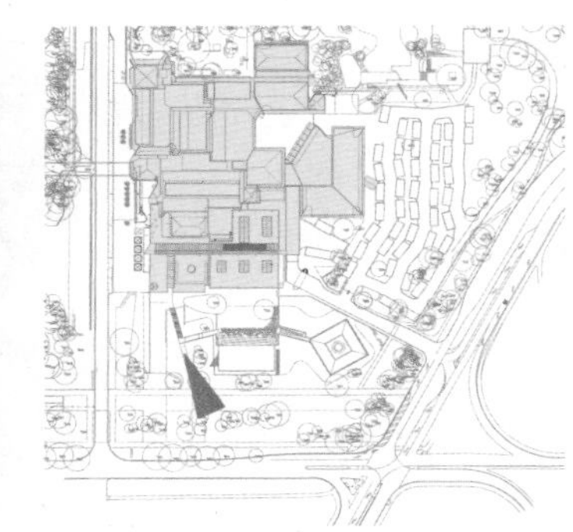

■ 景观效果图

■ 景观效果图

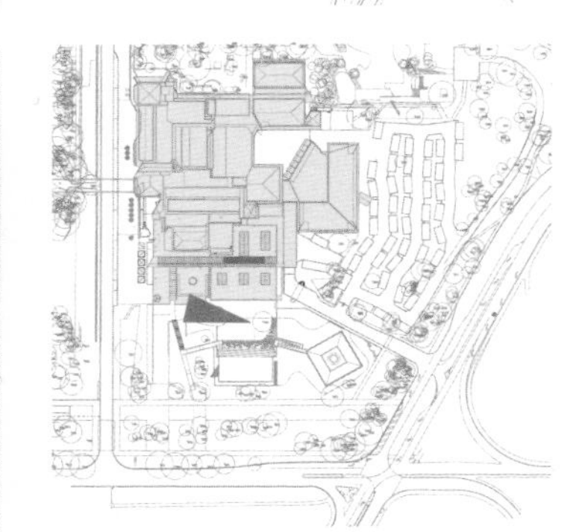

■ 景观效果图

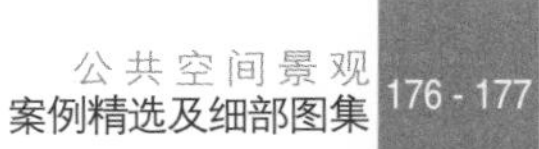

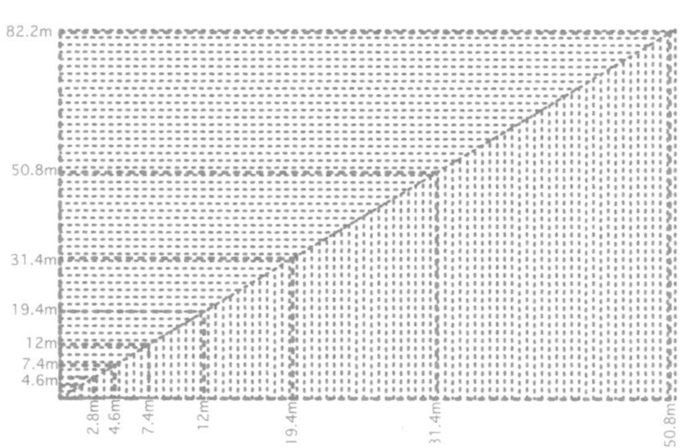
82.2m
50.8m
31.4m
19.4m
12m
7.4m
4.6m
2.8m
4.6m
7.4m
12m
19.4m
31.4m
50.8m

■ 依据黄金法则构思的比例图表

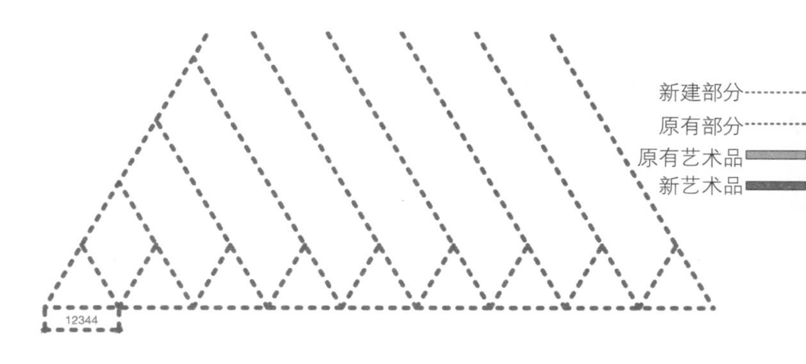
新建部分
原有部分
原有艺术品
新艺术品
12344

■ 三角形格子图表

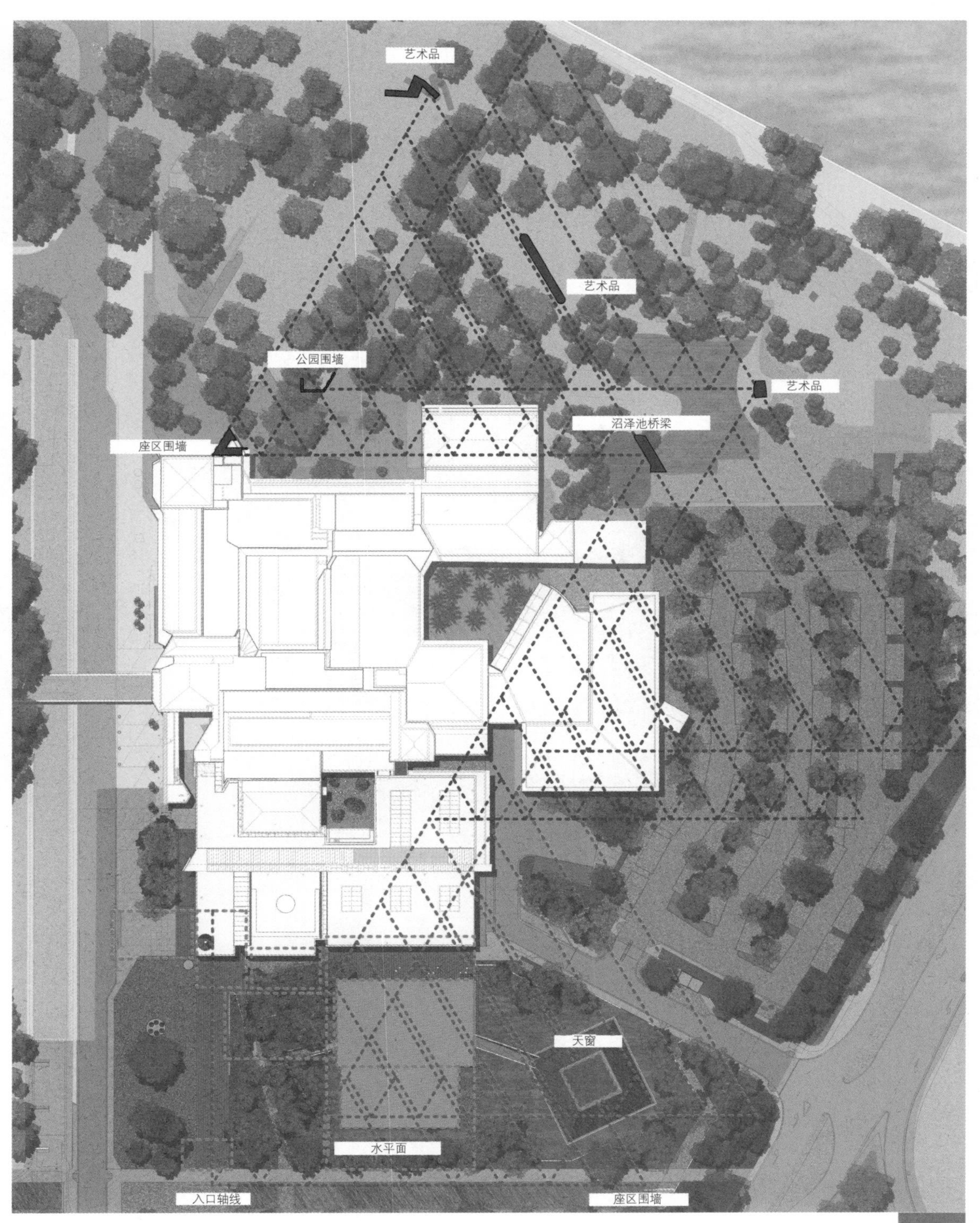
艺术品
艺术品
公园围墙
艺术品
沼泽池桥梁
座区围墙
天窗
水平面
入口轴线
座区围墙

■ 平面示意图

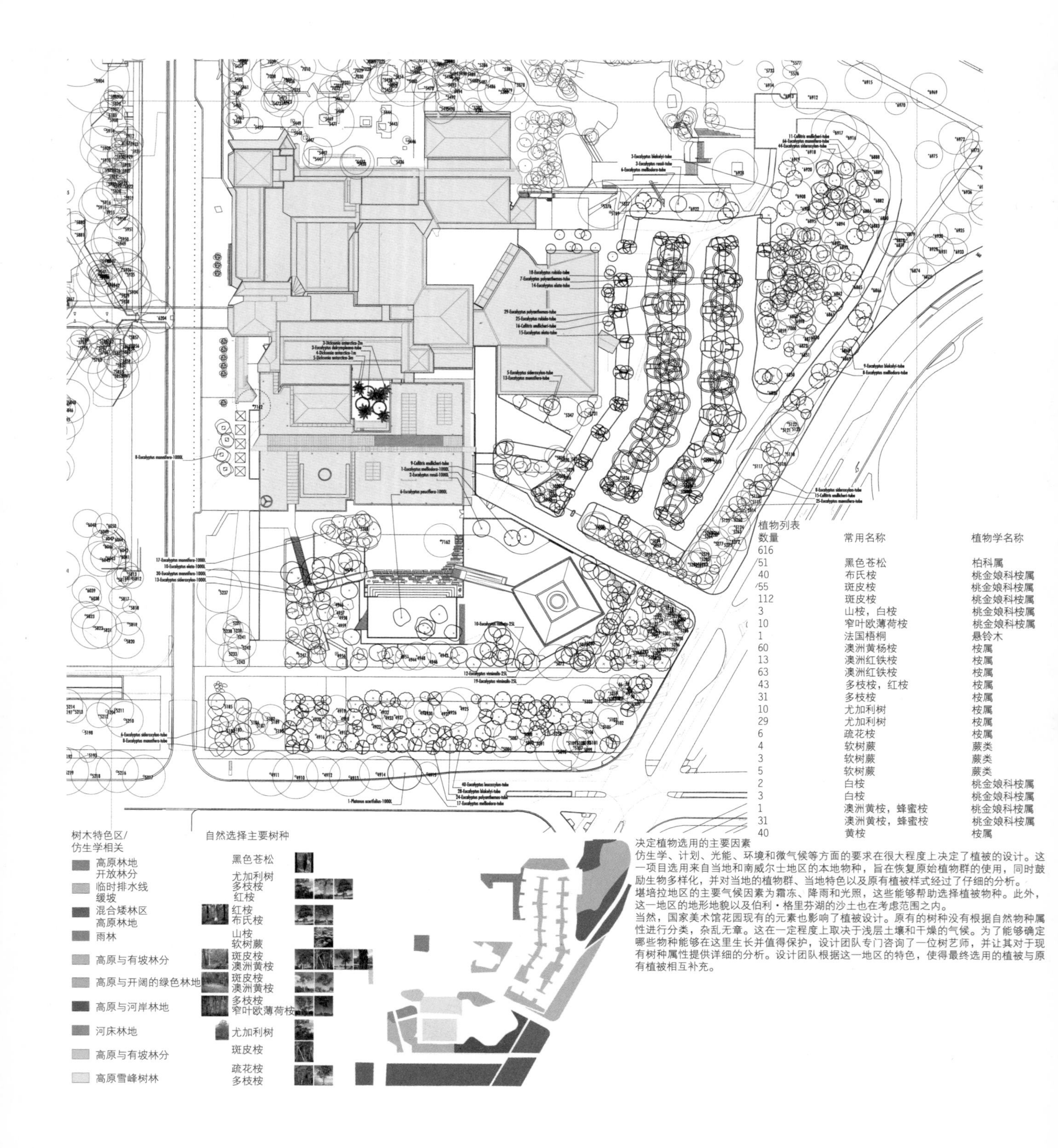
树木特色区/
仿生学相关
高原林地
开放林分
临时排水线
缓坡
混合矮林区
高原林地
雨林
高原与有坡林分
高原与开阔的绿色林地
高原与河岸林地
河床林地
高原与有坡林分
高原雪峰树林
自然选择主要树种
黑色苍松
尤加利树
多枝桉
红桉
红桉
布氏桉
山桉
软树蕨
斑皮桉
澳洲黄桉
斑皮桉
澳洲黄桉
多枝桉
窄叶欧薄荷桉
尤加利树
斑皮桉
疏花桉
多枝桉

植物列表

数量	常用名称	植物学名称
616		
51	黑色苍松	柏科属
40	布氏桉	桃金娘科桉属
55	斑皮桉	桃金娘科桉属
112	斑皮桉	桃金娘科桉属
3	山桉，白桉	桃金娘科桉属
10	窄叶欧薄荷桉	桃金娘科桉属
1	法国梧桐	悬铃木
60	澳洲黄杨桉	桉属
13	澳洲红铁桉	桉属
63	澳洲红铁桉	桉属
43	多枝桉，红桉	桉属
31	多枝桉	桉属
10	尤加利树	桉属
29	尤加利树	桉属
6	疏花桉	桉属
4	软树蕨	蕨类
3	软树蕨	蕨类
5	软树蕨	蕨类
2	白桉	桃金娘科桉属
3	白桉	桃金娘科桉属
1	澳洲黄桉，蜂蜜桉	桃金娘科桉属
31	澳洲黄桉，蜂蜜桉	桃金娘科桉属
40	黄桉	桉属

决定植物选用的主要因素

仿生学、计划、光能、环境和微气候等方面的要求在很大程度上决定了植被的设计。这一项目选用来自当地和南威尔士地区的本地物种，旨在恢复原始植物群的使用，同时鼓励生物多样化，并对当地的植物群、当地特色以及原有植被样式经过了仔细的分析。

堪培拉地区的主要气候因素为霜冻、降雨和光照，这些能够帮助选择植被物种。此外，这一地区的地形地貌以及伯利・格里芬湖的沙土也在考虑范围之内。

当然，国家美术馆花园现有的元素也影响了植被设计。原有的树种没有根据自然物种属性进行分类，杂乱无章。这在一定程度上取决于浅层土壤和干燥的气候。为了能够确定哪些物种能够在这里生长并值得保护，设计团队专门咨询了一位树艺师，并让其对于现有树种属性提供详细的分析。设计团队根据这一地区的特色，使得最终选用的植被与原有植被相互补充。

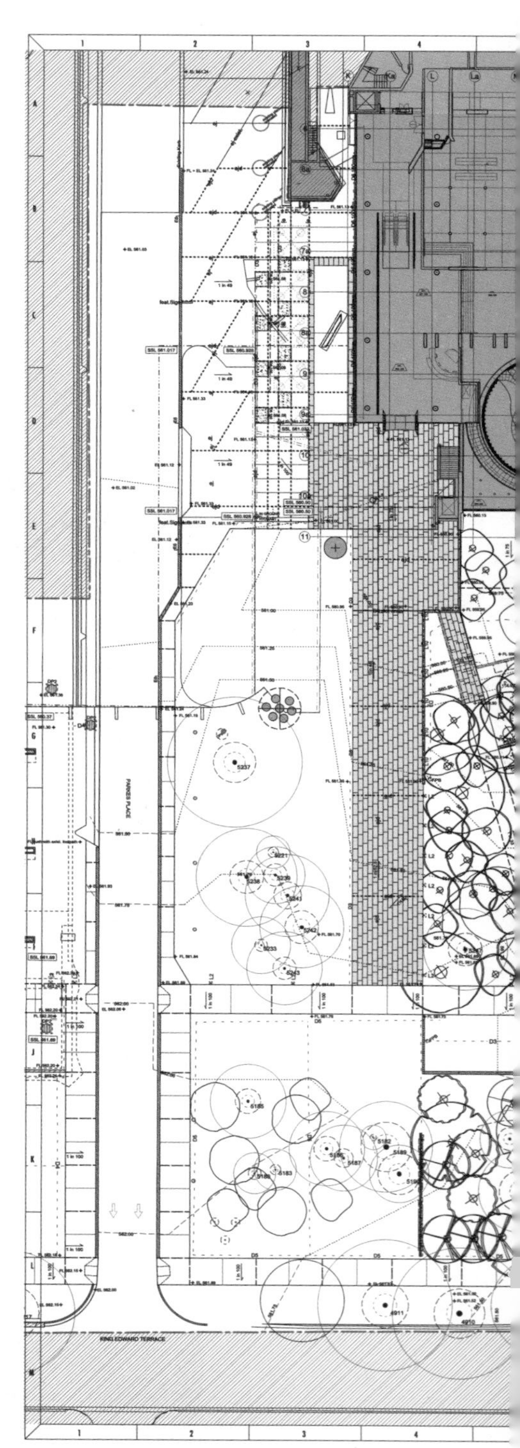
PARKES PLACE
KING EDWARD TERRACE

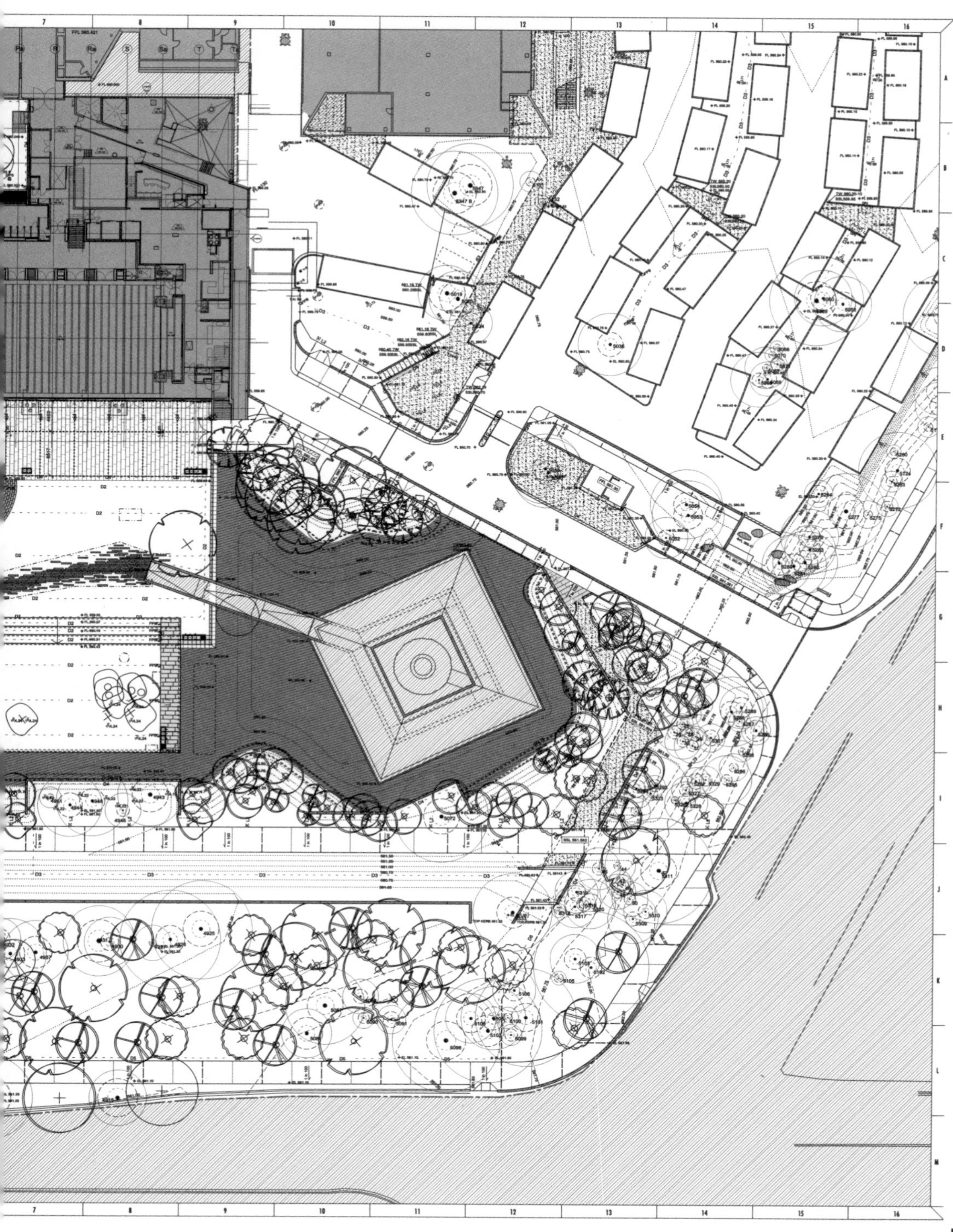

■ 工程图概述

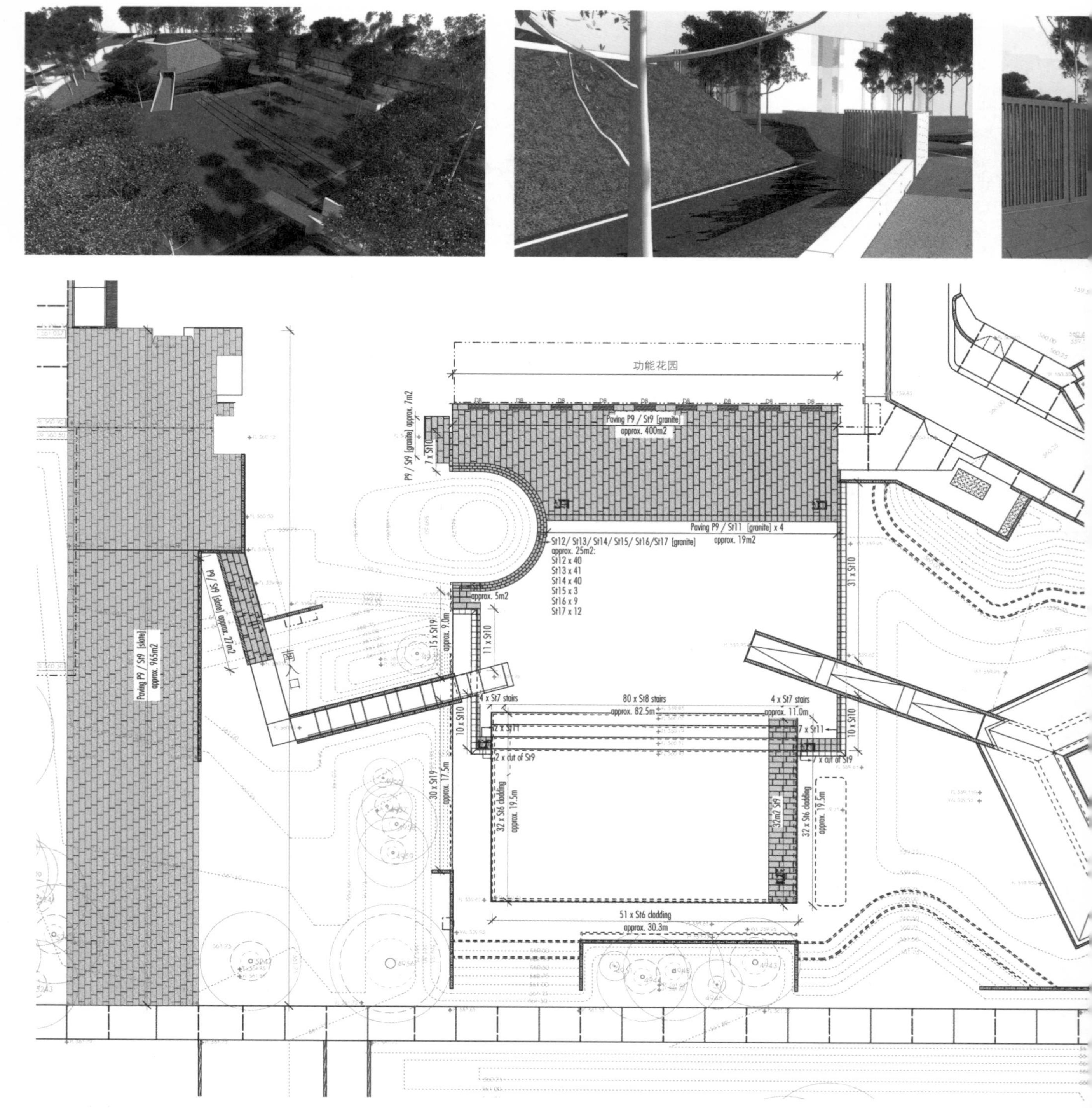

功能花园
Paving P9 / St9 [granite]
approx. 400m2
P9 / St9 [granite] approx. 7m2
7 x St10
Paving P9 / St11 [granite] x 4
approx. 19m2
St12/ St13/ St14/ St15/ St16/St17 [granite]
approx. 25m2:
St12 x 40
St13 x 41
St14 x 40
St15 x 3
St16 x 9
St17 x 12
approx. 5m2
31 x St10
P9 / St9 [slate] approx. 27m2
南入口
15 x St19 approx. 9.0m
11 x St10
Paving P9 / St9 [slate] approx. 965m2
4 x St7 stairs
80 x St8 stairs
approx. 82.5m
4 x St7 stairs
approx. 11.0m
10 x St10
2 x St11
7 x St11
10 x St10
2 x cut of St9
7 x cut of St9
30 x St19 approx. 17.5m
32 x St6 cladding approx. 19.5m
32m2 St9
32 x St6 cladding approx. 19.5m
51 x St6 cladding
approx. 30.3m

■ 平面施工图

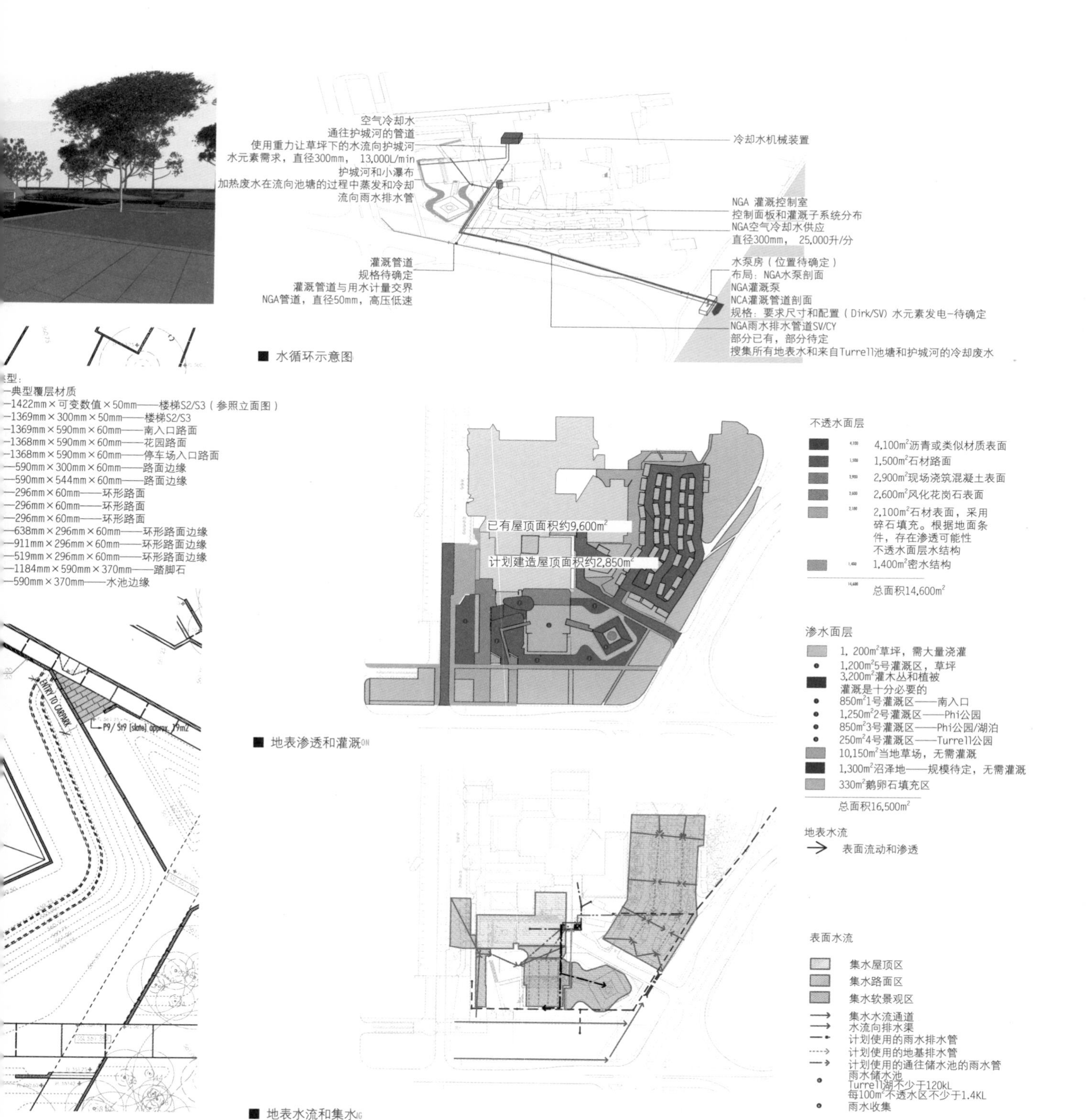

空气冷却水
通往护城河的管道
使用重力让草坪下的水流向护城河
水元素需求，直径300mm， 13,000L/min
护城河和小瀑布
加热废水在流向池塘的过程中蒸发和冷却
流向雨水排水管
冷却水机械装置
NGA 灌溉控制室
控制面板和灌溉子系统分布
NGA空气冷却水供应
直径300mm， 25,000升/分
灌溉管道
规格待确定
灌溉管道与用水计量交界
NGA管道，直径50mm，高压低速
水泵房（位置待确定）
布局：NGA水泵剖面
NGA灌溉泵
NCA灌溉管道剖面
规格：要求尺寸和配置（Dirk/SV）水元素发电-待确定
NGA雨水排水管道SV/CY
部分已有，部分待定
搜集所有地表水和来自Turrell池塘和护城河的冷却废水
型：
—典型覆层材质
—1422mm×可变数值×50mm——楼梯S2/S3（参照立面图）
—1369mm×300mm×50mm——楼梯S2/S3
—1369mm×590mm×60mm——南入口路面
—1368mm×590mm×60mm——花园路面
—1368mm×590mm×60mm——停车场入口路面
—590mm×300mm×60mm——路面边缘
—590mm×544mm×60mm——路面边缘
—296mm×60mm——环形路面
—296mm×60mm——环形路面
—296mm×60mm——环形路面
—638mm×296mm×60mm——环形路面边缘
—911mm×296mm×60mm——环形路面边缘
—519mm×296mm×60mm——环形路面边缘
—1184mm×590mm×370mm——踏脚石
—590mm×370mm——水池边缘
ENTRY TO CARPARK
P9/ St9 [slate] approx. 19m2
已有屋顶面积约9,600m²
计划建造屋顶面积约2,850m²
不透水面层
4,100m²沥青或类似材质表面
1,500m²石材路面
2,900m²现场浇筑混凝土表面
2,600m²风化花岗石表面
2,100m²石材表面，采用碎石填充。根据地面条件，存在渗透可能性不透水面层水结构
1,400m²密水结构
总面积14,600m²
渗水面层
1, 200m²草坪，需大量浇灌
1,200m²5号灌溉区，草坪
3,200m²灌木丛和植被
灌溉是十分必要的
850m²1号灌溉区——南入口
1,250m²2号灌溉区——Phi公园
850m²3号灌溉区——Phi公园/湖泊
250m²4号灌溉区——Turrell公园
10,150m²当地草场，无需灌溉
1,300m²沼泽地——规模待定，无需灌溉
330m²鹅卵石填充区
总面积16,500m²
地表水流
表面流动和渗透
表面水流
集水屋顶区
集水路面区
集水软景观区
集水水流通道
水流向排水渠
计划使用的雨水排水管
计划使用的地基排水管
计划使用的通往储水池的雨水管
雨水储水池
Turrell湖不少于120kL
每100m²不透水区不少于1.4KL
雨水收集

■ 水循环示意图

■ 地表渗透和灌溉

■ 地表水流和集水

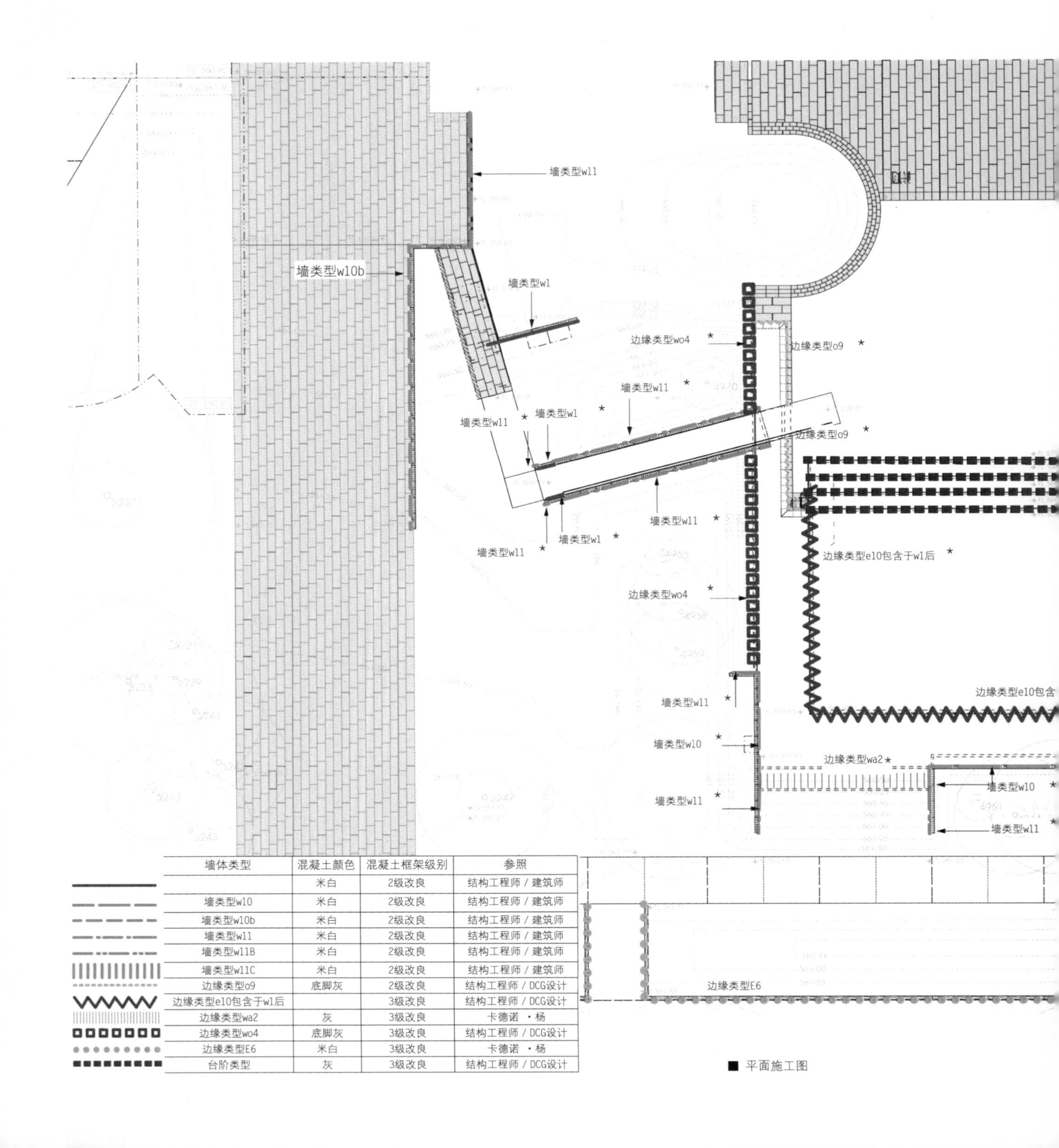
墙类型w11
墙类型w10b
墙类型w1
边缘类型wo4 ★
边缘类型o9 ★
墙类型w11 ★
墙类型w11 ★
墙类型w1 ★
边缘类型o9 ★
墙类型w11 ★
墙类型w1 ★
墙类型w11 ★
边缘类型e10包含于w1后 ★
边缘类型wo4 ★
边缘类型e10包含
墙类型w11 ★
墙类型w10 ★
边缘类型wa2 ★
墙类型w10 ★
墙类型w11 ★
墙类型w11
边缘类型E6

墙体类型	混凝土颜色	混凝土框架级别	参照
	米白	2级改良	结构工程师 / 建筑师
墙类型w10	米白	2级改良	结构工程师 / 建筑师
墙类型w10b	米白	2级改良	结构工程师 / 建筑师
墙类型w11	米白	2级改良	结构工程师 / 建筑师
墙类型w11B	米白	2级改良	结构工程师 / 建筑师
墙类型w11C	米白	2级改良	结构工程师 / 建筑师
边缘类型o9	底脚灰	2级改良	结构工程师 / DCG设计
边缘类型e10包含于w1后		3级改良	结构工程师 / DCG设计
边缘类型wa2	灰	3级改良	卡德诺 ・杨
边缘类型wo4	底脚灰	3级改良	结构工程师 / DCG设计
边缘类型E6	米白	3级改良	卡德诺 ・杨
台阶类型	灰	3级改良	结构工程师 / DCG设计

■ 平面施工图

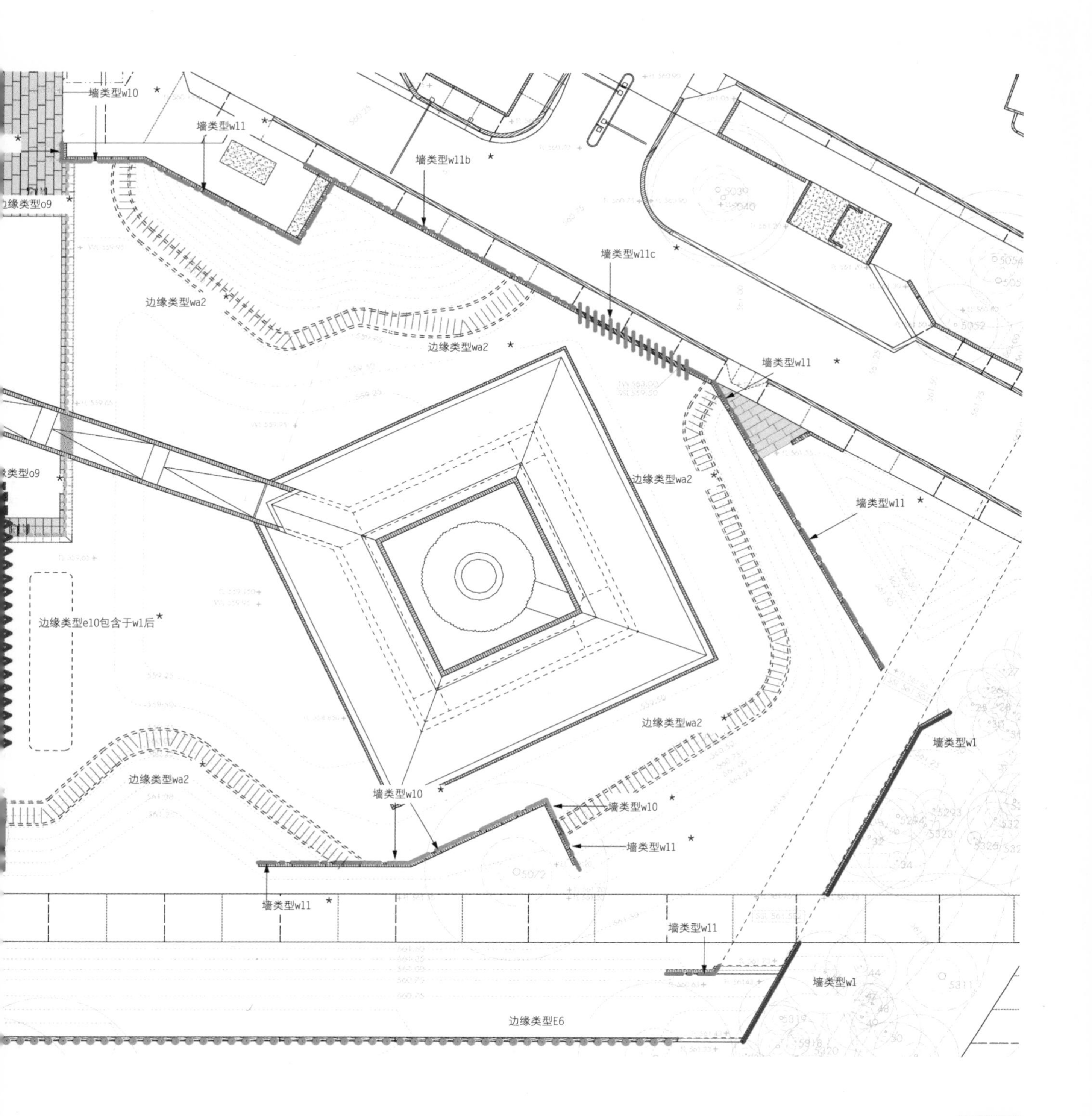

墙类型w10
墙类型w11
边缘类型o9
墙类型w11b
墙类型w11c
边缘类型wa2
边缘类型wa2
墙类型w11
边缘类型o9
边缘类型wa2
墙类型w11
边缘类型e10包含于w1后
边缘类型wa2
墙类型w1
边缘类型wa2
墙类型w10
墙类型w10
墙类型w11
墙类型w11
墙类型w11
墙类型w1
边缘类型E6

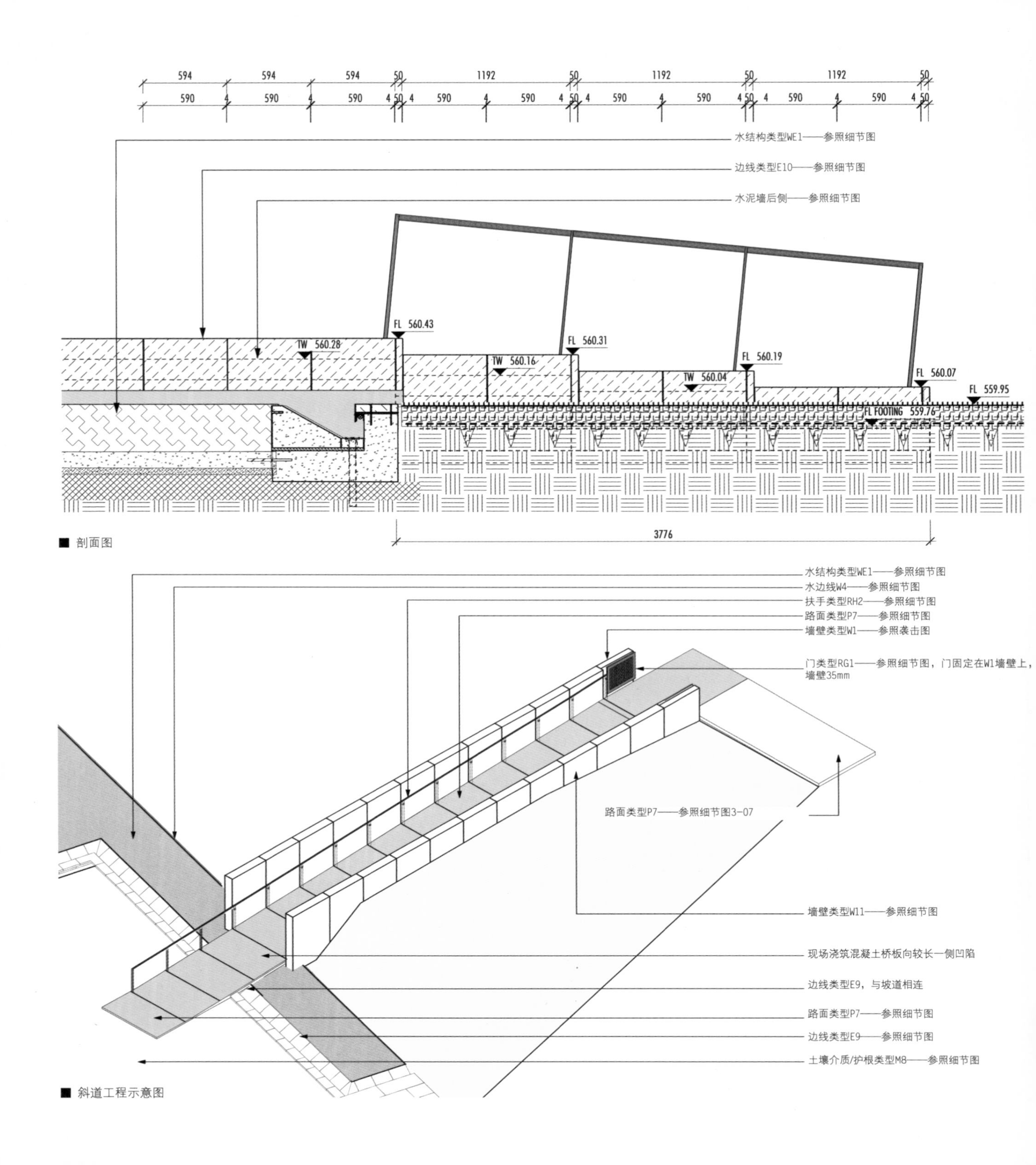
594
594
594
50
1192
50
1192
50
1192
50
590
4
590
4
590
4
50
4
590
4
590
4
50
4
590
4
590
4
50
4
590
4
590
4
50
水结构类型WE1——参照细节图
边线类型E10——参照细节图
水泥墙后侧——参照细节图
FL 560.43
TW 560.28
FL 560.31
TW 560.16
FL 560.19
TW 560.04
FL 560.07
FL 559.95
FL FOOTING 559.76
3776
水结构类型WE1——参照细节图
水边线W4——参照细节图
扶手类型RH2——参照细节图
路面类型P7——参照细节图
墙壁类型W1——参照袭击图
门类型RG1——参照细节图，门固定在W1墙壁上，
墙壁35mm
路面类型P7——参照细节图3-07
墙壁类型W11——参照细节图
现场浇筑混凝土桥板向较长一侧凹陷
边线类型E9，与坡道相连
路面类型P7——参照细节图
边线类型E9——参照细节图
土壤介质/护根类型M8——参照细节图

■ 剖面图

■ 斜道工程示意图

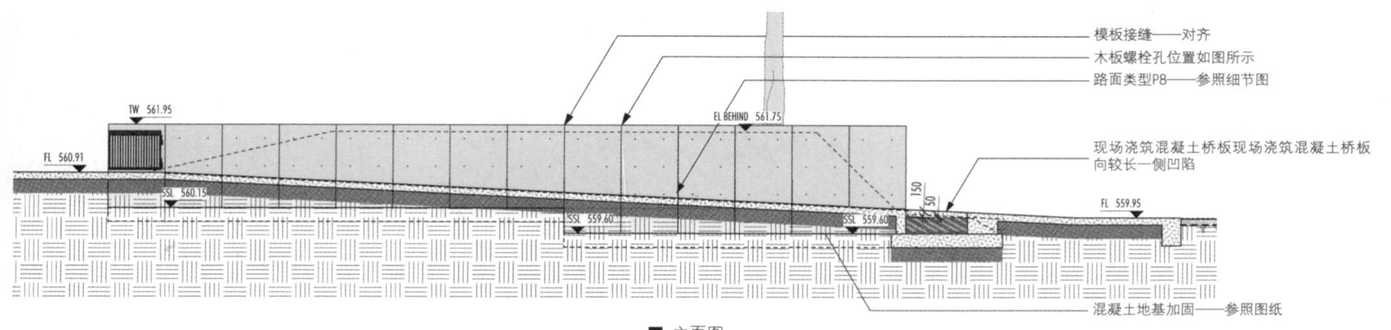
模板接缝——对齐
木板螺栓孔位置如图所示
路面类型P8——参照细节图
TW 561.95
EL BEHIND 561.75
FL 560.91
SSL 560.15
现场浇筑混凝土桥板现场浇筑混凝土桥板向较长一侧凹陷
150
50
FL 559.95
SSL 559.60
SSL 559.60
混凝土地基加固——参照图纸

■ 立面图

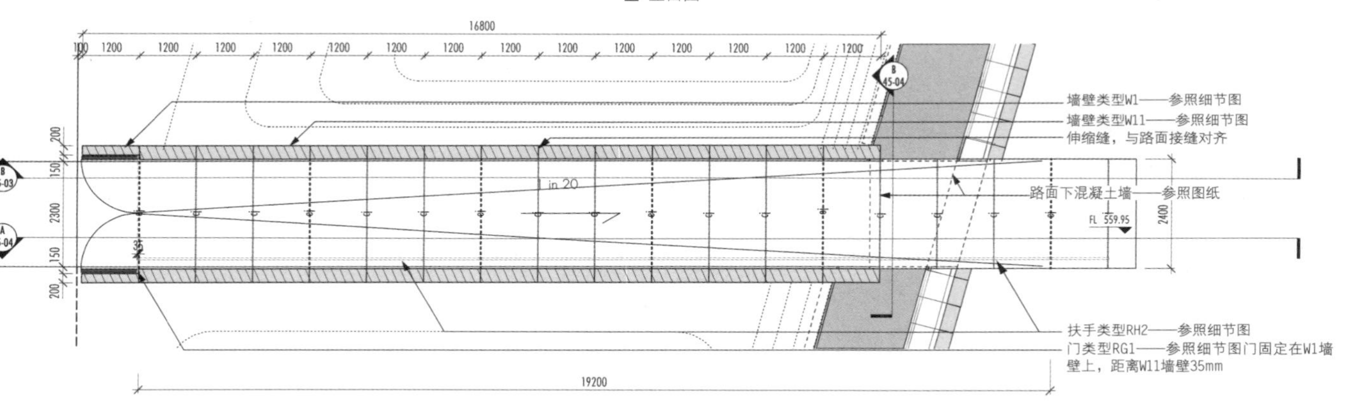
16800
100 1200 1200 1200 1200 1200 1200 1200 1200 1200 1200 1200 1200 1200 1200
墙壁类型W1——参照细节图
墙壁类型W11——参照细节图
伸缩缝，与路面接缝对齐
1 in 20
路面下混凝土墙——参照图纸
FL 559.95
2400
200
150
2300
150
200
扶手类型RH2——参照细节图
门类型RG1——参照细节图门固定在W1墙壁上，距离W11墙壁35mm
19200

■ 平面图

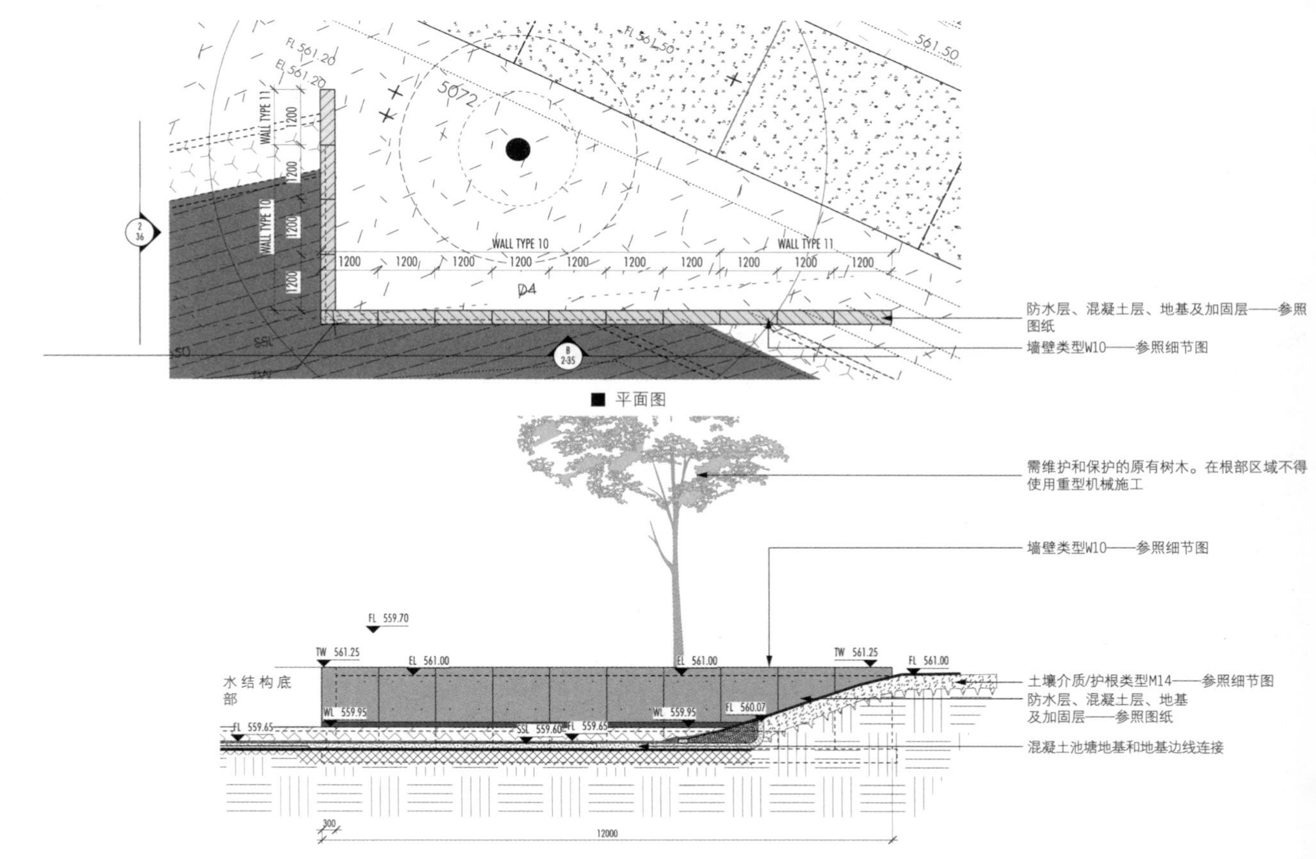

FL 561.20
EL 561.20
FL 561.50
561.50
5072
WALL TYPE 11
WALL TYPE 10
1200
D4
防水层、混凝土层、地基及加固层——参照图纸
墙壁类型W10——参照细节图
需维护和保护的原有树木。在根部区域不得使用重型机械施工
墙壁类型W10——参照细节图
FL 559.70
TW 561.25
EL 561.00
EL 561.00
TW 561.25
FL 561.00
水结构底部
WL 559.95
WL 559.95
FL 560.07
FL 559.65
SSL 559.60
FL 559.65
土壤介质/护根类型M14——参照细节图
防水层、混凝土层、地基及加固层——参照图纸
混凝土池塘地基和地基边线连接
300
12000

■ 平面图

■ 立面图

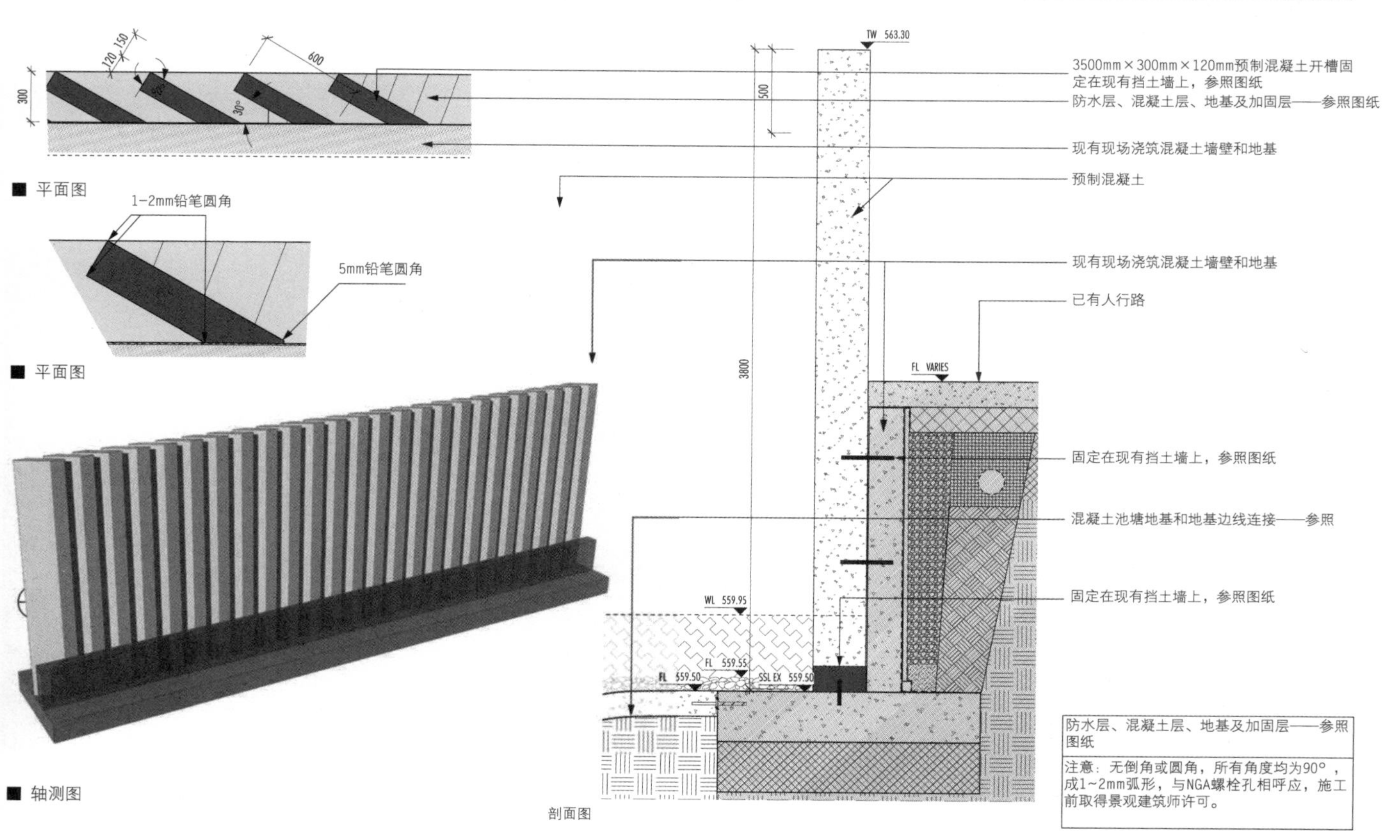

TW 563.30
120 150
600
300
90°
30°
500
3800
3500mm×300mm×120mm预制混凝土开槽固定在现有挡土墙上，参照图纸
防水层、混凝土层、地基及加固层——参照图纸
现有现场浇筑混凝土墙壁和地基
预制混凝土
现有现场浇筑混凝土墙壁和地基
已有人行路
FL VARIES
固定在现有挡土墙上，参照图纸
混凝土池塘地基和地基边线连接——参照
固定在现有挡土墙上，参照图纸
WL 559.95
FL 559.55
FL 559.50
SSL EX 559.50
1-2mm铅笔圆角
5mm铅笔圆角
防水层、混凝土层、地基及加固层——参照图纸
注意：无倒角或圆角，所有角度均为90°，成1~2mm弧形，与NGA螺栓孔相呼应，施工前取得景观建筑师许可。

■ 平面图

■ 平面图

■ 轴测图

剖面图

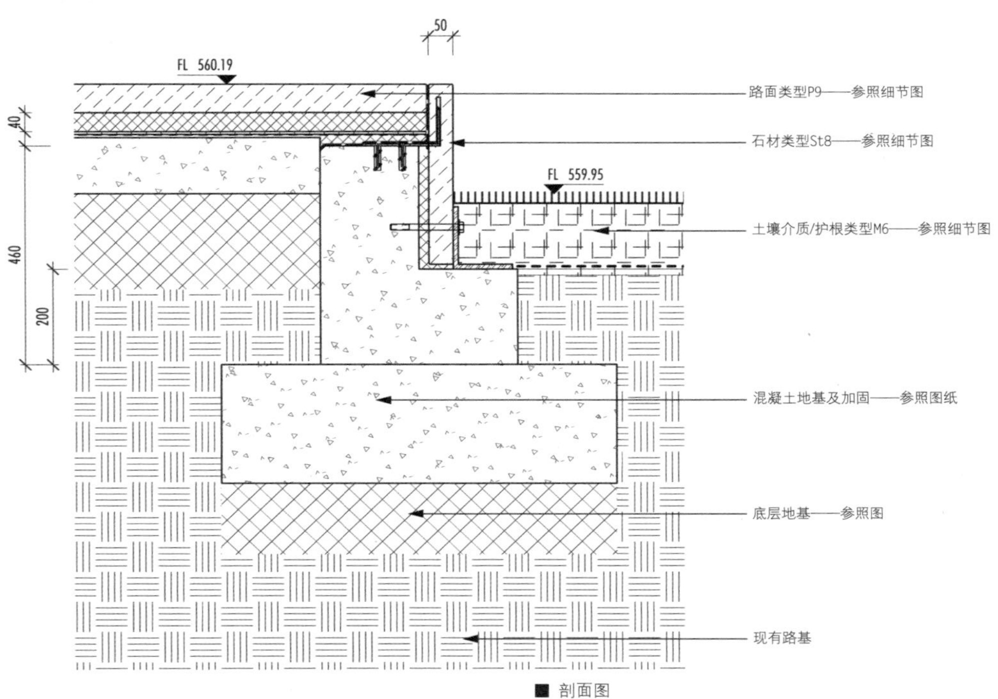

50
FL 560.19
40
460
200
FL 559.95
路面类型P9——参照细节图
石材类型St8——参照细节图
土壤介质/护根类型M6——参照细节图
混凝土地基及加固——参照图纸
底层地基——参照图
现有路基

■ 剖面图

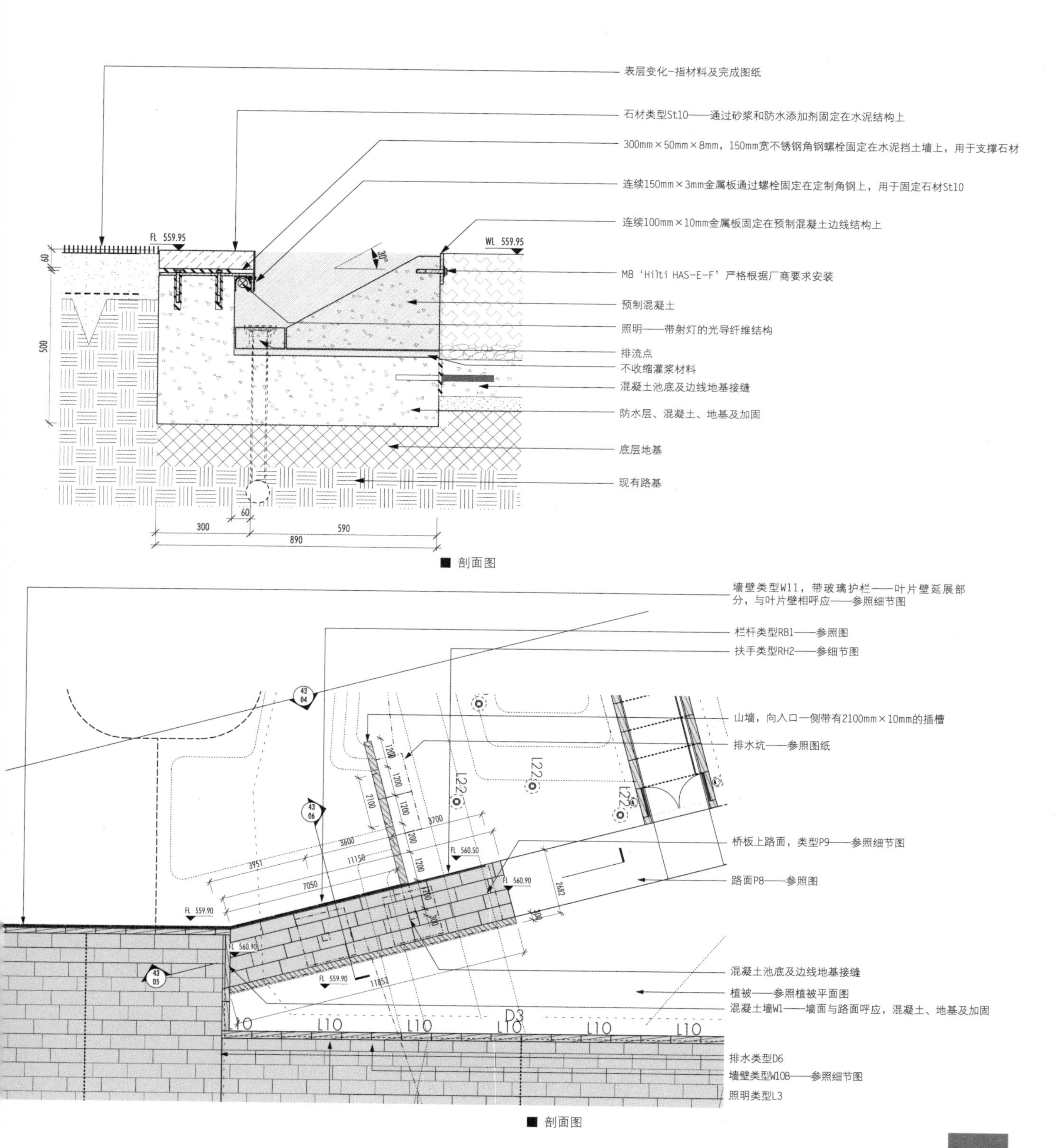

表层变化-指材料及完成图纸
石材类型St10——通过砂浆和防水添加剂固定在水泥结构上
300mm×50mm×8mm，150mm宽不锈钢角钢螺栓固定在水泥挡土墙上，用于支撑石材
连续150mm×3mm金属板通过螺栓固定在定制角钢上，用于固定石材St10
连续100mm×10mm金属板固定在预制混凝土边线结构上
FL 559.95
WL 559.95
30°
M8 'Hilti HAS-E-F' 严格根据厂商要求安装
预制混凝土
照明——带射灯的光导纤维结构
排流点
不收缩灌浆材料
混凝土池底及边线地基接缝
防水层、混凝土、地基及加固
底层地基
现有路基
60
500
300
60
590
890

■ 剖面图

墙壁类型W11，带玻璃护栏——叶片壁延展部分，与叶片壁相呼应——参照细节图
栏杆类型RB1——参照图
扶手类型RH2——参细节图
山墙，向入口一侧带有2100mm×10mm的插槽
排水坑——参照图纸
桥板上路面，类型P9——参照细节图
路面P8——参照图
混凝土池底及边线地基接缝
植被——参照植被平面图
混凝土墙W1——墙面与路面呼应，混凝土、地基及加固
排水类型D6
墙壁类型W10B——参照细节图
照明类型L3
FL 559.90
FL 560.50
FL 560.90
FL 560.90
FL 559.90
3700
3600
3951
11150
7050
11853
2100
2682
L22
L10
D3

■ 剖面图

编委会

（排名不分先后）

于　飞　孟　娇　李　丽　伟　帅　吴　迪　曲　迪　马炳楠　么　乐
李媛媛　曲秋颖　李　博　黄　燕　韩晓娜　郭荐一　于晓华　李　勃
张成文　范志学　宋明阳　刘小伟　王　洋

图书在版编目(CIP)数据

公共空间景观案例精选及细部图集／度本图书编译．
—北京：中国建筑工业出版社，2014.11
ISBN 978-7-112-17252-8

Ⅰ.①公… Ⅱ.①度… Ⅲ.①城市空间－景观设计－
作品集－世界 Ⅳ.①TU984.11

中国版本图书馆CIP数据核字（2014）第211464号

责任编辑：唐　旭　李成成
责任校对：李美娜　王雪竹

公共空间景观案例精选及细部图集
度本图书 编译

*

中国建筑工业出版社出版、发行（北京西郊百万庄）
各地新华书店、建筑书店经销
北京方舟正佳图文设计有限公司制版
北京方嘉彩色印刷有限责任公司印刷

*

开本：889×1194毫米　1／20　印张：$9^{4}/_{5}$　字数：233千字
2015年1月第一版　2015年1月第一次印刷
定价：68.00元
ISBN 978-7-112-17252-8
(26032)

版权所有　翻印必究
如有印装质量问题，可寄本社退换
(邮政编码 100037)